유대인 자녀 교육의 비밀

유대인 자녀 교육의 비밀

똑똑한 아이로 키우는 유대인 교육법 12가지

시멍 지음 | 임보미 옮김

더모던
Themodern

Prologue

유대민족은 인류 문명사에서 매우 중요한 위치를 차지하고 있다. 유대인 국가의 역사는 길지 않지만 인류 문명에 거대한 공헌을 했다.

지금까지 노벨상을 받은 과학자 가운데 17%, 미국 부호 가운데 2%, 세계 10대 철학자 가운데 8명이 유대인이다. 예술가는 수를 셀 수 없을 정도다. 유대인의 비범한 지혜와 재능은 세상 사람들을 탄복하게 한다. 정계의 거목, 예술 엘리트, 과학영재, 사상의 대가, 거대한 부호도 수두룩하다. 예를 들어 위대한 혁명가인 마르크스, 과학계의 거목인 아인슈타인, 정신분석학자 프로이트, 음악의 대부 멘델스존, 예술의 대가 피카소, 20세기의 가장 유명한 유대인 가운데 하나인 '원자폭탄의 아버지' 오펜하이머, 전 미국 국무장관 키신저 박사, 할리우드 반항의 스타 호프만, 이스라엘의 전 총리 샤론 같은 위대한 인물들은 유대인에 대한 신비한 이미지를 만들어 냈다.

유대민족은 어떻게 이렇게 많은 인재와 유명인을 배출할 수 있었을까? 이 모든 것은 바로 유대인의 가정교육과 성공적인 교육 방법 덕분이었다.

이스라엘에서는 다섯 살부터 열여섯 살까지 아이들은 반드시 의무교육을 받도록 법으로 규정하고 있다. 또한, 본인이 원하면 열여덟 살까지도 국가의 무료 교육 혜택을 받을 수 있다. 이처럼 유대인들은 교육을 매우 중시한다.

《유대인 자녀 교육의 비밀》은 이런 유대민족의 교육방식과 육아경험을 종합한 책이다. 이 책 속에는 다채롭고 풍부한 이야기와 함께 그에 대한 해설도 담겨 있다. 읽기 쉽고 편한 내용인 만큼 한국의 부모들에게도 참고할 만한 가치가 있을 것이다.

책 속에 오류가 있다면 기탄없이 지적해 주길 바란다!

Contents

프롤로그 4

제1장 ★ 30년 후, 무엇으로 살 것인가
유대인의 경제 교육법

한 푼도 허투루 써선 안 된다 14
돈이란 돌멩이 하나, 종이 한 장과 다를 바 없다 18
돈을 버는 이유는 삶을 누리기 위함이다 21
용돈이 필요하면 열심히 일하라 25
가난은 그 어떤 고난보다 무겁다 27
돈으로 보상하지 마라 29
계산서가 없다면 한 푼도 주지 마라 31
일을 해야만 돈을 벌 수 있다 34
모든 ATM 기계에서 돈을 찾을 수 있는 건 아니다 36
아이와 계약서를 작성하라 39

제2장 ★ 단 한 방울의 눈물로 성숙해진다
유대인의 좌절 극복 교육법

어둠에서 시작하여 밝음으로 끝낸다 42
최고의 선물은 내려놓는 것이다 45
재난은 좋은 일이다 47

아이가 스스로 답을 말하게 하라 51
배가 고파야 감동적인 노래를 할 수 있다 55
벌을 줄 때는 이유를 알려줘야 한다 58
응석받이로 키우지 마라 60
야단치기에 앞서 칭찬하라 62
취미를 이용해 강인한 정신력을 길러라 64
사랑하고 존중하라 65
어두워야 비로소 빛을 볼 수 있다 68

제3장 ★ 미래의 내가 지금의 나를 원망하지 않도록 유대인의 성공학 교육법

모든 아이는 뛰어난 야구선수다 72
아이의 장점을 큰 소리로 말하라 75
책임지지 않으면 용서받지 못한다 76
화목한 가정에서 자란 아이가 더 쉽게 성공한다 80
아이를 난처하게 하지 마라 83
아이의 말을 끝까지 경청하라 86
아이의 성공은 부모의 칭찬에 달렸다 88
믿음이 있다면 뭐든지 할 수 있다 92
먼저 나를 뛰어넘어야 다른 사람을 뛰어넘을 수 있다 94
도랑에 빠진 소를 끌어내기 전에는 집에 돌아갈 수 없다 96
기다리는 자가 최후에 모든 것을 얻는다 99
부딪혀봐야 답을 찾을 수 있다 102

제4장 ★ 좋은 사람, 좋은 말, 좋은 마음
유대인의 품성 교육법

환경이 아이를 만든다 106
아이에게 용기를 줘야 한다 109
아이의 의지는 부모의 의지에 달렸다 112
이웃의 불행이 나의 불행이다 119
인성이 성과를 좌우한다 122
편견 없이 사랑할 줄 아는 아이로 키워라 126
품격 있는 사람은 밝을 때 활동한다 127
미덕은 행동으로만 보여줄 수 있다 129
어떤 상황에서든 도덕을 지켜야 한다 132
시간에 여유가 있다면 봉사하라 134
값을 충분히 치른 물건만 가져갈 수 있다 136

제5장 ★ 가보지 않고서는 얼마나 아름다운지 알 수 없다
유대인의 생활 교육법

자기 일은 스스로 하라 138
노동 교육은 두 살 때부터 시작하라 143
신중하게 생각할수록 더 안전하다 147
아이의 거짓말을 비밀로 해주어라 150
말 없는 가르침이야말로 최고의 교육이다 153
아이의 시간 절약을 도와라 155

배우자로는 조금 부족한 사람이 좋다 158
교육자는 아이에게 마음을 열어야 한다 160
나태한 사람은 분변만큼 혐오스럽다 162
작은 일에서 생존을 배우고 큰일에서 능력을 키운다 164
양육과 교육은 다르다 166
아이는 부모의 복사판이다 168
아이의 보복 행위를 이해하라 170
잘못을 저지르는 것도 잘못을 고치는 것만큼 소중하다 173

제6장 ★ **당신의 몸이 모든 아름다움의 시작이다**
유대인의 건강 교육법

자신을 사랑하는 것부터 배워라 176
자연을 목숨처럼 소중히 여겨라 179
음식을 먹는 데도 정도와 적절한 때가 있다 182
몸에 해로운 음식은 먹지 마라 184
사흘에 한 번 마시는 술은 황금과 같다 186

제7장 ★ **친구를 잘 사귀면 일이 잘 풀린다**
유대인의 인간관계 교육법

아이가 집 밖으로 나가도록 격려하라 189
비밀을 누설하는 것은 신의를 저버리는 짓이다 193
좋은 부모는 아이의 우정을 존중한다 197

존중해 줘야 자신감이 생긴다 201
개랑 놀면 벼룩이 옮는다 203
예의를 모르면 멸시당한다 205
뛰어난 아이는 혼자가 아니다 208
다른 사람의 고통을 이해하라 211
다른 사람의 입장에서 고민하라 214
무리를 떠나는 것은 죄악이다 215
좋은 것일지라도 남에게 강요하지 마라 217

제8장 ★ 너무 단순해서도, 너무 복잡해서도 안 된다
유대인의 처세 교육법

헛소문이 들리거든 빨리 도망가라 220
허세는 멸시를 부른다 223
다른 사람을 칭찬하기에 앞서 자신을 칭찬하지 마라 225
1+1+1은 3보다 크다 228
다른 사람을 비웃지 마라 232
거지 옷 속에 진주가 숨겨져 있다 234
최선을 다해 도와라 237
어리석은 친구는 적보다 위험하다 240
장유유서의 본을 보여라 243
자신이 대접받기 원하는 바대로 상대를 대접해야 한다 246
한 번 뱉은 말은 반드시 지켜야 한다 249
감정적인 행동은 실수를 불러온다 253

강대함은 모든 것을 의심하는 것에서부터 시작된다 255
어떤 것도 생각을 대체할 수는 없다 259

제9장 ★ 불평하지 마라, 인생을 시작하기에 너무 늦은 때란 없다
유대인의 생존 학습 교육법

좋은 술은 평범한 단지에 담아라 266
원하는 책을 읽게 하라 268
아이에게 노동 시간표를 짜줘라 271
결코 아이를 대신해 일하지 마라 273
천재는 가장 경계해야 할 단어다 275
놀이를 하면서 아이의 재능을 발견하라 277
아이에게 자유를 주어라 279
아는 게 너무 많아도 탈이다 281

제10장 ★ 생각의 벽을 허물고 최강의 뇌를 만들어라
유대인의 지능 향상 교육법

안구 훈련은 지능 개발의 첫걸음이다 285
누구에게든 배울 게 있다 288
출신보다 지혜가 더 중요하다 291
외국어 교육은 빠를수록 좋다 294

좋은 문제와 좋은 답, 둘 다 중요하다 298
가난하든 부유하든 교육을 받아야 한다 301
학자가 국왕보다 높다 305
교육이 늦어질수록 아이의 지능은 낮아진다 306
아이에게 크레용을 쥐여주어라 309
양보다 질이다 311

제11장 ★ 사소한 일에 흥분하지 마라, 정리는 모든 것의 시작이다
유대인의 좋은 습관 교육법

책을 뇌에 새겨라 314
매일 한 시간은 아이와 함께 보내라 316
아이에게 선생님 역할을 맡겨라 319
상상력이 지식보다 중요하다 322
좋은 성적은 좋은 습관에서 나온다 326
지식 사랑은 책 사랑에서 시작된다 328
어쩔 수 없는 상황이 아니라면 책을 읽어라 331
흥미는 성공의 첫 번째 교사다 333
하드웨어보다 소프트웨어의 힘이 더 세다 334
100번 읽는 것보다 101번 읽는 게 낫다 336
천재는 집중력에서 시작된다 339

제12장 ★ 세 살에 옳다면, 평생 옳다
유대인의 조기 교육법

조기 교육을 소홀히 해서는 안 된다 345
매일 책을 읽어주어라 349
교육이 타고난 재능보다 중요하다 352
모든 아이에게는 음악적 재능이 있다 356
되도록 빨리 아이의 잠재력을 발굴하라 359
되도록 빨리 말을 가르쳐라 362
태아에게 사랑의 메시지를 전하라 366
아이에게 맞는 학교를 선택하라 370
주는 대로 이루어진다 373
기는 단계를 건너뛰어선 안 된다 375
두 살 전에는 혼내더라도, 두 살이 넘어서는 안아주어라 377

제 1 장

30년 후, 무엇으로 살 것인가

유대인의 경제 교육법

돈 관리에는 다음과 같은 법칙이 있다. "관리하지 않으면 부자가 될 가능성이 없지만 제대로 관리하면 부자가 될 수 있다." 돈 관리란 내일을 위해 오늘의 부(富)를 보관해 두는 것이다. 돈을 버는 것은 당신이 돈을 위해 일하는 것이고, 돈을 관리하는 것은 돈이 당신을 위해 일하는 것이다. 오늘의 준비가 미래의 30년을 결정한다.

한 푼도 허투루 써선 안 된다

고작 물 한 방울이라지만 그 한 방울 한 방울이 모여 강이 되고,
고작 쌀 한 톨이라지만 그 한 톨 한 톨이 모여 산처럼 쌓이는 법이다.

★ ★ ★

유대인은 어릴 때부터 절약을 배운다.

유대인은 습관을 '역동적인 스테레오타입으로서 장기간 축적되어 강화된 결과물'이라고 말한다. 유대인 아이는 어릴 때부터 근검절약하는 습관을 기른다. 유치원에서는 자신의 음식과 장난감, 책과 옷을 소중히 여기고 초등학교에선 돈을 허투루 쓰지 않는 습관을 기른다. 또 음식과 학용품 및 생활용품을 아끼고 공공기물을 소중히 다룬다. 중·고등학교에 가서는 일

상에서 절약을 몸에 익히고, 함부로 사치하거나 돈을 헤프게 쓰지 않는다. 부모에게 가정형편에 맞지 않는 요구를 하지도 않는다.

유대인 부모는 아이에게 근검절약하는 습관을 길러주기 위해 많은 이야기를 들려준다.

솜씨가 아주 훌륭한 유대인 공예가가 있었다. 그의 손을 거친 작품들은 정교할 뿐만 아니라 내구성도 좋아서 장사가 잘됐고 수입도 적당했다. 하지만 먹고, 입고, 즐기는 것을 좋아하다 보니 돈이 늘 부족했다. 공예가의 이웃에 큰 부자가 살았다. 본래는 매우 가난했는데 어찌 된 일인지 점점 돈이 불어나 부자가 되었다는 소문이 들렸다. 공예가는 어떻게 하면 부자가 될 수 있는지 이웃 부자에게 가르침을 청하기로 마음먹었다.

부잣집에 찾아간 공예가는 자신이 온 이유부터 밝혔다. 그 말을 들은 부자는 미소를 지으며 말했다.

"아, 그래서 오셨군요! 말하자면 길지만 또 간단하기도 하지요. 잠시만 기다려 주십시오. 우선 불부터 끄고 다시 얘기 나누시지요."

부자는 말하는 사이에 불을 껐다. 본래 똑똑한 사람이었던 공예가는 그 모습을 본 순간 금세 알아차리고는 신이 나서 벌떡 일어나 말했다.

"감사합니다. 가르침이 무엇인지 알 것 같습니다. 부자가 되는 길은 '근검', 바로 이 두 글자가 아니겠습니까?"

근검절약은 미덕이자 부자가 되는 길이다. '근(勤)'은 부지런히 일하는 것이고, '검(儉)'은 아껴 쓰는 것이다. 열심히 일해야 수입이 늘어나는 것은 당연하다. 다만, 그와 함께 돈의 쓰임새와 씀씀이도 조절할 줄 알아야 돈을 모을 수 있다.

유대인들은 아이들에게 다음과 같은 방법으로 근검절약을 가르친다.

1. 다양한 기회를 통해 근검절약은 미덕이라는 점을 알려주고, 집안 대대로 절약해 온 가문의 전통을 들려주며 어릴 때부터 근검절약의 중요성을 일깨워 준다

역사적으로 많은 부자들이 근검절약을 하며 사업에 매진한 결과 위대한 성과를 만들어 냈으며, 역사의 한 페이지를 장식했음을 알려준다. 이런 사례들은 사람들의 입에서 입으로 널리 전해지며 아이들에게 훌륭한 참고서가 된다. 그렇게 아이들은 쌀 한 톨, 물 한 방울, 전등 하나도 결코 쉽게 얻어지는 게 아니라 고된 노동의 대가라는 사실을 알아간다.

2. 근검절약의 진정한 의미를 알려준다

아이들에게 오늘의 편안한 삶이 쉽게 얻은 게 아님을 일깨워준다. 돈 한 푼, 쌀 한 톨, 전등 하나, 물 한 방울을 절약하는 게 어떤 효과가 있는지 가르친다. 고작 물 한 방울이라지만 그 한 방울 한 방울이 모여 강을 이루고, 고작 쌀 한 톨이라지만 그 한 톨 한 톨이 모여 산처럼 쌓이는 법이다.

아이들에게 낭비는 곧 죄를 짓는 것과 같다고 교육한다. 절약은 바다제비가 해초를 물어와 집을 짓는 것과 같고, 낭비는 거센 물결이 제방을 무너뜨리는 것과 같다. 어려서부터 절약하는 습관을 들이지 못한다면 사회에 해가 되는 것은 말할 것도 없고 부모와 자기 스스로를 망치게 된다.

3. 작은 일부터 실천하는 연습을 하고 엄격하게 가르친다

가정에서 아이에게 근검절약하는 습관을 길러준다. 작은 일부터 지금 바로 시작한다. 아이가 돈을 허투루 쓰지 못하도록 필요한 돈만 주고, 아이가 받은 세뱃돈도 함부로 쓰게 하지 않는다. 학용품도 아껴 쓰게 한다. 한 글자를 틀렸다면 지우고 다시 쓸 수 있다. 일상에서도 절약하는 습관을 들인다. 옷에 구멍이 났다면 꿰매서 입고 자리를 비울 땐 불을 끈다. 또 재활용품을 활용하는 방법도 가르친다. 빈 깡통으로는 꽃바구니를 만들 수 있고, 오래 신은 샌들은 슬리퍼로 신을 수 있다. 이렇게 하면 절약하는 습관과 함께 손재주도 기를 수 있다.

4. 부모가 본보기가 되어 행동으로 보여준다

부모가 평소 근검절약하는 습관을 지녀야 한다. 만약 그렇지 않다면 아이와 함께 절약하는 습관을 기른다. 근검절약하는 정신으로 가정을 꾸린다면 아이도 절약하는 습관을 자연스레 기를 수 있다.

5. 용돈 쓰는 법을 가르친다

우선 부모는 아이에게 계획적으로 용돈을 준다. 이때 아이가 원하는 대로 주는 게 아니라 정해진 액수대로 준다. 둘째, 아이에게 어디에 썼는지 묻는다. 돈을 줄 때마다 아이가 지난번 용돈의 용도를 말하도록 한다. 쓰임새가 적절하지 않았다면 잘못된 점을 지적하고, 잠시 동안 용돈 주는 것을 중단할 수도 있다. 이 밖에도 아이에게 써야 할 때는 호탕하게 쓰고, 아껴야 할 때는 아끼며, 쓸 필요가 없다면 되도록 쓰지 않도록 가르친다.

돈이란 돌멩이 하나, 종이 한 장과 다를 바 없다

돈을 기반으로 하는 현대 문명의 혜택은 폐단보다 훨씬 많다.
그러나 돈이 사람의 지위를 바꿔 줄 수는 있어도
정신적인 빈곤을 채워 줄 수는 없다.

★ ★ ★

유대인 랍비가 교실에서 학생들에게 이렇게 말했다.

"장사꾼의 생각은 아주 자유롭습니다. 법만 어기지 않는다면 못 할 게 없고, 벌지 못할 돈이 없습니다. 장사꾼에게 돈은 '힘들게 번 돈'과 '쉽게 번 돈'으로 나뉠 뿐 '깨끗함'과 '더러움'의 구분은 없으니까요."

학생들 중 한 무신론자가 랍비를 바라봤다.

"랍비, 안녕하십니까?"

무신론자가 말했다.

"안녕하세요."

랍비가 인사를 받았다. 무신론자가 금화 한 닢을 꺼내 건네자, 랍비는 두말없이 주머니에 넣었다.

"혹시 당신 부인이 아이를 낳을 수 없어서 내 기도가 필요한가요?"

랍비가 물었다.

"아닙니다. 저는 아직 혼자입니다."

무신론자가 답했다. 그러고는 다시 랍비에게 금화 한 닢을 건넸다. 랍비는 또다시 말없이 주머니에 금화를 넣었다.

"하지만 당신은 늘 제게 묻고 싶은 게 있는 것 같더군요."

랍비가 말했다.

"혹시 죄를 지어서 신께 대신 용서를 빌어주길 바라나요?"

"아닙니다. 랍비. 저는 줄곧 성실하게 본분을 지키며 살아왔고 어떤 죄도 짓지 않았습니다."

무신론자가 다시 답했다. 그는 다시 랍비에게 금화를 주었고, 랍비는 한마디가 끝나기도 전에 또 주머니에 넣었다.

"아니면 장사도 안되고 큰돈을 벌 수 없어서 기도를 원하는 건가요?"

랍비가 기대하며 물었다.

"아닙니다. 올해만큼 벌이가 좋았던 적도 없었습니다."

무신론자가 답했다. 이상하게도 그는 랍비에게 다시 금화 한 닢을 내밀었다.

"그럼 대체 저에게 뭘 바라는 건가요?"

랍비가 의심스러운 말투로 물었다.

"제가 바라는 건 아무것도 없습니다. 정말로 아무것도 없습니다."

무신론자가 답했다.

"저는 그저 누군가 아무것도 하지 않고, 돈만 가져가면서 얼마나 오래 버티는지를 보고 싶을 뿐입니다!"

그러자 랍비가 답했다.

"돈은 돈일 뿐이지, 그 이상도 이하도 아니지 않습니까? 내가 받은 돈은 돌멩이 하나, 종이 한 장과 다를 바 없습니다."

자본주의 사회에서는 대개 축적한 부(富)를 기준으로 그 사람의 성공 여부와 가치를 판단한다. 유대인은 더욱 그렇다. 하지만 유대인 부모들은 아이들이 돈 앞에서 평상심을 유지하고, 돈 보기를 돌이나 종이 보듯 하며, 그저 평범한 물건으로 생각하도록 가르친다. 그래야만 평상시 돈을 좇아 부지런히 살면서도 돈을 잃었을 때 세상을 다 잃은 듯이 굴지 않을 수 있다. 이런 평상심은 거센 파도와 바람이 몰아치는 비즈니스 세계에서 유대인들이 침착함을 유지하면서도 자유롭게 질주하며 최후의 승자가 될 수 있게 해준 버팀목이었다.

옛날이든 지금이든 최악의 시기로 불리는 제2차 세계대전 당시에도 돈에 대한 유대인의 욕심은 수그러들지 않았다. 물론 유대인들도 돈의 부정적인 기능은 안다. 많은 사람들이 돈 때문에 사회와 타인에게 피해를 입히는 비도덕적인 일들을 자행하고, 심지어 위법 행위도 서슴지 않는다는 것은 부정할 수 없는 사실이다. 하지만 돈을 기반으로 하는 현대 문명이 가져온 혜택이 그로 인한 폐단보다 훨씬 많다.

돈이 사람의 지위를 바꿔 줄 수는 있어도 정신적인 빈곤을 채워 줄 수는 없다. 유대인의 생각은 알차다. 그들에게 돈은 단지 수단일 뿐 운명을 결정짓는 요소가 아니다. 유대인들은 돈이 세상만사를 해결해 주는 신인 것처럼 떠받들면서도, 그 앞에서 고개를 숙이는 돈의 노예는 아니었다.

돈을 버는 이유는 삶을 누리기 위함이다

돈을 버는 것은 매우 중요하다. 하지만 돈을 버는 데만 치중한 나머지
휴식을 취할 줄 모른다면 사람답게 살 수 없다.
쉬는 날만큼은 일에서 벗어나 즐거운 삶을 누려야 한다.

★ ★ ★

유대인에게 "인생의 궁극적인 목표가 무엇인가요?"라고 물으면 어떤 답이 나올까?

우리가 생각하는 유대인들이라면 "돈을 버는 것 아니겠습니까?"라고 답할 것 같다. 하지만 틀렸다. 상당수의 유대인들은 분명 이렇게 대답할 것이다.

"인생의 궁극적인 목표는 맛있는 음식을 마음껏 먹는 것입니다!"

다소 의아하게 여긴 당신은 다시 질문할 것이다.

"그럼 일은 왜 하나요?"

그러면 유대인들은 한 치의 망설임도 없이 이렇게 답할 것이다.

"맛있는 음식을 먹으려면 일을 해야지요! 일할 힘을 보충하려고 먹는 게 아니라고요!"

유대인들의 셈법은 늘 다음과 같다.

'만약 하루에 8시간 일하고 쉬지 않는다면 하루에 400달러를 벌 수 있지만 수명은 5년이 단축된다. 1년간 버는 수입을 12만 달러로 가정할 경우 5년이면 60만 달러의 수입이 날아가는 셈이다. 하지만 매일 한 시간씩 쉬는 대가로 시간당 수당인 50달러만 손해 본다면, 5년 동안 매일 일곱 시간 일한 만큼 돈을 벌 수 있다. 지금 내 나이가 예순이다. 적절한 휴식을 취하며 10년을 더 산다고 가정하면 앞으로 15만 달러를 손해 보게 된다. 15만 달러와 60만 달러, 어느 게 더 손해일까?'

나라를 잃은 유대인들은 2,000여 년 동안 곳곳을 떠돌며 박해와 고통의 세월을 보냈다. 그럼에도 불구하고 그들은 세계 경제라는 무대에서 막강한 권력을 휘두르며 세계인의 부러운 시선 속에 앞서 나갔다.

유대인들이 자신들의 재력을 과시하는 최적의 선택은 성대한 만찬을 여는 것이었다. 유대인들은 상대방에게 최고의 경의를 표하고 우정을 과시하기 위해, 거래가 성사된 뒤에는 반드시 풍성하게 차린 저녁 식사에 상대방을 초청해 정성껏 대접했다. 식사는 집에서 하기도 했지만 대개는 고급 레스토랑에서 이루어졌다. 먹는 게 인생의 목표인 유대인들은 하루 세 끼 중에서도 저녁 식사를 가장 중요하게 여겼다.

유대인 부모들은 아이들에게 인생의 즐거움 대부분이 저녁 식탁에 담겨 있다고 늘 말한다. 그런 만큼 5분, 10분 만에는 절대 그 맛을 다 음미할 수 없기 때문에 유대인의 저녁 식사 시간이 적어도 두 시간 이상은 걸리는 것이라고 말이다. 유대인들은 지혜를 짜내고 온갖 수단과 방법을 동원하여 어렵사리 번 큰돈을 풍성한 저녁 식탁에 조금도 아낌없이 쏟아붓는다. 그들은 이렇게 인생을 즐기며 삶의 의미를 찾는다.

돈을 버는 이유는 더 나은 휴식과 즐거움을 얻기 위해서다. 그래서 사람들은 여가시간에 잘 쉬는 법을 배운다. 많은 사람들이 팍팍한 삶 속에서도 매일 열심히 일해서 돈을 벌고 자신의 목표에 도달하기 위해 매진한다. 그러는 사이에 자신이 본래 영위하던 삶과는 점점 멀어진다.

열심히 일하고 열심히 공부하는 것처럼 바쁘게 생활하는 것은 실제로 그만큼 열심히 하는 것도 아닐뿐더러 딱히 칭찬할 만한 것도 아니다. 효율적으로 일하고 공부하는 것이야말로 칭찬받을 만한 가치가 있다. 때문에 유대인들은 (효율적으로 일하고 공부한 보상으로) 말끔한 이브닝드레스와 턱시도를 차려입고 화려한 레스토랑에 가서 풍성한 만찬을 즐기는 걸 좋아한다.

유대인들은 일할 때만큼은 최선을 다해서 돈을 번다. 하지만 휴식 시간에는 자신에게 주어진 여유를 금쪽같이 귀하게 여긴다. 이들이 돈을 버는 이유는 즐기기 위해서다. 아마도 세상에서 휴일이 가장 많은 민족은 유대민족일 것이다. 세계 각지의 유대인들은 휴가를 자기 삶의 일부로 여긴다. 휴일에는 일과 관련된 얘기를 절대 하지 않는다. 관련 서적은 물론 관련 문제조차 생각하지 않고 관련된 계획도 짜지 않는다. 휴일에는 그저 몸과 마음을 다해 여유와 즐거움을 만끽할 뿐이다.

유대인들은 돈 버는 것을 매우 중요시하지만, 돈과 일에만 치중한 채 휴식을 취할 줄 모른다면 사람답게 살 수 없다. 그러므로 휴일에는 일의 굴레에서 벗어나 즐겁게 삶을 누려야 한다. 《탈무드》에는 "사람이 휴가를 정하는 것이지, 휴가로 사람을 통제할 수는 없다"라는 말이 나온다. 유대인들의 마음속에서는 자신을 해방하는 날이야말로 진정한 휴일이다. 어떤 사람이 8시간을 일하고도 그 이외의 시간마저 일에 대한 고민을 내려놓지 못하거나 집까지 일거리를 끌고 온다면, 그는 매우 불행한 사람이다. 그런 행동은 가족과 보내는 시간은 물론 자신의 휴식까지 망쳐 버리고, 결과적으로 얻는 것보다 잃는 게 많게 만든다.

용돈이 필요하면 열심히 일하라

타고나기를 부지런하거나 게으른 경우는 드물다. 아주 소수의 사람들만이 천성적으로 부지런하거나 천성적으로 게으르다. 대다수의 사람들을 부지런하거나 게으르게 하는 것은 바로 습관이다.

★ ★ ★

유대인들은 부지런하거나 게으르게 타고나는 경우는 드물다고 생각한다. 단지 소수의 사람들만이 천성적으로 부지런하거나 천성적으로 게으를 뿐 대다수 사람들이 부지런하고 게으른 것은 습관에서 비롯된다고 생각한다. 이 밖에도 어린 시절에 자라 온 환경과 가정교육이 많은 영향을 미친다고 여긴다.

부지런한 사람에도 두 가지 유형이 있다. 하나는 외부에 의해 어쩔 수 없이 부지런해진 유형이고, 다른 하나는 자발적으로 부지런해진 유형이다.

가난했던 시절 유대인들은 살기 위해 이를 악물고 부지런히 일했다. 그러지 않으면 살길이 막막했기 때문에 매우 열악한 상황에서도 오랜 시간 육체노동을 할 수밖에 없었다. 이는 어쩔 수 없이 부지런해진 경우다. 하지만 자발적으로 부지런해야만 오랜 기간 지속하며 좋은 습관으로 만들 수 있다.

그런 까닭에 유대인 부모들은 아이를 부지런하게 키우기 위해 많은 노력을 기울인다. 예를 들면 다음과 같이 아이가 해야 할 목록을 작성한다.

지미: 바닥 청소 15센트, 침대 정리 10센트, 잡초 뽑기 20센트

마리: 꽃꽂이 10센트, 설거지 10센트, 방청소 30센트'

부모는 아이들에게 이게 용돈이라고 알려준다. 용돈이 필요하면 맡은 일을 잘 해내야 하고, 그러지 않으면 용돈을 받을 수 없다. 만약 더 많은 용돈이 필요하다면 더 많은 집안일을 해야 한다. 부모가 아이들에게 마음대로 용돈을 주지 않는 이유는 아이들이 일하도록 하기 위해서다.

유대인 부모들이 이렇게 하는 이유는 매우 분명하다. 아이들에게 열심히 일해야만 돈을 벌 수 있고, 게으른 사람은 아무것도 얻을 수 없다는 사실을 알려주려는 것이다. 이런 가르침 속에서 성장한 아이들은 대부분 열심히 일한다.

그래서 유대민족만큼 근면·성실하고 맡은 바에 불만 없이 최선을 다하는 민족은 찾아보기 힘들다. 유대인들 중에는 '워커홀릭'이 꽤 많은데 일에 임하는 그들의 자세는 다른 이들에게서 경탄을 자아낸다.

성공하고 싶다면 초인적인 노력을 기울여야 한다. 일반적인 노력으로 성공을 거두기란 쉽지 않다.

유대민족은 세계에서 가장 노력하는 민족이다. 유대인들은 예로부터 피곤한 줄 모르고 성실하게 일해 왔다. 그들은 장기간 일하면서 치욕스럽고 과도한 임무가 주어져도 단 한마디의 불만조차 내뱉지 않는다. 유대인 부호들에게서 흔히 볼 수 있듯이 유대인들은 사람들이 알아주지 않아도 오랜 시간 묵묵히 일에만 몰두한다. 그런 탓에 사람들은 그들의 존재를 의식하지 못하고 심지어 이 세상과 아무런 관계도 없는 듯이 느낀다.

하지만 그들은 아무도 예상하지 못한 큰 성공을 거머쥔 채 어느새 세상 앞에 선다. 이렇듯 성실하니 유대인이 어떻게 스스로 자부심을 느끼지 않을 수 있겠는가!

가난은 그 어떤 고난보다 무겁다

세상의 모든 고난을 저울의 한쪽에 올려두고
다른 한쪽에는 가난을 올려두면,
가난이 모든 고난의 무게보다 무거울 것이다.

★ ★ ★

《탈무드》에서는 세상의 모든 고난을 저울의 한쪽에 올려두고 가난을 다른 한쪽에 올려두면, 가난이 모든 고난의 무게보다 무거울 것이라고 전한다.

유대인들은 아이들에게 자신이 이해하는 돈의 가치 외에도 위와 같은 이야기를 들려주며, 돈이 인생을 살아가는 데 얼마나 중요한지를 깨우쳐 준다.

그렇다면 아이에게 돈의 가치와 적절한 쓰임새를 언제 설명해 줘야 할까?

아이가 세 살이 될 무렵부터 부모는 돈의 용도를 설명해 줄 수 있다. 상점에서 다양한 물건들을 사는 이유와 어떻게 사는지 방법을 알려주고 돈의 필요성을 설명해 준다. 또 돈은 노동으로 얻은 결과이지 마술을 부려 ATM에서 나오게 하는 게 아님을 분명히 알려준다.

저축에 대해서도 알려줘야 할까?

유대인 가정에서는 아이가 열다섯 살쯤 되면 한도가 있는 수표계좌와 신용카드를 허락해 주기도 한다. 이렇게 하면 아이에게 지출을 관리하고 수표와 카드를 활용하는 방법을 알려줄 수 있다.

스스로 돈 버는 법은 어떻게 가르쳐야 할까?

아이들에게 돈을 이해시키는 최선의 방법은 일할 수 있는 합법적인 나이가 되었을 때 스스로 일해서 돈을 벌어보게 하는 것이다. 부모는 합리적인 시간대에 안전하고 노동 강도가 높지 않으며 동료들과 사이좋게 일할 수 있는 일자리를 찾도록 도와줘야 한다. 그러면 아이는 스스로 돈을 버는 것이 자존감을 세우는 데 큰 바탕이 된다는 사실을 깨달을 수 있다.

이때 재정 목표도 세워야 할까?

아이들과 대학 등록금을 비롯한 지출 계획을 세우고 필요한 항목들을 토론하면서 학비와 생활비를 계산하는 법을 가르쳐 준다.

아이에게 물건을 사고 또 사후 서비스를 받는 부분은 어떻게 가르쳐야 할까?

아이를 데리고 물건을 사러 갔다면 아이로 하여금 다양한 물건들의 가격을 비교하게 하고, 특정 상품을 고른 이유가 무엇인지 말하게 한다. 일련의 책과 신문을 통해 아이가 각종 광고를 이해하고, 인플레이션이 무엇인지 파악하도록 한다. 이와 함께 물건을 살 때 이것저것 비교해 보는 것이 돈을 아끼는 방법이라는 점도 가르쳐 준다.

아이에게 한 달 생활비 예산을 짜는 방법은 어떻게 알려줘야 할까?

부모는 아이에게 많지 않은 돈으로 어떻게 식비, 의복비, 공공사업비, 관리비, 자동차 유지비 등을 감당하는지 설명해 주고, 매달 지출해야 하는 여러 가지 내역과 그중 아이가 쓰는 내역을 적게 한다.

돈으로 보상하지 마라

아이에게 가장 좋은 상은 특별한 권리나 선물이다.
만약 돈을 상으로 준다면 정해진 액수만큼만 줘야 한다.
일한 양에 따라 금액을 늘려선 안 된다.

★ ★ ★

위대한 유대인 학자 마이모니데스는 말했다.

"벌목하는 사람, 정원의 수로 설계사, 대장장이로 일할지언정 다른 사람에게 손 내밀지 마라."

가정에서 부모는 집안일이 가족 구성원 모두가 함께 해야 하는 일이라는 것을 분명하게 가르쳐야 한다.

많은 유대인 교육학자들이 부모가 상벌제도를 만들어서 인자하면서도 엄하게 집안일을 가르쳐야 한다고 말한다.

미취학 아동들은 원하는 걸 얻을 수 있는 일을 하길 바란다. 이런 심리를 고려하여 아이들이 어려운 일을 해냈다면 그에 상응하는 상을 줘야 한다.

이런 상과 벌의 간격은 최대한 길수록 좋다. 아이가 5~7세라면 최소한 2주에 한 번은 칭찬해 주고, 아이가 7세 이상이라면 최소한 한 달에 한 번은 상을 줘야 한다.

아이가 일을 잘했다고 해서 무턱대고 상을 줘선 안 된다. 그러면 부모의 실질적인 자극 없이는 아이의 행동을 제어하기 힘들어질 수도 있다.

아이에게 어떤 일을 맡길 때는 어떤 보상이 따를 것인지를 설명한 후 선택권을 줄 수 있다. 물론 상황과 아이의 정신적인 성숙도, 친밀도를 고려해서 아이와 협상할 수도 있다. 이때 보상의 범위를 분명히 하고, 설사 아이가 맡기려던 일을 거부하더라도 일을 맡기기 위해 범위를 벗어나서 보상해서는 안 된다.

가장 좋은 것은 아이에게 돈으로 보상하지 않는 것이다. 그래야만 아이가 머릿속에 더 풍성한 그림을 그려낼 수 있고 금전 지상주의에 빠지지 않게 된다. 유대인이 돈을 좋아하는 것은 사실이지만 아이들에게 돈에 대한 개념을 심어 주려고 조급하게 굴 정도는 아니다.

아이에게 가장 좋은 상은 특별한 권리나 선물이다. 만약 상으로 돈을 주는 경우라면 정해진 액수만큼만 줘야 한다. 결코 일한 양에 따라 금액을 늘려선 안 된다.

아이가 노느라고 자신이 맡은 집안일을 하지 않았다면, 아이를 하루 동안 집에만 있게 하거나 일정 시간 동안 자기 방에서 나오지 못하게 한다.

이렇게 벌을 주는 이유는 아이에게 부모와 한 약속을 지켜야 한다는 사실을 깨우쳐 주기 위해서다. 만약 아이가 매번 해야 할 일을 하지 않는다면 그에 알맞은 벌을 준다. 그래야만 아이가 차후에 벌받을 가능성이 줄어든다.

집안일 중에는 아이가 반드시 해야 할 일도 있고, 부모와 아이의 합의가 필요한 일도 있다. 또 어떤 경우에는 온전히 아이의 결정에 따라야 하는 일도 있다. 필요하다면 그런 내용을 담은 목록을 만들어 보는 것도 좋다. 성장하면서 해야 할 일도 늘어나고 책임감도 생기는 만큼, 아이도 자신의 행동에 책임을 져야 한다는 사실을 배울 수 있을 것이다.

계산서가 없다면 한 푼도 주지 마라

맡은 일을 다 했다면 아이는 부모에게 임금 계산서를 보여줘야 한다.
부모는 아이가 제시한 계산서에 따라 즉각 돈을 지불해야 한다.
만약 계산서가 없다면 돈을 가져갈 생각은 하지 말아야 한다.

★ ★ ★

예루살렘의 학교에서는 아이들에게 전인교육을 실시한다. 아이들에게 다양한 기능과 수영, 승마, 사격, 댄스, 테니스와 같은 운동을 가르치며 이는 아주 훌륭한 일이다. 하지만 학교는 아이들에게 생활 속에서 얻어야 할 지식을 배울 만한 환경을 제공하지 못하므로 돈 관리처럼 중요한 생활 속 기능은 가르치지 못한다.

이는 유대인 가정과 사회에서 매우 필수적인 기능이다. 그렇기 때문에 돈 관리 방면의 교육은 모든 유대인 가정에서 시급하게 해결해야 할 문제다.

학교에 이런 수업이 없으면 유대인들은 가정에서 아이들에게 돈 관리를 가르친다. 한 유대인 어머니는 다음과 같이 말했다.

"우리 아이는 돈의 쓰임새부터 배우기 시작했어요. 우리 집에서는 거의 매일 아이에게 용돈을 줍니다. 여섯 살이나 일곱 살쯤 되면 아이들은 정해진 용돈을 받아요. 하지만 이 돈은 거저 얻는 것이 아니에요. 아이들이 일한 대가로 받는 것이죠. 외부 세상과 똑같아요. 아무 일도 하지 않으면 한 푼도 받을 수 없어요."

유대인 부모들은 아이가 학교에 가기 전과 후에 해야 할 일들과 그 밖의 일들을 적은 목록을 주방에 걸어 둔다. 아이는 목록에 적힌 일들을 한 뒤에도 용돈이 좀 더 필요하면 창문 닦기, 바닥 쓸기, 세차, 설거지 등과 같은 일을 따로 더 해야 한다. 그러면 그에 상응하는 용돈을 받을 수 있다.

할 일을 마친 아이들은 '임금 계산서'를 부모에게 보여주고, 부모는 그 계산서에 따라 즉각 용돈을 준다. 만약 이 계산서가 없다면 돈 받을 생각을 해선 안 된다.

어떤 사람들은 일상이나 직장에서 자신이 일한 내용을 계산서에 기입하는 이유를 알지 못해 손해를 보곤 한다. 그래서 유대인 부모들은 이런 방식으로 아이들에게 경제 활동의 기초상식을 길러 준다.

유대인 부모는 아이와 함께 쇼핑하며 물건을 사는 목적에 대해 이야기를 나눈다. 부모는 아이에게 잡지와 사탕이 계산대 앞에 놓여 있는 이유(충동구매 욕구를 불러일으키기 위해서)를 알려주며 그런 술수에 넘어가지 않도록 가르친다.

부모가 물건을 사며 내리는 결정은 아이의 가치관에 영향을 미친다. 아이가 돈 관리와 관련된 지식을 배우길 바란다면 부모가 먼저 훌륭한 본보기가 되어야 하는 이유가 바로 여기에 있다.

광고의 시대를 살아가는 우리는 넘쳐나는 광고를 시시각각 접한다. 부모는 아이가 화려한 광고에 현혹되지 않고 광고 속에 담긴 마케팅 전략을 구별할 수 있도록 교육하여 상식을 갖춘 소비자로 키워야 한다.

유대인 랍비는 이렇게 말했다.

"인생의 경험은 엄격한 스승이다."

우선 시험한 다음에 가르침을 주기 때문이다.

부모로서 우리가 해야 할 일은 아이를 시험한 후 가르침을 줌으로써 사회의 다양한 시험을 수용할 수 있는 아이로 길러 내는 것이다.

일을 해야만 돈을 벌 수 있다

아이는 집안일을 하면서 나중에 독립했을 때 필요한 다양한 기능을 습득한다. 아이가 노동을 통해 돈을 버는 것은 유대인 가정에서 흔히 볼 수 있는 교육방식이다.

★ ★ ★

아이가 노동을 해서 돈을 버는 것은 유대인 가정에서 흔히 볼 수 있는 교육방식이다. 아이가 맡은 일을 다 해내지 않으면, 유대인 부모는 아이에게 용돈을 주지 않거나 아이의 용돈을 다시 가져가는 벌을 준다. 유대인 가정에서는 아이가 노동과 일의 가치를 아는 것을 중요하게 생각한다. 아이는 여러 가지 집안일을 하면서 독립 후의 생활에 필요한 기본적인 기능을 배운다.

집안일을 시키는 과정에서 아이에게 너무 많은 일을 맡기거나 책임을 지게 해선 안 된다. 그러면 아이가 불만을 느끼고 부모를 원망할 수 있다. 부모는 아이가 일을 마무리 지으려면 부모가 할 때보다 더 많은 시간이 걸린다는 사실을 알려주고, 아이가 노력해서 훌륭히 일을 해냈다면 그 결과를 충분히 인정해 줘야 한다.

아이들이 집안일과 일상적인 일들을 알아가는 것은 생활의 일부분이다. 집안의 작은 일들은 나이가 어린 동생에게 맡기는 식으로 나이를 고려하여 아이 수준에 맞는 일을 맡긴다.

아이는 자라면서 더 많은 특권을 갖고 싶어 한다.

용돈을 받으려면 일을 해야 한다는 규정을 만든 뒤에는 용돈을 버는 각종 방법을 도표로 만들어 기록하는 방식을 이용하는 것도 좋은 방법이다. 이 방법은 아이들에게 꽤 효과적인데 특히 십 대들에게 효과 만점이다.

부모는 아이들이 할 만한 집안일과 일상적인 일을 적은 목록을 만들고, 항목마다 노동의 가치를 따져서 금액을 정한다. 해당 항목의 일을 한 아이는 그 금액만큼 용돈을 받을 수 있다. 아이들에게 다양한 일을 공평하게 배분하는 것도 중요하다. 한 번에 많은 금액을 줬다가 다시 가져가선 안 된다. 용돈 버는 각종 방법을 적은 도표를 만든 뒤에는 아이들 하나하나가 상상 이상으로 잘 해내는 모습을 발견할 수 있을 것이다. 집안일의 상당수는 아이들이 충분히 해낼 수 있는 것들이다. 이 과정에서 아이들은 일을 해야만 소득을 얻을 수 있다는 사실을 배울 수 있다. 한 유대인 어머니의 말처럼 말이다.

"집안일은 아이의 생활을 바꿔 놓았어요. 아이들은 더 이상 집안일을 두고 다투지 않아요. 아이들은 부모가 맡긴 일을 해내지 못하면 용돈을 받을 수 없다는 사실을 알고 있죠. 만약 아이가 하나인 가정이라면 다른 집의 아이를 불러 함께 해 볼 수도 있어요. 다른 집 아이가 일한 만큼 돈을 벌어가는 모습을 보는 것도 꽤 괜찮은 일이죠."

모든 ATM 기계에서 돈을 찾을 수 있는 건 아니다

하나의 경제 위기에서 또 다른 경제 위기로 흘러들면
더 많은 위기에 직면하게 되고, 영원히 벗어나지 못할 수도 있다.
따라서 사고방식과 행동양식을 바꿔야 한다.

★ ★ ★

돈 관리 능력은 사람이라면 반드시 갖춰야 할 중요한 능력이다. 돈 관리는 아이가 평생 동안 이루어가는 발전과 행복에도 영향을 미친다.

《탈무드》에서는 절약이야말로 돈을 모으는 근원이자 돈을 관리하는 방법이라고 본다.

라자라는 아주 똘똘한 아이였다. 라자라의 수중에는 늘 용돈이 넘쳐났고, 아버지는 언제나 호탕하게 아이스크림과 캔디를 사 줬다. 이 모습을 본 선생님은 라자라의 아버지를 찾아가 아이에게 잘못된 습관을 들여선 안 되니 지나치게 많은 용돈을 주는 건 삼가 달라고 말했다. 라자라의 아버지는 하는 수 없이 용돈을 줄였지만 라자라는 대담하게 아버지 손에 있는 돈을 가져가서 마음껏 썼다. 라자라의 씀씀이는 날이 갈수록 더 커졌다. 아버지는 그제야 이러지도 저러지도 못한 채 걱정만 더해 갔고, 돈을 헤프게 쓰는 습관이 들어 버린 라자라는 아버지가 돈을 주지 않으면 그를 원망했다.

상당수의 부모들이 백화점이나 마트에 가기 전에 돈을 넉넉히 챙긴다. 그래야만 아이 앞에서 체면이 선다고 생각하기 때문이다.

하지만 만약 그렇게 생각한다면 큰 오산이다. 돈이 가득 든 지갑을 본 아이는 부모에게 돈이 많다고 생각해 더욱 욕심을 부리게 된다. 그리고 백화점이나 마트에 들어서자마자 눈앞에 펼쳐진 수많은 물건들을 통 크게 사들인다. 부모의 주머니가 두둑하다고 생각하니 물건을 사면서 굳이 선택할 이유가 없다. 지금 당장 만족감을 느끼기 위해 눈에 들어온 것을 얼른 하나 사는 건 아이에게 아주 당연한 일일 뿐이다.

결국 아이 앞에서 체면을 세우기 위해 돈이 많다고 과시하는 행동은 아이를 망치는 길이다. 부모의 허세는 아이의 욕심만 부채질할 뿐이다. 아이의 이런 행동으로 발생하는 비용은 모두 부모가 책임져야 하며, 돈에 대한 아이의 지식 또한 부모에게서 배운 것이다.

많은 아이들이 ATM 기계를 보며 부모에게 이렇게 말하곤 한다.

"저 기계에서 돈이 나와요."

기술의 진보는 많은 아이들에게 오해를 불러일으켰다. 아이들은 ATM 기계가 마르지 않는 샘물이자 화수분인 줄 안다. 부모는 그런 아이들에게 우선 은행에 돈을 저금해야만 ATM에서 돈이 나오고, 그러려면 우선 일해서 돈을 벌어야 한다는 걸 일러줘야 한다.

주변에서 이런 문제로 골머리를 앓는 부모가 많다. 그들은 아이들이 절약하고 낭비하지 않게 하려면 어떻게 교육해야 하는지 주변에 묻곤 한다.

어느 누구도 당신의 고민을 해소해 줄 수 없다. 하루하루 당신의 말과 행동, 노력 그리고 그렇게 쌓은 성과로 아이들에게 돈에 대한 지식을 심어 주는 수밖에 없다.

아이들은 생활 속에서 부모를 살피는 눈이다. 부모의 말 한마디, 행동 하나가 아이들 마음속에 깊은 인상을 남기고, 아이들은 그것을 배운다. 낭비하지 않고 절약하는 습관을 지닌 아이로 키우고 싶다면, 돈이란 쉽게 얻을 수 있는 게 아니란 걸 생활 속에서 아이에게 알려줘야 한다.

기회가 있다면 아이를 데리고 직장으로 가서 아이에게 부모가 어떻게 일하는지, 일이 얼마나 고된지를 보여주며 이렇게 일해야만 돈을 벌 수 있다는 점을 설명해 준다. 함부로 돈을 쓰던 아이도 부모가 힘들게 일하는 모습을 떠올린다면 절약하는 습관을 기르게 될 것이다. 그리고 훗날 스스로 돈을 벌 때 비로소 자신이 번 돈을 알맞게 쓰며 진정한 인생을 누릴 수 있을 것이다.

유대인 랍비는 하나의 경제 위기에서 또 다른 경제 위기로 흘러들면 더 많은 위기에 직면할 것이고, 어쩌면 영원히 벗어날 수 없을지도 모르니 사고방식과 행동양식을 바꿔야 한다고 말했다.

아이와 계약서를 작성하라

록펠러는 '돈의 제국'을 세웠지만 결코 함부로 돈을 낭비하지 않았고,
가족들도 자신의 제국 안에서 돈을 헤프게 쓰는 꼴을 용납하지 않았다.

★ ★ ★

미국의 사업가이자 대부호인 록펠러는 자녀 교육에 매우 엄격했다. 그는 자녀가 어릴 적부터 괴로움과 고통을 참고 견디며 독립적이고 자주적으로 사는 능력을 키우도록 교육했다. 록펠러는 '돈의 제국'을 세웠지만 결코 함부로 돈을 쓰지 않았으며 가족들 역시 그의 제국에서 돈을 헤프게 낭비하는 꼴을 용납하지 않았다. 록펠러는 스스로를 자신이 세운 제국의 소유자가 아닌 관리자로 생각했다.

그의 아들 존 D. 록펠러 주니어는 아버지의 장점을 물려받아 근면함과 절약을 가문의 절대적인 전통으로 여겼다. 우연이었는지, 아니면 일부러 맞춘 것이었는지는 모르지만, 1920년 5월 1일 국제노동절에 존 D. 록펠러 주니어는 열네 살이 된 자신의 아들에게 한 통의 편지를 썼다. 편지에는 아들이 향후 록펠러 펀드의 총재가 될 거라는 사실과 함께 아들에게 전하는 비망록이 쓰여 있었다.

이 비망록은 사실 아들에게 용돈 쓰는 방법을 가르치는 내용이었으며, 다음의 총 14개 항목으로 구성되었다.

1. 아버지가 아들 존에게 용돈을 주는 것은 5월 1일부터 시작하며, 용돈 시작 수준은 매주 1달러 50센트다.

2. 매주 주말마다 장부를 검사한다. 만약 해당 주간의 재정

기록이 아버지가 보기에 만족스러울 경우 다음 주 용돈을 10센트 인상한다.

3. 매주 주말 장부 검사 시, 한 주간 재정 기록이 규정에 맞지 않거나 아버지가 보기에 불만족스러울 경우 다음 주 용돈을 10센트 인하한다.

4. 만약 기록할 수입이나 지출이 없을 경우, 다음 주 용돈은 이번 주 수준을 유지한다.

5. 매주 주말 장부 검사 시, 한 주간 재정 기록이 규정에 부합하지만 아버지가 보기에 기록과 계산이 불만족스러울 경우 다음 주 용돈은 이번 주 수준을 유지한다.

6. 아버지는 용돈을 조절할 수 있는 유일한 평가자다.

7. 양측은 용돈의 최소 20%를 공익사업에 쓸 것에 동의한다.

8. 양측은 용돈의 최소 20%를 저축할 것에 동의한다.

9. 양측은 각 항목의 지출을 분명하고 정확하게 기록할 것에 동의한다.

10. 양측은 아버지, 어머니 혹은 가정교사의 동의를 거치지 않고서는 존이 물건을 구매할 수 없으며 아버지와 어머니에게 돈을 달라고 할 수 없음에 동의한다.

11. 양측은 만약 존이 용돈으로 사용범위 이외의 상품을 살 경우 반드시 아버지, 어머니 혹은 가정교사의 동의를 얻는 것에 동의한다. 동의한 이후에는 존에게 상품을 사기에 충분한 자금을 준다. 상품의 가격 및 거스름돈을 명기한 영수증과 거스름돈은 상품을 구매한 당일 저녁, 자금을 지원한 자에게 제

출한다.

12. 양측은 존이 가정교사, 아버지의 비서와 그 밖의 사람에게 돈을 요구할 수 없음에 동의한다(차비 제외).

13. 존의 은행 계좌에서 용돈을 저축한 비중이 20%를 넘는 경우(상세내용은 제8항 참조), 아버지는 존의 계좌에 동일한 액수의 금액을 지원한다.

14. 이상 용돈 계약의 세칙은 서명한 양측이 내용을 수정하기로 결정할 때까지 장기간 유효하다.

마지막에는 존 D. 록펠러 주니어와 그의 아들 존이 서명하도록 되어 있었다.

이 계약은 우리 모두의 예상을 뛰어넘는다. 그와 더불어 유대인들이 아이들에게 경제 교육을 할 때의 기본 원칙을 잘 보여준다.

제 2 장

단 한 방울의 눈물로 성숙해진다

유대인의 좌절 극복 교육법

그게 무엇이든 신께서 당신에게 주시지 않은 까닭은 당신에게 어울리지 않아서가 아니라 당신이 더 좋은 것을 가질 가치가 있는 사람이기 때문이다. 당신이 누구든, 또 어떤 처지에 있든 잘 견뎌낸다면 강해진 자신을 만날 수 있다.

어둠에서 시작하여 밝음으로 끝낸다

밝게 시작하여 어둠 속에서 끝내는 것보다
어둡게 시작하여 밝게 끝내는 게 낫다.

★ ★ ★

청개구리 한 마리를 펄펄 끓는 기름 솥에 넣으려고 하면 어떻게 될까? 청개구리는 얼른 솥에서 뛰쳐나온다. 하지만 같은 청개구리를 찬물을 가득 담은 솥에 넣고 불을 지피면 천천히 뜨거워지기 때문에 솥 밖으로 나오지 않는다. 물이 점점 뜨거워지는데도 솥에서 나올 생각을 하지 않다가 결국 죽고 만다.

유대인들은 기름 솥 옆의 청개구리와 같다. 그들은 언제나 위기의식을 갖고, 어떤 상황에서도 경계를 늦추지 않는다. 많은 유대인들이 일생 동안 상당한 고통과 어려움을 겪으며, 편안한 생활 속에서도 고통스러웠던 시절을 결코 잊지 않는다. 그들의 마음속에 가득한 경계심은 과거를 잊지 않기 위함이다.

지난 시절의 고통을 혹여 잊을세라 유대인들은 여러 가지 규칙을 마련해 둔다. 생활, 기념일, 휴일, 심지어 결혼식 날까지도 고통을 잊어선 안 된다며 스스로를 채찍질한다.

유대인들은 매주 휴일을 금요일에 시작해 토요일에 끝내고, 일요일을 한 주의 시작으로 삼는다. 왜 금요일의 어두운 밤을 온 가족이 행복하고 즐거운 휴일의 시작으로 삼는 것일까?

《탈무드》에서는 다음과 같이 설명한다.

"밝게 시작하여 어둠 속에서 끝내는 것보다, 어둠에서 시작하여 밝게 끝내는 것이 낫다."

뭐가 됐든 고통을 먼저 겪은 후에 누려야 한다는 의미다.

유대인들은 휴일에도 고통을 잊지 않기 위해 노력한다. 유대인들의 기념일 중에서 가장 성대하고 웅장한 '유월절'조차 규정이 있다. '유월절'은 유대인들이 이스라엘로 다시 돌아온 것을 기념하는 날이다. 이날 유대인들은 아침 일찍부터 정성을 다해 음식을 준비하고, 화려한 옷을 차려입은 뒤 모두 함께 모여 뜻깊은 하루를 보낸다. 하지만 이날도 역시 모든 유대인이 거친 빵과 쓰디쓴 들풀을 먹도록 규정하고 있다. 거친 빵과 쓰디쓴 들풀이 그들이 겪은 수난과 좌절을 의미하기 때문이다.

역사 기록에 따르면 유대인들은 일찍이 이집트에서 노예 생활을 하며 비참한 생활을 했다. 기원전 15세기 무렵 유대인들의 영웅인 모세가 유대인들을 이끌고 사막을 건넜다. 먹을 것을 준비할 시간이 없었던 탓에 유대인들은 발효하지 않은 밀가루 빵과 길에 난 들풀을 먹으며 머나먼 길을 걸어 천신만고 끝에 이스라엘로 돌아왔다. 이미 3,500여 년이나 지난 일이지만 오늘날 유대인들은 여전히 당시의 고행과 더불어 조상들이 받은 수모와 굴욕적인 과거를 되새긴다.

설사 결혼과 같은 경사스럽고 중요한 날에도 유대인들은 새 식구에게 고통을 잊지 않을 것을 다시금 강조한다. 혼례에서 새 식구는 술을 다 마시면 안 되며, 술잔을 판 위에 올려놓고 술을 다 마신 뒤 술잔을 깨뜨리도록 규정하고 있다. 이 의식은 두 사람이 험난한 일생을 함께 헤쳐 나가고, 쾌락만을 좇아선 안 되며, 함께 즐기기만 하고 과거의 고통을 잊는다면 집안이 망한다는 것을 의미한다.

사람들은 유대인들의 위기감과 우환에 관한 의식을 평가할 때 다음과 같이 말한다.

"유대인은 행운은 가장 늦게 알아차리고, 재난은 가장 먼저 알아차린다."

유대인이라면 자신들은 결코 지지 않는다는 사실을 안다. 유대인들에게 실패는 더 이상 기회가 없음을 의미한다. 그래서 그들은 남보다 더 많은 노력을 기울인다. 상당수의 유대인들은 다른 사람의 눈에는 재기가 불가능해 보이는 일이라고 할지라도 반드시 성과를 만들어 낸다. 유대인들의 어린 시절 경험을 들여다보면 열 명 중 여덟 명이나 아홉 명이 힘들고 고

생스러운 어린 시절을 보냈다는 것을 알 수 있다.

이렇듯 역경 속에서 꽃피운 유대인들의 성공 정신은 세상 사람들에게 영원히 추앙받을 것이다. 유대인들에게 성공이란 '필요한 것'이 아니라 '반드시 이뤄야 할 것'이며, 이것이 바로 유대인의 위기 교육 정신인 어둠에서 시작하여 밝게 끝내는 것이다.

최고의 선물은 내려놓는 것이다

무언가를 하면서 배울 수 있는 것보다 더 좋은 것은 없다.
노동이 없는 학문은 결실을 맺을 수 없고, 오히려 죄악을 초래할 뿐이다.

★ ★ ★

유대인 지도자인 살만에셀 3세는 다음과 같이 말했다.

"무언가를 하면서 배울 수 있는 것보다 더 좋은 것은 없다. 노동이 없는 학문은 결실을 맺을 수 없고, 오히려 죄악을 초래할 뿐이다."

이런 교육의 영향으로 많은 유대인 학생들이 일찍부터 아르바이트를 시작한다. 그들은 야채가게에서 일하기도 하고, 인쇄공장에서 잡일을 하기도 한다. 또 교사가 되고자 하는 고등학생들은 여름 야영에 참여해 초등학생과 중학생으로 팀을 꾸려 보기도 한다.

유대인은 아이가 어릴 적부터 다음과 같은 생각을 심어준다.

만약 자신의 이상을 실현하고자 한다면 돈 버는 연습도 해야 하고, 경제적으로 독립도 해야 한다. 만약 가족이나 친구들이 계속해서 경제적으로 원조해 준다면 실질적으로 독립하기란 불가능하다. 다른 사람의 도움을 받는 것이 여전히 좋기만 하다면 결코 잊어선 안 될 것이 있다. 그것은 바로 다른 사람에게 의존하기만 해서는 살아갈 수 없다는 점이다.

래임이라는 유대인이 있었다. 그는 열여섯 살 무렵 영국의 한 대학에 입학하여 유학을 가려고 준비 중이었다. 유학을 떠나기 전, 래임의 아버지는 래임에게 100파운드(한화 약 17만 원)의 학비만 주며 말했다.

"이 돈은 빌려주는 것이니, 학업이 끝나면 반드시 갚아야 한다."

중국 부모들의 시선에선 참으로 황당하기 그지없는 일이다. 부모라면 아이에게 '조건 없는' 희생을 해야 한다. 어떻게 아이에게 갚으란 얘기를 할 수 있단 말인가!

중국 아이들이 이 말을 들었다면 어떨까? 아마도 곤혹스러워할 것이다. 신문에 이런 기사가 실린 적이 있다.

"모 학교에 다니는 한 여학생의 가정은 가난하며 부모의 연간 수입은 2만 위안(한화 약 380만 원)을 조금 넘는다. 하지만 이 여학생은 학교에 가면서 수만 위안을 들여 아이폰 6와 아이패드를 구입했고, 조만간 애플워치도 구매할 것이라고 말했다."

래임은 영국에 가서 공부하며 그곳 생활에 금세 적응했고 돈을 많이 벌 방법을 강구했다. 런던에서 공부하는 4년 동안 그는 자신이 번 돈으로 학비와 생활비를 충당하며 런던 대학

경제학과를 졸업했고, 귀국한 뒤 아버지에게 100파운드를 갚았다.

내려놓으면 아이에게 독립과 생존을 가르칠 수 있다. 이것이 바로 최고의 선물이다!

혹자는 이렇게 말할지도 모른다.

"래임은 아주 특별한 사례가 아닐까? 세상에 자기 자식의 학비를 대는 것 가지고 인색하게 구는 아버지가 어디 있단 말인가! 아이에게 여러 번 이치를 설명해 주고 아이가 이해하면 되는 일인데, 꼭 그렇게 엄격하게 할 필요가 있을까?"

우리 사고방식대로라면 이렇게 생각하겠지만 유대인들의 생각은 그렇지 않다. 유대인들은 '진정한 지식은 실천에서 나온다'는 이치를 깊이 느끼며 살아간다. 경제 분야에서도 직접 실천하고 경험한 일이어야만 소중한 경험으로 남는 법이다.

재난은 좋은 일이다

행복보다 고난을 더 기쁘게 맞이해야 한다. 평생 행복하다는 것은 지은 죄에 대한 값을 아직 치르지 않은 것과 같기 때문이다.

★ ★ ★

인류가 있으면 고난도 있기 마련이다.

유대인의 역사는 고난의 역사다. 유대인들은 고된 생활, 질병, 생존의 위협과 더불어 도처에서 배척당한 채 갈 곳 없이 떠돌아다니며 끝없는 고통 속에 살아왔다.

카르타고의 유명 박물관에 전시되어 있는 〈장군〉이라는 그림에서는 한 사람이 악마와 바둑을 두고 있다. 위험이 눈앞에 다가온 가운데 악마는 '장군'을 외친다. 이 장기 한 판은 인류의 운명을 상징한다. '장군'을 외치는 악마가 바로 고난이다. 인류는 과연 고난을 이길 수 있을까? 모든 유대인은 어릴 적부터 '극기 훈련'을 받는다. 이 훈련은 고난을 삶의 자산으로 바꾸는 훈련이다. 인류는 악마와의 전투 속에서 자신을 단련한다.

다음은 유대인의 '극기 교육'에 관한 이야기다.

《탈무드》를 연구하던 한 젊은 유대학자가 연구를 마치고 랍비 에리자에게 가서 추천서를 써 달라고 부탁했다. 랍비 에리자는 그를 아주 반갑게 맞이했다.

"오, 나의 아들아."

랍비가 그에게 말했다.

"냉혹한 현실을 직시해야 한다. 만약 지식이 충만한 책을 쓰고 싶다면, 우선 장사꾼처럼 물건들을 머리에 이고 집집마다 다니며 장사를 해야 해. 마흔이 될 때까지 그런 배고픈 생활을 해야 하지."

"그럼 마흔이 되면 어떻게 되나요?"

젊은 학자는 희망에 가득 차서 물었다. 랍비 에리자는 격려하듯 미소를 지으며 말했다.

"마흔이 되면 그 모든 것에 익숙해지겠지."

'유월절'은 유대인들의 '극기 교육'에서 가장 중요한 날이다. 유월절은 모세가 유대인들을 이끌고 이집트를 떠나 이스라엘로 돌아온 것을 기념하는 날이다. 조상들의 지난했던 여정을 떠올리고, 특별한 음식을 먹으며 다사다난했던 지난날을 기억하고, 지금의 편안함에 감사하며 삶의 고단함을 교육한다.

유월절 식탁에 오르는 음식 가운데 주된 것은 세 개의 무교병(누룩을 넣지 않고 구운 빵이나 과자)이다. 출애굽 당시 유대인들은 돌아올 때 먹을 건조한 음식을 챙길 수 없어서 발효하지 않은 무교병을 먹을 수밖에 없었다. 여기서 세 개는 세 명의 유대인 선조를 상징한다.

식탁에 오르는 음식은 양의 정강이 부분, 구운 달걀, 하로셋, 쓴 나물, 소금에 절인 셀러리다.

구운 양의 정강이 부분은 유월절 제사에 올리는 음식이다. 유대인들은 성전이 파괴된 후 제사를 올릴 곳을 찾을 수 없자, 식사 자리에서 구운 양의 정강이 부분으로 제사를 대신했다.

구운 달걀은 유대인들이 식사 전에 달걀을 먹는 습관에 따른 것으로, 유월절 달걀은 구워서 단단하고 잘 깨지지 않는다. 달걀을 구우면 단단해지는 것과 같이, 유대민족이 고통을 받으면서 더욱 강인해진 것이 마치 구운 달걀과 같다는 의미에서 식탁에 올라간다.

하로셋은 과일, 향료, 술을 섞어 만든 음식으로 회반죽과 같이 생겼다. 이스라엘 사람들이 출애굽 하기 전, 파라오는 그들을 괴롭히기 위해 벽돌을 만들라고 명령하면서 먹을 것을 주지 않고 박해했다. 진흙색의 하로셋은 당시 벽돌을 만들 때의 회반죽을 떠올리게 한다.

쓴 나물은 유대인들이 이집트에서 겪었던 고통을 의미한다.

소금에 절인 셀러리는 유대인들이 출애굽 할 때 홍해의 쓰디쓴 바닷물을 마시고, 바닷물에 절인 셀러리를 먹었음을 뜻한다. 즉, 유대인들이 출애굽 당시의 고통을 영원히 잊지 않을 것을 의미한다.

유월절 식사 순서는 넉 잔의 술잔으로 연결된다. 가장 연장자가 첫 번째 술잔을 들고 행복을 기원하며 식사를 시작한다. 두 번째와 세 번째 술잔은 식사의 중간에 등장하는데, '학가다(이스라엘 역사와 선지자들의 가르침을 다룬 여러 가지 해설과 비유)'에 대한 이야기를 나누기 전과 후에 마신다. 마지막으로 신의 보우에 감사드리며 네 번째 잔을 마시고 식사를 끝낸다.

유대인들의 모든 성공은 고통과 불가분의 관계다. 1933년 4월 독일에서는 나치가 음모를 꾸며 국회의사당 방화 사건을 일으켰고, 그로부터 2개월 뒤 히틀러는 첫 번째 유대인 배척 명령을 내렸다. 나치는 모든 유대인 경찰, 군인, 법관, 정부 공직자, 교사를 해고했고, 2년 뒤 다시 '차등 공민'을 선포하며 독일인과 유대인의 통혼을 금지했다. 그리고 2~3년이 흐른 뒤 유대교 예배당을 무너뜨리고 유대인들을 수용소로 몰아넣은 것으로도 모자라 재산을 약탈하고 몰수했다.

유대인들은 불굴의 정신으로 고난을 동력으로 바꿈으로써 그토록 어둡고 공포스러운 세월 속에서도 훨훨 날 수 있었다.

유대인들은 행복할 때보다 고통스러울 때 더 기뻐해야 한다고 생각한다. 고난 앞에서는 용기뿐만 아니라 정신력과 마음가짐이 필요하다. 그래야만 고난을 이겨내고 이를 인류의 선물로 승화할 수 있다.

아이가 스스로 답을 말하게 하라

세상은 절대로 공평하지 않다.
그런 대우에 되도록 빨리 적응해야 한다.

★ ★ ★

한 유대인 아버지가 아들을 데리고 목욕탕에 갔다. 냉탕에 들어가자 아이는 파르르 떨며 자기도 모르게 "앗, 아버지, 아!" 하고 외쳤다.

아버지는 아들을 끌어안아 수건으로 몸의 물기를 닦아주고 옷을 입혔다.

"아, 아버지, 아하!"

아버지는 기분 좋은 소리를 내는 어린 아들을 수건으로 따뜻하게 둘둘 말았다.

"뭐가 '앗'이고 '아하'란 거니?"

아버지는 깊이 생각하며 말했다.

"냉수욕과 범죄 사이의 거리를 알고 있니? 네가 냉탕에 들어갈 때 처음 낸 소리는 '앗'이었고, 다음으로 낸 소리는 '아하'였지? 하지만 네가 범죄를 저지를 때 처음 내는 소리는 '아하'일 것이고, 그다음은 '앗'일 거란다."

유대인은 아이가 어릴 때부터 미덕에 관해 교육하는데, 아이에게 깊은 인상을 심어주고 오래 기억하도록 일상생활이나 이미지, 생동감 있는 내용을 이용해 사람의 도리를 설명한다. 위 이야기 속 아버지도 아이에게 범죄를 직접 언급하지 않고, 냉수욕을 범죄에 비유해 범죄를 저지를 때 느끼는 즐거움은 '아하'로, 범죄의 결과로 결국 감내해야 하는 고통은 '앗'으로 알려주었다. 아이에게 범죄는 저질러선 안 되는 것임을 짧은 감탄사로 일깨워준 것이다. 한편, 이런 말과 행동은 아이에게 오랜 기억으로 남는다.

유대인 작가 토마스 만의 딸 에리카는 어릴 때부터 거짓말하는 걸 좋아했다. 에리카가 거짓말을 하는 이유는 재미있어서일 수도 있었고 곤혹스러운 환경에서 벗어나기 위해서일 수도 있었다. 평소 토마스 만의 가정에서는 부인이 아이 교육을 전담했는데, 아내가 아이를 감당할 수 없게 되자 결국 토마스 만이 직접 나섰다.

어느 날 토마스는 딸을 서재로 불러 의미심장하게 말했다.

"이제 일곱 살이 되었으니 너는 더 이상 아이가 아니란다. 네가 무엇을 했는지 스스로 알고 있을 거야. 너는 하루 종일 거짓말을 했지. 만약 온 식구가 거짓말만 한다면 어떻게 될까? 가족끼리 서로 전혀 믿지 못하고, 상대의 말을 경청하지도 않을 거야. 그러면 우리 집은 무료하기 그지없고 우리 가족은 아무것도 이룰 수 없는 삶을 살게 되겠지. 나는 네가 이 말의 뜻을 알아듣고, 앞으로는 절대 거짓말을 하지 않을 거라고 믿는단다!"

에리카에 따르면 당시 아버지의 훈계는 자신에게 지워지지 않을 만큼 깊은 인상을 남겼고, 그 이후로 더 이상 거짓말을 하지 않았다고 한다.

제1차 세계 대전이 발발하여 음식이 귀해지자, 토마스 만의 집에서는 음식을 네 아이에게 똑같이 나눠주었다. 얼마나 정확하게 나눴는지 완두콩 한 알도 차이가 없을 정도였다.

바람이 포근하고 햇살이 따스한 어느 날, 무화과가 단 한 개 남아 있었다. 토마스 만의 아내와 네 아이는 공평하게 무화과를 나눠 먹을 것으로 생각했다. 그런데 예상과 달리 토마스는 에리카의 입속에 무화과를 넣어주며 얼른 먹으라고 말했고, 에리카는 게 눈 감추듯 얼른 먹어 치웠다. 나머지 세 자매는 깜짝 놀란 나머지 눈이 휘둥그레졌다. 토마스 만은 진지하게 말했다.

"얘들아, 세상은 절대로 공평하지 않단다. 이런 상황에 빨리 익숙해지는 게 좋을 게다."

네 아이는 이 말을 마음속에 깊이 아로새겼고, 이후 그 어떤 불공정한 상황에서도 평상심을 유지하게 되었다.

저명한 경제학자인 데이비드 리카도는 유대인이다. 아홉 살이었던 데이비드는 어느 날 상점 쇼윈도에 전시된, 양 끝이 가죽으로 된 신을 보고는 한눈에 반해 버렸다. 그러고는 어른들에게 그 신을 사달라고 떼를 썼다. 부모는 가죽신은 아이에게 적당하지 않다면서 사주지 않았다. 그러자 데이비드는 큰 소리로 울면서 소란을 피우고 고집을 부렸다. 결국 부모는 가죽신을 사주기로 하면서 한 가지 조건을 내걸었다. 저 신발을 산 뒤에는 반드시 신고 다녀야 한다는 것이었다.

원하던 가죽신을 신은 데이비드는 걸을 때마다 또각또각 소리가 나고, 지나가는 사람마다 그 소리에 눈살을 찌푸리며 자신을 돌아본다는 사실을 얼마 지나지 않아 알아차렸다. 본래 그는 이 독특한 가죽신으로 허영심을 채우려 했지만, 결과적으로는 매일 이 신을 신고 나설 때마다 망신을 당해야 했다. 데이비드는 그 어떤 대가를 치르더라도 이 신발을 신고 싶지 않았다. 어린 데이비드가 이 신발을 신고 길을 걸을 때마다 시끄러운 소리가 나지 않도록 조심스럽게 걷느라 얼마나 고생했는지 그 누구도 상상할 수 없을 것이다. 이날 이후 데이비드는 허영심을 채우기 위해 더 이상 고집을 피우지 않았고, 이 일은 그의 성장 과정에 아주 중요한 영향을 끼쳤다.

아이를 가르치는 방법은 매우 중요하다. 아이에게 스스로 답을 말할 기회를 준다면 놀라운 효과를 얻을 수 있을 것이다.

배가 고파야 감동적인 노래를 할 수 있다

고난은 인생의 좋은 스승이다. 아이들에게 진심 어린 마음과 긍정적인 자세로 문제를 대하도록 가르친다면, 강인한 의지를 길러 세상과 용감하게 경쟁할 수 있을 것이다.

★ ★ ★

《성경》에서는 지혜가 어디에 존재하는지, 혹은 누군가 지혜의 보물 상자 안에 들어가 본 적이 있는지 아무도 알지 못한다고 말한다. 만약 지혜를 얻고 싶다면 스스로 운명의 시험대에 올라야만 한다.

인생을 살면서 좌절을 겪는 것은 매우 당연한 일이다.

고난은 인생의 큰 재산이다. 불행과 좌절은 인생에 깊이를 더해 주고, 강인한 인격과 충실한 인생을 만들어준다. 고난은 인생의 좋은 스승이다. 아이들에게 진심 어린 마음과 긍정적인 자세로 문제를 대하도록 가르친다면, 강인한 의지를 길러 세상과 용감하게 경쟁할 수 있을 것이다.

사람의 도덕적인 의지와 인격은 완전히 일치한다. 도덕적인 의지가 강할수록 인격 역시 빠르고 견고하게 형성된다. 의지는 고난을 극복하는 것과 연결된 개념이다. 누구든 목표를 이루는 과정에서 이런저런 어려움을 만나기 마련이다. 그런 어려움을 극복하는 과정이 바로 의지력을 발현하는 과정이다. 강력한 의지는 어려움을 헤쳐 나가는 과정에서 자란다.

강력한 의지를 갖추면 목표를 향해 나아가면서 만나는 각종 어려움을 극복할 수 있다. 어떤 어려움에도 무릎 꿇지 않는 태도를 견지해야만 성공할 수 있다. 강인한 의지는 인간을 움직이게 하는 영원한 동력이고, 성공의 핵심열쇠다. 그러므로 부모는 의식적으로 아이가 강인한 의지를 길러 어려움을 참고 견딜 수 있도록 키워야 한다.

풍족한 시대를 살아가는 요즘 아이들은 가난이 뭔지, 또 고생이 뭔지 모른다. 아이가 응석받이로 자라는 것은 적지 않은 부모의 문제이자, 어떻게 해야 좋을지 답답한 고민거리이기도 하다.

많은 나라에서 고생을 견디는 것은 아이들이 배워야 할 필수과목 가운데 하나이며, 특히 선진국의 부모들은 아이가 어릴 때부터 스스로 문제를 해결하고 고생을 견디는 능력과 정신을 기르게 하는 데 많은 관심을 기울인다. 선진화된 시장 경제에서는 모든 사회 구성원이 이런 능력과 정신을 갖추길 요구하므로, 그런 능력과 정신을 갖춘 자만이 두각을 나타낼 수 있기 때문이다.

지금도 상당수의 유대인 가정에서 아이를 강하게 키우기 위해 매해 겨울마다 아무것도 입히지 않은 채 일정 시간을 눈밭에서 구르게 한다. 아이들은 입술이 시퍼렇게 질리고 온몸을 사시나무 떨듯 떨지만, 부모들은 마음을 굳게 먹고 아이들에게 먼저 다가가지 않는다. 의지력을 키워야만 아이가 건강하게 자랄 수 있음을 알기 때문이다.

일부 부유한 유대인 가정에서는 아이들을 공장에 보내 일을 배우게 하고 배운 내용을 보고하게 한다. 그곳에서 아이들은 성실히 일하고 협동하며 강인한 의지의 진정한 가치를 몸으로 깨닫는다.

이스라엘에는 '고래학교'라는 곳이 있는데 이 학교에 다니는 아이들은 범선을 타고 1년 동안 대서양을 두 차례 횡단하고, 세 개의 섬을 두루 돌고 돌아온다. 이 기간에 아이들은 거센 풍랑은 물론이고 배고픔도 이겨내야 한다. 이 학교의 아이들은 배를 타고 낚시하는 법과 요리하는 법을 반드시 배워야 한다. 그와 동시에 시험, 독서, 토론 수업도 빼놓지 않으며 현지인들과 교류하면서 현지의 풍속과 문화를 접해야 한다. 이런 고된 훈련을 거치며 아이들은 지식과 용기를 겸비한 사람으로 성장한다.

아이를 사랑하는 것은 부모의 책임이자 본능이다. 하지만 진정한 사랑이 무엇인지, 어떻게 사랑하는 것이 의미 있고 가치 있는 것인지를 알아둘 필요가 있다. 인생이 순풍에 돛 단 듯 순조롭기만 할 수는 없다. 아이에게 어려움을 겪게 하는 것은 실패와 좌절 앞에서 무너지지 않고 그런 경험에서 교훈을 얻게 하는 교육의 일종이다. 이 교육을 받은 아이들이 바른 마음가짐과 강인한 의지를 갖춘 사람으로 성장한다면, 이는 부모가 아이에게 선사할 수 있는 평생의 선물이 될 것이다.

살면서 고난과 좌절을 피할 수는 없으며, 모든 부모는 아이에게 진정으로 두려워해야 하는 것은 실패가 아니라 넘어진 뒤 다시 일어나지 못하는 것임을 알려줄 책임이 있다.

벌을 줄 때는 이유를 알려줘야 한다

벌을 주는 목적은 아이의 잘못된 행동을 바로잡는 것이다.
잘못된 행동을 고치지 못한다면 그 벌은 아무런 효과도 없다.

★ ★ ★

아이들은 제멋대로 굴기도 하고, 말을 듣지 않거나 다른 사람을 욕하고 때리기도 하며, 어른에게 무례하게 굴기도 한다. 아이들은 감정이 여려서 쉽게 화를 내고 마음속에 생기는 충동을 억누르지 못한다. 그래서 화가 나면 배운 것을 모두 잊고 제멋대로 굴기 마련이다.

이럴 때는 엄격하게 가르쳐야 한다. 다만, 이때 욕하며 으르거나 체벌하는 것은 최대한 피해야 한다. 아이에게 벌을 줘야 한다면 다음 방법을 활용해 보자.

아이에게 표정과 말로 암시를 준다. 잘못을 저질렀을 때 아이는 부모의 말투, 목소리, 표정, 태도로 부모가 자신의 잘못된 행동을 못마땅하게 여기고 그로 인해 속상해하며 실망했다는 것을 알아차린다. 부모를 사랑하는 아이라면 부모의 사랑과 관심을 되찾기 위해 자신의 잘못된 행동을 고치기 마련이다.

게임할 기회를 주지 않는다. 아이가 물건을 함부로 어지르거나 장난감을 망가뜨렸을 때 타일러도 말을 듣지 않는다면, 부모는 놀잇감을 숨겨서 한동안 놀이할 기회를 주지 않는다. 또 놀이를 하면서 친구를 괴롭힌다면, 스스로 외롭다고 느끼고 부모에게 친구와 함께 놀게 해달라고 허락을 구할 때까지 친구와 노는 것을 금지한다. 아이가 나쁜 말을 할 때 여러 번

주의를 줘도 달라지지 않는다면 TV 시청 금지, 휴일에 놀러 나가지 않기, 함께 놀이하지 않기, 이야기 들려주지 않기, 약속한 책이나 장난감을 사주지 않기 등으로 벌을 줄 수 있다.

아이의 엉덩이를 가볍게 때려준다. 어떻게 해도 아이가 말을 듣지 않는다면 부모는 어쩔 수 없이 아이의 엉덩이를 때릴 수 있다. 이때 주의할 점은 아이의 얼굴을 때리거나 몽둥이로 함부로 때려선 안 된다는 것이다. 그러면 아이가 굴욕감과 함께 부모에게 반감을 느낄 수 있으므로 주의해야 한다.

아이를 욕하고 때리는 것은 벌로서 효과가 없다. 아이에게 벌을 줄 때 부모는 다음 내용을 기억해야 한다.

잘못했다는 아이의 말만 듣고 끝낼 게 아니라 행동으로 고치게끔 한다.

너무 빨리 용서하는 것은 바람직하지 않다. 한두 번 용서해주기 시작하면 아이는 잘못한 일이 해결되기도 전에 대담하게도 다른 잘못을 저지른다. 부모에게 용서를 구하면 쉽게 용서해 준다는 것을 알기 때문이다.

처벌이 부정적인 결과라는 것을 인식한다. 적절하게 벌을 준다면 아이의 잘못된 행동을 줄이고 개선할 수 있다. 그렇지만 올바르게 벌을 주는 것도 사실 쉬운 일이 아니다. 그러려면 부모가 한결같아야 한다. 우선 아이에게 벌을 주는 것 자체가 좋지 않은 일이고, 아이가 불쾌함을 느낄 수 있으며, 에너지 낭비가 될 수 있다는 사실을 알아야 한다.

벌을 주는 목적은 아이의 잘못된 행동을 바로잡는 것이다.

잘못된 행동을 고치지 못한다면 그 벌은 아무런 소용도 없다.

많은 부모들이 벌을 주는 방법에만 집중한 나머지 아이의 잘못된 행동거지를 놓치곤 한다. 만약 아이의 잘못된 행동을 고치기 위해서 하루에 예닐곱 번 벌을 준다면 그런 벌은 아무런 의미가 없다.

부모의 약 10%는 아이의 엉덩이를 때리면서 그 행위 자체에 무슨 문제가 있는지 알지 못한다. 약 20%는 아이의 엉덩이를 때리지 않는다. 약 70%는 아이의 엉덩이를 때리면서도 그렇게 하는 것을 꺼린다. 많은 부모들이 '아이의 엉덩이를 때렸다. 이렇게 하는 게 맞는 건지 모르겠다. 난 늘 화가 나 있고, 또 나 자신에게 화가 난다. 하지만 별달리 뾰족한 수가 있을까?'라고 생각한다.

부모는 먼저 아이에게 중요한 것은 벌이 아니라 잘못된 행동을 고치는 것임을 알아야 한다. 만약 벌을 줘서 아이의 잘못된 행동을 고칠 수 없다면 다른 방법을 시도해야 한다.

응석받이로 키우지 마라

아이가 한 살 때부터 생존과 발전에 필요한 능력을 키우는 유형 교육을 해야 할까? 이 교육을 순조롭게 할 수 있을지 여부는 어머니와 아기의 심리적 유대감이 얼마나 끈끈한지에 달려 있다.

★ ★ ★

유명한 유대인 랍비 예레는 다음과 같이 말했다.

"궁 안 깊은 곳에 숨어 사는 아름다운 미녀는 자신의 친구나 애인이 지나갈 때만 가려진 창문을 살짝 열어 자신의 아름다움을 과시했다. 그녀가 창문을 여는 순간은 아주 짧았고 이내 굳게 닫혔다. 다음에 언제 창문이 열릴지는 기약할 수 없었다. 이 미녀는 바로 지식이다. 미녀가 선택한 사람만이 그녀의 아름다움을 볼 수 있고, 늘 다른 방식으로 드러난다는 점에서 같다.

아이를 가르치는 것도 다르지 않다. 기회는 언제나 눈 깜짝할 사이에 사라지고 만다.

한 사람으로서 그리고 사회의 한 구성원으로서 살아가려면, 가정에서 가능한 한 빠른 시일 내에 생존과 발전에 필요한 능력을 키우는 유형 교육을 받아야 한다.

유대인은 아이들의 교육에서 이 부분을 특히 중요하게 여긴다. 어쩌면 깊은 역사와 지난했던 과거 때문에 가정교육을 더욱 진지하게 여기는지도 모른다.

가정교육이라고 하면 대부분이 아이에게 이렇게 해야 하고, 저렇게 해선 안 된다고 가르치는 등 아이를 나무라거나 어르고 달래는 것을 떠올린다. 사실 부모는 굳이 그런 노력을 할 필요가 없다. 만약 아이에게 한 살 때부터 좋은 환경을 만들어 주고 지속적으로 그런 환경을 접하게 하면, 아이는 그 속에서 자라며 자연스럽게 가정교육을 받을 수 있기 때문이다. 그러면 가정교육 문제는 아주 간단해진다.

교육자들은 아이가 한 살 때부터 유형 교육이 필요한지, 또 이 교육을 순조롭게 할 수 있을지 여부는 어머니와 아기의 심리적 유대감이 얼마나 끈끈한지에 달려 있다고 말한다. 실제로 엄마가 애정을 가득 담아 아이를 대하는 것 자체가 훌륭한 유형 교육이다.

그래서 교육자들은 아이를 응석받이로 키우는 것은 결코 바람직하지 않다고 말한다.

유대인 교육자인 메시아는 다음과 같이 말했다.

"가정교육을 할 때 아이가 해선 안 될 일을 알려주는 것은 매우 중요하다. 그러므로 아이에게 엄격할 때도 있어야 한다."

부모와 아이가 함께하는 일상, 그 자체가 바로 '가정교육'이다.

야단치기에 앞서 칭찬하라

야단치기에 앞서 아이의 장점을 칭찬한다면, 아이가 잘못해서 야단을 맞더라도 서운해하지 않고 더 쉽게 받아들일 수 있다.

★ ★ ★

요셉은 아직 일곱 살도 안 된 아이로, 부모가 조금만 너그럽게 굴면 밥도 안 먹고 물건을 망가뜨리며 나쁜 말을 하고 씻지도 않았다. 정말 말을 안 들었다. 이럴 때마다 아버지는 요셉을 데리고 나가서 놀다가 요셉이 기분 좋을 때 잘못을 지적했다. 어느 날 어린 요셉은 혀를 날름거린 자신의 행동이 잘못이라는 것을 깨닫고는 후회했다.

아이를 키우면서 잘못을 야단치는 것을 피할 수는 없지만 반드시 주의해야 할 점이 있다.

자존심이 강한 아이를 혼낼 때는 따로 불러서 야단치는 게 현명하다. 사람들 앞에서 혼내면 아이가 여린 마음에 상처를 받을 것이기 때문이다.

야단치는 대상은 잘못한 행동이지 아이 자체가 아니란 사실을 명심하고, 아이의 잘못을 지나치게 강조하는 게 아니라 잘못을 어떻게 고칠지를 고민해야 한다.

아이를 야단치기 전에 우선 아이의 장점을 칭찬한다. 이렇게 하면 아이도 어른의 질책을 기꺼이, 더 쉽게 받아들인다.

아이를 혼낼 때는 부드러운 태도를 유지해야 한다. 고압적인 자세로 무섭게 몰아붙이다가는 자칫 아이에게 반감만 불러일으킬 수 있다.

아이를 야단칠 때는 불필요한 말을 길게 늘어놓을 필요 없이 간단명료하게 요점만 말해야 하며, 잘못한 점이 무엇인지 정확히 찾아 엄하게 가르쳐야 한다.

아이가 같은 잘못을 했는데 어떤 때는 감정에 휩쓸려서 혼내고 어떤 때는 그냥 내버려둔다면, 아이가 옳고 그름을 제대로 판단할 수 없다.

아이가 어떤 잘못을 하면 그 자리에서 바로 꾸짖어 바로잡아야 한다. 잘못을 하고서 한참 지난 뒤에 야단치면 아이는 어리둥절할 수도 있다.

한 번 야단치는 것으로 아이가 잘못을 말끔히 고칠 거라고 생각해선 안 된다. 아이가 같은 잘못을 반복하더라도 끈기 있게 설명하고 가르쳐야 한다.

아이가 잘못한 점을 깨닫고 후회하면 용서하고 더 이상 혼내선 안 된다. 아이를 혼낼 때는 아이를 사랑하고 바르게 키우겠다는 초심을 유지하며, 아이가 잘못을 고칠 수 있다고 믿어야 한다.

취미를 이용해 강인한 정신력을 길러라

아이가 풀이 죽어있을 때 부모가 모른 척하는 것은 아이가 본래 가진 장점을 해치는 것과 같으며, 이렇게 훼손된 장점을 다시 회복하기는 어렵다.

★ ★ ★

유대인 교육서에서는 취미를 이용해 아이의 사회성과 정서적 기능을 길러주라고 말한다. 아이가 어릴 때는 집중할 수 있는 시간이 짧고 동기부여도 부족한 만큼 취미를 결정할 때 주의를 기울여야 한다.

우선 취미 활동이 아이의 수준에 맞는지 살펴본다. 만약 너무 어렵다면 아이가 흥미를 잃기 쉽다. 그렇다고 너무 쉬우면 도전정신이 떨어져 흥미를 유지하기 어렵다.

다음으로, 일정하게 시간을 내서 아이와 취미 활동을 함께 한다. 만약 끈기 있는 아이로 키우면서 업무와 관련된 기능도 익히게 하고 싶다면, 부모의 흥미와 독특한 지도 방법으로 아이에게 본을 보임으로써 효과를 극대화할 수 있다.

예를 들어, 아이가 마술 배우는 걸 도우려면 우선 부모가 먼저 익힌 뒤에 아이에게 가르쳐 준다. 그리고 아이가 연습해서 공연도 해 보게 한다. 만약 아이의 나이가 좀 더 많다면 도서관에 함께 가서 마술과 마술사에 관한 책과 영상을 찾아본다. 그러면 아이가 좀 더 쉽게 자신만의 마술 무대를 꾸밀 수 있다.

마지막으로 가장 중요한 것은 끊임없이 칭찬하고 격려해서 아이의 인내심과 끈기를 길러주는 것이다. 아이가 의기소침해 있다면 5분가량 휴식 시간을 갖고 다시 놀이를 시작한다. 아이가 흥미를 잃거나 피곤해한다고 해서 쉽게 끝내지 말자.

심리학자들은 아이들이 천성적으로 고집스러우면서도 유연하다고 말한다. 아이가 풀이 죽어 있을 때 부모가 모른 척하는 것은 아이가 본래 가진 장점을 해치는 것과 같으며, 이렇게 훼손된 장점을 다시 회복하기는 쉽지 않다.

사랑하고 존중하라

사랑만으로 아이를 훌륭하게 키울 수 있는 것은 아니다.
뜨거운 사랑과 엄격한 잣대가 어우러져야만 바른 아이로 키울 수 있다.

★ ★ ★

사랑만 있다고 해서 아이를 훌륭하게 키울 수 있는 것은 아니다. 뜨거운 사랑과 엄격한 잣대가 어우러져야만 건강하고 바른 아이로 키울 수 있다.

미국의 제32대 대통령인 프랭클린 델러노 루스벨트는 미국 역사상 유일하게 네 번이나 연임한 대통령이다. 그의 업적은 미국인들의 입에서 입으로 전해지며 널리 칭송받았고, 그가 받은 가정교육 역시 세간에서 흥미진진한 화젯거리였다.

루스벨트는 부유한 가정에서 태어났다. 그의 아버지는 유명한 사업가로 집안이 상당히 부유했다. 루스벨트의 아버지와 어머니는 무려 스물여섯 살이나 차이가 났는데, 루스벨트가 태어날 당시 아버지는 나이가 상당히 많은 편이었다. 루스벨트에게는 이복형이 한 명 있었는데 일찍부터 따로 살았다.

루스벨트의 탄생은 본래 화목한 가정에 더없는 기쁨을 안겨주었다. 어린 시절 루스벨트는 자연스레 부모의 관심을 한 몸에 받으며 자랐다. 하지만 루스벨트의 부모는 그를 응석받이로 키우지 않았다. 오히려 엄하게 교육했다. 특히 어머니가 그랬다. 루스벨트의 어머니는 어린 루스벨트에게 엄격한 일과표를 짜주었다. 7시에 기상해서 8시에 아침 식사를 하고 가정교사와 두세 시간 공부한 후에야 쉴 수 있었다. 그리고 오후 1시에 점심을 먹고 다시 4시까지 공부한 뒤에야 자유롭게 놀 수 있었다.

어린 루스벨트는 놀이를 할 때마다 늘 이겼다. 그런 루스벨트를 교육하기 위해 어머니는 루스벨트와 체스 놀이를 하면서 일부러 양보해 주지 않고 여러 판을 연속해서 이겼다. 그러자 루스벨트는 화를 냈고 어머니는 그가 사과할 때까지 기다렸다. 결국 어린 루스벨트는 자신이 졌음을 인정했다. 이렇게 엄한 교육을 받은 덕에 루스벨트는 또래 친구들보다 자립심과 자율성이 강했고, 이를 바탕으로 끈기 있게 노력하여 괄목할 만한 성과를 거두었다.

유대인 랍비는 아이들에겐 엄한 잣대가 매우 중요하다고 말한다. 아이들은 경험이 부족하기 때문에 때때로 옳고 그름의 경계가 불분명하며, 자신의 행동이나 감정을 독립적으로 제어하지 못한다. 만약 부모가 엄하지 않으면 아이는 도덕적인 기준에 맞는 행동을 자각하여 능동적으로 배울 수 없다. 따라서 부모가 아이의 생각과 행동에 엄격한 기준을 제시해야만 아이가 올바른 사고방식과 행동양식을 갖춰 나갈 수 있다.

부모가 아이의 특징을 이해하지 못한 채 기본적인 교육 상식만 가지고 아이에게 엄격한 요구사항을 맹목적으로 들이민다면 실패할 공산이 크다. 어떤 부모는 일관성 없이 어떤 때는 너그럽고 어떤 때는 엄하다. 이처럼 마음 가는 대로 행동한다면 교육적 효과를 얻을 수 없다. 이런 부모는 기분이 좋을 때면 아이가 무얼 하든 오냐오냐하며 바로잡아야 할 일도 그냥 넘어가다가, 기분이 조금이라도 나쁠 때면 사소한 일에도 지나치게 엄격하게 굴곤 한다. 또 어떤 부모는 지나친 사랑 때문에 공부든 품성이든 그 어떤 것도 혼내지 않고 키워 놓고서, 아이가 나쁜 습관을 보이면 그제야 문제의 심각성을 인지하고 엄격하게 군다. 그러고는 시간과 장소를 가리지 않고 난폭한 방법으로 아이에게 다신 그러지 않겠다는 약속을 받아낸다. 알다시피 이런 방법은 아이 교육에 전혀 도움이 되지 않는다.

유대인들은 부모라면 아이에 대한 맹목적인 사랑에 끌려다녀선 안 된다고 생각한다. '엄격함' 속에서 '사랑'을 주고, '사랑'을 주면서도 '엄격'해야 한다고 여긴다. 이때 엄하다는 것은 아이를 무섭게 대하고 툭하면 욕하고 때리는 것이 아니라, 합리적인 전제가 있어야 함을 뜻한다. 부모는 반드시 엄격한 기준을 바탕으로 아이를 사랑해야 한다. 그래야만 아이를 올바른 품성을 가진 훌륭한 인재로 키울 수 있다. 사랑이 지나쳐 아이에게 질질 끌려다니는 것은 현명한 처사가 아니다.

엄한 교육은 풍족한 환경에서 생활하는 아이에게 특히 중요하다. 인생을 살아가면서 수많은 어려움을 겪어야 하는데, 행복만 누릴 줄 알고 어려움은 견뎌낼 줄 모르면 이 사회에서 살아갈 수 없기 때문이다. 이런 사람은 그저 자신의 성공과 행복만으로 만족한 채 마음속은 영원히 철들지 않을 것이 분명하다.

어두워야 비로소 빛을 볼 수 있다

사람의 눈은 검은자와 흰자로 구성된다. 그런데 왜 검은자로만 사물을 볼 수 있을까? 그 이유는 어두워야만 비로소 빛을 볼 수 있기 때문이다.

★ ★ ★

유대인의 역사는 참으로 고통스러운 박해의 역사였다. 그런 고난이 유대인들의 강인한 성품을 만들어 냈다.

제2차 세계 대전이 벌어졌을 당시 동유럽을 차지한 독일은 비인간적인 방식으로 유대인을 통치했다. 목적은 유대인 몰살이었다. 당시 어느 작은 마을에 살던 유대인 가족 다섯 명은 독일 군대를 피해 창고의 작은 다락방에 숨어 아버지 친구의 도움으로 근근이 생명을 부지했다.

나치 순찰대나 나쁜 마음을 먹은 주민이 창고에 들이닥칠 때마다 그들은 숨소리조차 낼 수 없었다. 숨어 생활하는 시간이 길어지면서 유대인들은 동작으로 감정을 표현하는 법을 익히게 되었다.

석 달이 지난 어느 날 음식을 구하러 나간 어머니가 돌아오지 못하자, 그들을 도와주던 아버지의 친구가 말했다.

"너희 어머니는 독일 사람에게 잡혀간 게 분명해."

다시 두 달이 흐르고 아버지 역시 다락방을 나선 후 소식이 끊겼다. 다시 반년이 지난 뒤 어느 날 삼촌이 나간 지 얼마 되지 않아 아이들은 총소리를 듣고 말았다.

세 어른이 잇따라 죽음을 맞이하자 누나는 음식을 찾아 나서야 하는 무거운 짐을 지는 동시에 동생을 지켜야 했다. 누나는 부근에서 아주 작은 소리만 나도 동생의 입을 틀어막았다.

한 달이 지난 뒤 누나도 영원히 떠나갔다. 그 이후 남동생은 비슷한 소리가 날 때마다 스스로 입을 막아 어떤 소리도 새나가지 않게 했다. 결국 남동생은 끝까지 살아남아 승리의 그날을 눈에 담을 수 있었다.

유대인 랍비는 학생들에게 늘 이렇게 말한다.

"희망의 등불만 있다면, 어둠을 견디는 것이 두렵지 않다."

폭풍우가 휘몰아치고 지나간 하늘에는 마치 머지않아 희망이 올 것을 암시하는 듯 아름다운 무지개가 걸린다. 어둠이 지나고 나면 밝은 빛이 찾아온다. 이것은 살아있는 희망이다. 환경이 아무리 열악해도 숨이 붙어 있다면 끈기 있게 살아남을 수 있다.

"사람의 눈은 검은자와 흰자로 구성된다. 그런데 왜 꼭 검은 눈동자로만 사물을 볼 수 있을까? 그 이유는 어두워야만 비로소 빛을 볼 수 있기 때문이다."

인생 역시 고난과 어둠에서 시작하지만 마지막엔 행복과 광명의 경지에 도달할 수 있다. 이 사실은 우리에게 고통을 두려워하지 말라고 말해 준다. 극한의 고통을 견뎌야만 비로소 달콤한 열매를 맛볼 수 있기 때문이다.

이 내용들은 모두 미국의 자기계발서인《더 스크롤 마크드(The scroll marked)》에 나온 것들이다.

유대인의 의식 속에는 고통에 대한 개념과 깊은 우환이 영원히 서려 있다. 유대인들은 평생 이렇게 살아가며, 그들의 생각과 영혼은 모든 문제를 이렇게 대하고 생각한다.

유대인들은 아기가 태어나는 순간 인간 세상에 온 것을 기뻐하는 게 아니라 오히려 아기를 위해 운다. 유대인들의 잠언에선 이것을 다음과 같이 해설한다.

"우리는 아기가 태어나면 기뻐하고 누군가 세상을 떠나면 슬퍼한다. 하지만 사실은 반대로 생각하는 게 맞는다. 아기가 태어났을 때는 앞으로 운명이 어떻게 될지 알 수 없지만 사람이 죽은 뒤에는 그 삶을 판단할 수 있기 때문이다."

인생을 돌아보면 생각대로 되지 않는 일이 열에 일곱 또는 여덟이고, 행복하고 기쁜 건 고작 열에 둘이나 셋밖에 되지 않는다. 그래서 유대인들은 기왕 이렇게 된 바에야 인생의 온갖 고통과 번민을 두려워할 필요가 없다고 생각한다. 오히려 고통과 번민이 많을수록 좋다고 여긴다.

《더 스크롤 마크드》에서는 "열 개의 번민이 단 하나뿐인 번민보다 낫다"라고 말한다. 걱정이 열 개인 사람은 걱정을 두려워하지 않지만, 걱정이 한 개인 사람은 하루 종일 그 걱정으로 마음을 졸이기 때문이다.

이것이 바로 고통이야말로 인생의 길이라는 유대인의 인생관이다. 고통을 겪지 않는 인생은 없다. 인생의 대부분은 고통을 겪으며 지나간다. 사람은 이 세상에서 인생의 특정한 목표를 위해 고통스럽지만 죽는 날까지 열심히 살아간다. 사람의 일생은 죽고 나서야 판단이 가능하다. 인생의 임무를 완수하면 고통스러운 노력도 비로소 끝난다.

제 3 장

미래의 내가 지금의 나를 원망하지 않도록

유대인의 성공학 교육법

행운은 노력할수록 따라온다. 꿈이 있다면 멈추지 말고 좇아야 영원히 아쉬움이 남지 않는다. 꿈을 좇는 길목에서 그 어떤 난관과 좌절을 겪더라도 당신이 최고다.

모든 아이는 뛰어난 야구선수다

진취적인 사람은 더 큰 가치를 인정받고 더 높은 보수를 받을 수 있다. 이런 사람은 자신이 어려운 임무도 척척 해결할 수 있다고 믿고, 정말로 해내고야 만다. 이와 더불어 인간관계나 일을 처리하는 방법, 개성, 생각, 견해 등을 통해 자신이 전문가임을 보여주고, 없어서는 안 될 중요한 사람이라는 것을 증명해 낸다.

★ ★ ★

마리는 아주 평범한 유대인 가정에서 자라며 어린 시절부터 높은 자신감을 키워왔다. 자주적이고 구속받지 않는 성격의 마리는 늘 심리적으로 우월감을 느꼈다. 마리가 다니던 초등학교에서는 외부 인사를 초청해 강연하곤 했는데, 강연이 끝날 때마다 마리는 가장 먼저 일어나 용감하게 질문했다. 질문

내용이 유치하든 날카롭든 늘 호기심 가득한 눈빛으로 질문을 던졌다. 반면에 다른 여학생들은 용기가 없어 입도 떼지 못하고 서로 마주 보거나 천장만 바라보았다.

집에 돌아오면 마리는 늘 아버지에게 학교에서 있었던 일을 이야기했는데, 그때마다 마리의 아버지는 "장한 우리 딸, 이렇게 자신감이 넘치니 정말 자랑스럽구나. 넌 분명 훌륭한 변론가가 될 거야"라고 말했다.

아버지의 끊임없는 격려 덕분에 마리는 자신의 언변에 자신감을 가질 수 있었다. 중학교에 들어간 뒤 변론 클럽에 가입한 마리는 연설할 때도 결코 긴장하는 법이 없었다.

어려움에 처했을 때 유대인들이 가장 먼저 떠올리는 생각은 '나는 이겨낼 수 있어'지, '난 질 거야'가 아니다. 또 유대인들은 다른 사람과 경쟁할 때면 '나는 저들보다 나아'라고 생각하지, 절대 '난 저들과 비교가 안 돼'라고 생각하지 않는다. 기회가 왔을 때는 '할 수 없어'가 아니라 '해낼 수 있어'라고 생각한다. 자신감의 중요성을 아는 유대인 부모들은 아이가 어릴 때부터 이런 생각을 심어준다.

한 유대인 소년이 야구모자에 야구복까지 차려입고 손에는 야구공과 방망이를 들고는 뒤뜰로 가서 큰 소리로 외쳤다.

"나는 세계 최고의 야구선수다!"

자신 있게 외친 소년은 공중으로 공을 던진 뒤 힘껏 방망이를 휘둘렀다. 비록 맞추진 못했지만 조금도 기죽지 않고 계속해서 공을 던지며 큰 소리로 외쳤다.

"나는 가장 뛰어난 야구선수다."

소년은 다시 방망이를 휘둘렀다. 하지만 안타깝게도 공은 다시 바닥으로 떨어지고 말았다. 잠시 멍하니 있던 소년은 공과 방망이를 자세히 들여다보더니 방망이를 다시 세 차례 휘둘렀다. 그리고 다시 말했다.

"나는 제일 뛰어난 야구선수다!"

하지만 이번에도 실패였다.

"아!"

소년은 벌떡 일어나 뛰어가며 이렇게 말했다.

"나는 진정한 일류 투수다."

이처럼 자신감의 크기는 성과의 크기를 결정한다. 포부라고는 없이 평범하게 하루하루를 보내면서 어떤 일도 할 수 없다고 여기는 사람은 그저 쥐꼬리만큼 벌어 근근이 살아갈 뿐이다. 이런 사람들은 스스로 대단한 일을 할 수 없다고 여기고, 결과적으로 정말 해내지 못한다. 이처럼 자기 자신을 중요하지 않게 여기면 자신이 하는 모든 일이 정말 대수롭지 않게 되고, 시간이 흐르면서 말과 행동에 자신감을 잃고 만다. 자신감이 떨어지면 스스로를 과소평가할 수밖에 없고 점점 더 위축된다. 스스로를 보는 시선이 자신을 바라보는 다른 사람의 시선을 결정한다. 그래서 이런 사람들은 남들이 자신을 점점 더 가치 없는 사람으로 여기게 만든다.

이와 반대로 진취적인 사람은 더 큰 가치를 인정받고 더 높은 보수를 받을 수 있다. 이런 사람은 자신은 어려운 임무도 척척 해결할 수 있다고 믿고, 그 결과 정말로 해내고야 만다. 더불어 인간관계나 일 처리하는 방법, 개성, 생각, 견해 등을 통해 자신이 전문가임을 보여주고, 없어서는 안 될 중요한 사람이라는 것을 증명해 낸다.

모든 부모는 유대인 부모처럼 어릴 때부터 자신감을 길러주고 스스로를 믿도록 가르쳐야 한다.

아이의 장점을 큰 소리로 말하라

부모는 아이의 앞에서 아이의 장점을 공개적으로 크게 칭찬해 주어야 한다. 아이가 어릴 때부터 부모가 자신을 자랑스러워한다는 사실을 아이에게 알려줘야 한다.

★ ★ ★

유대인들이 아이의 자신감을 키워주는 효과적인 방법은 다음과 같다.

가족과 친척 중 현재 혹은 역사적으로 대단히 크게 성공한 인물을 찾아내 아이에게 자주 이야기해 주며 자긍심을 키워 준다.

아이가 어려운 상황에 처해 위축되거나 자신감을 잃고 방황할 때 예전의 성공 스토리를 떠올릴 수 있도록 동정심, 정의감, 노래 솜씨, 공연, 그림 등 아이의 장점을 찾아내서 큰 종이에 쓴 뒤 가족과 아이가 쉽게 볼 수 있는 곳에 걸어둔다.

아이 앞에서 부모는 아이의 장점을 공개적으로 크게 칭찬해 주어야 한다. 아이가 어릴 때부터 부모가 자신을 자랑스러워 한다는 사실을 아이에게 알려줘야 한다.

아이에게 지나친 요구를 하지 말고 아이가 이룬 아주 작은 성과도 크게 칭찬해 준다.

부모는 아이의 모든 행동을 긍정적인 언어로 평가해야 한다.

아이가 스스로 할 수 있는 일을 하게 해야 한다.

아이가 자신의 단점을 알고, 자신의 역량이 어느 정도인지 파악하도록 가르치자.

책임지지 않으면 용서받지 못한다

책임감은 사회에 뿌리를 내려 일에서 성공하고,
가정의 행복을 얻는 데 가장 중요한 품성이다.
아이가 어떤 잘못을 저질렀든 가능하다면 스스로 책임지도록 해야 한다.

★ ★ ★

한 유대인 랍비가 이렇게 말했다.

"좋은 일은 나눌 수 있지만 책임은 반드시 스스로 져야 한다."

책임감은 사회에 뿌리를 내려 일에서 성공하고, 가정의 행복을 얻는 데 가장 중요한 품성이다. 아이가 어떤 잘못을 저질렀든 가능하다면 스스로 책임지도록 해야 한다. 자만하거나 스스로를 기만하는 건 쉽지만 세상 사람들의 예리한 눈초리에서 자유롭기는 쉽지 않다. 따라서 자신의 책임은 반드시 스스로 져야 한다.

하지만 많은 부모들이 아이에게 관심을 쏟고 보호하면서도 책임지는 법을 가르치는 데는 소홀하다. 부모는 아이가 혹여 속상할까, 고생스러울까 늘 걱정한다. 그래서 어떤 부모들은 아이를 대신해 당직을 서기도 하고, 아이 대신 세탁기를 돌리고 양말을 빨아주며 심지어 숙제를 대신 해주기도 한다. 이런 상황이 오래 지속되면 아이는 스스로를 돌보지 못하는 것은 물론이고 다른 사람과 사회에 책임감을 느끼지도 못한다.

유대인들은 이런 가정환경에서 자란 아이들이 어릴 적부터 지나치게 보호받은 탓에 머리를 쓰지 못한다고 생각한다. 한편으로 이런 아이들은 자의식이 매우 강해서 자기중심적인 모습을 보이고, 주변 사람들과 사물에 대해 늘 무관심한 태도로 일관하며 기본적인 책임감마저도 찾아보기 힘들다.

지금으로부터 70여 년 전 열한 살이었던 미국의 한 소년이 축구를 하다가 실수로 그만 이웃집 유리창을 깨뜨리고 말았다. 이웃은 아이에게 12.5달러(한화 약 17,000원)를 변상하라고 말했다. 당시 12.5달러는 계란 125개를 살 수 있는 금액으로, 결코 적은 돈이 아니었다. 큰일을 저지른 이 아이는 아버지에게 자신의 잘못을 시인했고, 아버지는 아이에게 스스로 책임지라고 했다. 아이는 곤혹스러워하며 말했다.

"제겐 변상할 돈이 없어요."

아버지가 말했다.

"그럼 내가 12.5달러를 빌려주마. 일 년 뒤 반드시 갚아야 한다."

그날 이후 이 아이는 힘든 아르바이트를 시작했다. 반년의 노력 끝에 아이는 12.5달러를 벌어서 아버지에게 갚을 수 있었다.

이 아이가 바로 전 미국 대통령인 로널드 레이건이다. 그는 이 일을 회상하면서 자신의 잘못에 대한 책임을 노동으로 지면서 책임이 무엇인지 배웠다고 말했다.

유대인들은 아이가 잘못을 할 때면 이것을 아이를 가르칠 좋은 기회로 여겼다. 마음에 상처를 입고 불안할 때는 도움이 간절하므로 그 일을 겪으며 이해한 이치를 뼛속 깊이 새겨들기 때문이다. 아이가 어떤 잘못을 저질렀든 아이에게 그럴 만한 능력이 있다면 스스로 책임지게 하는 것이야말로 현대 부모들의 진정한 사랑이다.

유대인 부모들은 아이에게 "책임지지 않는 것은 신께도 용서받지 못할 일이다"라고 가르친다. 그래서 유대인들은 평상시에도 책임을 저버리는 일이 없다. 이들은 책임을 지기 위해서라면 재산을 내놓기도 하고 목숨까지 바치기도 한다. 유대인들은 한시도 책임을 저버리지 않기 때문에 신뢰를 중시하고, 사업을 할 때는 계약을 중시한다.

유대인들은 책임감을 타고나는 것이 아니라고 여기므로, '선천적'으로 책임감이 부족하다는 이유로 아이를 탓해선 안 된다고 말한다. 아이에게 책임감이 부족한 것은 가정교육 탓이다. 많은 부모가 아이를 과잉보호하면서 책임감에 대한 교육은 등한시한다. 그들은 아이가 아직 어려서 그럴 뿐 크면서 자연스레 책임감을 알게 될 것이라고 믿는다.

하지만 실제로는 그렇지 않다. 한 젊은 어머니는 아이가 이기적이고 또래와 어울리지 못하자 걱정되어 생물학자 찰스 다윈을 찾아가 가르침을 청했다.

다윈이 물었다.

"아이가 몇 살인가요?"

젊은 어머니가 답했다.

"이제 곧 네 살이에요."

다윈은 진지하게 말했다.

"유감입니다. 가르치기에는 이미 4년이나 늦었군요!"

이 이야기는 아이에게 어릴 때부터 책임감에 관한 교육을 해야 한다는 사실을 알려준다.

아이는 새하얀 도화지와도 같다. 세상에 나온 아이는 어른들의 말 한마디, 행동 하나하나를 세심히 관찰한다. 부모라면 유대인 부모같이 스스로에게 엄격하고, 책임감 있는 부모이자 시민으로서 아이에게 솔선수범하는 모습을 보여야 한다. 아이에게 어떤 일을 시키기 전에 스스로 먼저 좋은 본보기가 되어 주어야 한다. 평상시 아주 사소한 일도 아이가 경험을 통해 느끼게 하고, 다른 사람을 배려하고 여러 사람의 이익을 고민하며, 무리와 잘 어울리고 어른과 선생님을 존경하는 것을 일상적인 습관으로 만들어야 한다. 만약 아이가 잘못을 저질렀다면 스스로 책임지게 하고, 다시는 비슷한 잘못을 하지 않도록 경각심을 가지게 해야 한다.

화목한 가정에서 자란 아이가 더 쉽게 성공한다

가정은 신성한 공간이다. 화목한 가정에서 자란 아이는 더 쉽게 성공하고 더 많은 보수를 받는다.

★ ★ ★

두 형제가 어머니의 유산을 두고 다툼을 시작했다. 둘 다 한 치도 양보하지 않았기에 결국 남보다 못한 원수 사이가 되었고, 왕래도 끊어져 버렸다.

형제는 어릴 적부터 늘 함께했고 전쟁 기간에도 서로의 버팀목이 되어주었다. 그런데 뜻밖에도 어머니의 유산 때문에 원수 사이가 된 것이다. 시간이 흐르자 두 사람은 이런 상황이 옳지 않다고 판단하고 각자 랍비를 찾아가 형제간의 우애를 회복하기 위해 고견을 구했다.

랍비는 형제에게《탈무드》에 나오는 이야기를 들려주었다.

이스라엘에 두 형제가 있었는데 형은 결혼해서 아이가 있었고, 동생은 미혼이었다. 아버지가 세상을 떠나자 형제는 아버지의 유산을 똑같이 나누었다. 수확한 사과와 옥수수 역시 공평하게 나누어 각자 곳간에 보관했다.

그러던 어느 날 동생은 아무래도 형에게는 부인과 아이가 있어서 지출도 많을 테고 그만큼 생활이 어려울 것이니, 혼자 사는 자신과 똑같이 나누면 안 되겠다고 판단했다. 그래서 그날 저녁 자신이 수확한 사과와 옥수수 일부를 형의 곳간으로 옮겼다.

형 역시 자신에겐 부인과 아이가 있으니 나이가 들어서도 돌봐줄 사람이 있지만, 동생은 아직 혼자이니 더 많이 비축해 둬야 결혼도 하고 나이 들어서도 쓸 게 있을 거라는 생각이 들었다. 결정을 내린 형은 야심한 밤에 자신이 수확한 작물들을 마대에 담아 살그머니 동생의 곳간에 가져다 두었다.

이튿날 두 사람은 곳간에 넣어둔 작물이 원래 양에서 조금도 줄어들지 않은 것을 발견하고 깜짝 놀랐다. 마음속으로는 뭔가 이상하다고 여겼지만 겉으론 내색하지 않았다.

이튿날 저녁에도, 그리고 그다음 날 저녁에도 형제는 여전히 전날 저녁에 했던 대로 반복했다.

나흘째 되던 날 밤 형제는 물건을 옮기던 도중에 우연히 마주쳤다. 형제는 서로의 마음을 알아차리고는 수중에 있던 물건들을 내려놓은 채 얼싸안고 눈물을 흘렸다.

이 이야기는 어머니의 유산 때문에 다투던 형제에게 큰 감동을 주었고, 형제는 랍비가 보는 앞에서 악수하고 화해한 뒤 기분 좋게 돌아갔다.

유대인은 형제간의 관계를 중요시할 뿐 아니라 가정의 화목도 상당히 중시한다.

랍비 마이어는 모두가 인정하는 천재 연설가였다. 매주 금요일 저녁이면 그는 예배당에서 설교를 했는데 예배에 참석하는 신도 수가 수백 명에 이르렀다. 그중 한 부인이 넙죽 엎드려

절할 만큼 마이어의 설교에 푹 빠졌다.

금요일 저녁이면 유대인 부인들은 일반적으로 안식일을 위한 요리를 준비해야 한다. 하지만 마이어를 숭배하게 된 이 부인은 매번 예배당에 가서 설교를 듣느라 집안이 엉망이 되었다.

마이어의 설교는 매우 길었지만 청중은 시간이 가는 줄도 모르고 그의 말에 귀를 기울였다. 하루는 부인이 설교를 듣고 집에 돌아오니 문 앞에서 기다리던 남편이 화를 내며 말했다.

"내일이 안식일인데 음식 장만도 안 하고 대체 어디를 다녀온 거요?"

부인이 답했다.

"랍비의 설교를 들으러 예배당에 갔다 왔어요."

남편이 화가 머리끝까지 나서 말했다.

"랍비의 얼굴에 침을 뱉고 오지 않는 한 이 집에 들어올 생각은 하지 마시오."

이 부인은 할 수 없이 잠시 친구 집에 머물러야 했다.

이 소식을 들은 랍비는 불안함을 떨칠 수 없었다. 자신의 긴 설교 때문에 한 가정의 평화가 깨지게 되었으니 말이다. 자책하던 마이어는 그 부인을 집으로 불러 이렇게 말했다.

"내가 눈이 아주 많이 아픕니다. 물로 씻으면 나을 수 있을 것 같은데 저 대신 좀 씻어주시겠습니까?"

그 말을 들은 부인은 마이어가 자신을 희롱한다고 여기고 화가 나서 마이어의 눈을 향해 침을 뱉었다. 제자들이 마이어에게 물었다.

"당신은 존귀하고 존경받는 랍비이십니다. 그런데 어찌하여 그런 모욕을 당하고도 잠자코 계십니까?"

마이어가 말했다.

"한 가정의 평화를 지킬 수만 있다면 그 어떤 희생도 감수할 가치가 있지."

《탈무드》에서는 말한다.

"가정은 신성한 공간이다. 화목한 가정에서 자란 아이는 더 쉽게 성공하고 더 많은 보수를 받는다."

아이를 난처하게 하지 마라

혹독한 벌보다 간단한 벌이 더 즉각적인 효과를 발휘한다.
몸에 좋은 음식을 먹지 않는다는 이유로 한 주간 벌을 주는 행위는
삼가자. 아이에게는 간식을 먹지 못하는 것만으로도 충분한 벌이 된다.

★ ★ ★

아이에게 벌을 줄 때 아이가 모욕적이라고 느끼게 하거나, 아이를 평가 절하하거나 또는 난처하게 하지 말아야 한다.

부모가 아이에게 벌을 주는 목적은 아이의 행동이 올바르지 않다는 판단하에, 좋은 결정을 해야만 바른 행동을 할 수 있다는 걸 깨닫게 하는 것이다. 혹여 부모가 준 벌로 아이가 난처해진다면 이런 벌은 아이에게 부정적인 감정을 안겨주고 마음에 상처를 입힐 수 있다.

이렇게 아이를 난처하게 하는 벌은 아이로 하여금 부모가

비열하고 불공정하다고 생각하게 할 뿐이다.

어쩌면 아이가 화를 내며 대들 수도 있는데 이렇게 되면 부모와 아이 사이에 악순환이 시작될 수밖에 없다.

벌은 반드시 합리적이어야 한다. 아이에게 간단하면서도 효과적인 벌을 주는 것이 혹독한 벌을 주는 것보다 훨씬 효과적이다. 잘못의 크기에 따라 합당한 벌을 주어야 한다. 몸에 좋은 음식을 먹지 않는다는 이유로 한 주간 벌을 주지는 말자. 아이에게는 간식을 먹을 수 없는 것도 충분한 벌이다.

벌이 합리적이려면 아이가 그 벌을 합당하게 여기도록 해야 한다.

아이가 잘못된 행동을 반복하면 이를 고치기 위해 여러 가지 긍정적인 방법을 시도해 본 뒤에 벌을 줘야 마땅하다. 예를 들어 가정에서 두 아이가 싸우면 이렇게 말할 수 있다.

"계속 싸운다면 이번 주말에 놀러 가는 건 취소야."

아이의 잘못된 행동을 지적할 때는 처벌보다 이런 방법이 더 효과적이다. 아이들이 서로 즐겁고 사이좋게 놀고 있다면 긍정적인 태도로 격려해 보자. 그러면 또 다른 효과를 가져올 수 있다.

어른들은 아이들의 잘못된 행동을 보면 무턱대고 처벌해서 고치려고 한다. 만약 잘못된 행동과 상반된 행동을 긍정적인 피드백으로 강화한다면 아이는 잘못된 행동이었음을 스스로 깨닫고 개선할 수 있다. 이처럼 긍정적인 피드백을 활용하는 것은 훨씬 더 쉽고 즐거우며 아이들의 내재적인 동력을 발달시키는 데 유익하다. 더불어 아이들에게 자율성을 가르칠 수 있고, 건강하고 즐거운 가정환경을 조성하는 데 도움이 된다.

긍정적인 피드백을 활용하면 아이의 올바른 행동을 강화할 수 있다. 만약 아이가 삐뚤어진 방법으로 시선을 끌려고 한다면 무시하는 게 좋다.

아이가 늦게 귀가했다면 이튿날은 외출을 금지한다. 늦게 맡은 집안일을 마무리하지 않았다면 용돈을 줄인다.

아이에게 긍정적인 피드백을 하면 다음과 같은 장점이 있다.

1. 아이가 유쾌하게 받아들인다.
2. 아이의 올바른 행동을 강조하여 아이가 스스로 생각하도록 돕는다.
3. 아이에게 동기가 늘어난다.
4. 아이에게 성취감을 준다.
5. 아이의 자존감을 높여준다.
6. 아이에게 자신감을 심어준다.
7. 아이가 자신의 결정을 믿게 된다.
8. 아이가 목표를 찾도록 격려한다.
9. 아이가 올바른 결정을 할 때 스스로 기쁨을 느낀다.
10. 아이가 부모와 대화하도록 장려한다.
11. 아이가 다른 사람의 긍정적인 면을 보게 된다.

훌륭한 부모는 긍정적인 면을 강조한다. 긍정적 피드백, 거절, 벌은 모두 효과적이다. 이 점을 인지하든 안 하든 말이다. 성공적인 교육의 핵심은 이 원리를 명확하게 알고, 필요에 따라 적절히 활용하는 것이다.

아이의 말을 끝까지 경청하라

아이와 이야기를 나눌 때 부모는 하던 일을 멈추고 아이의 말을 들어야 한다. 그래야만 아이는 부모가 자신의 말을 관심 있게 들어주며 존중해 준다고 느끼고, 마음속 이야기를 쉽게 털어놓을 수 있다.

* * *

가정에서 교육하는 모습을 보면 아이들은 신이 나서 부모에게 이런저런 이야기를 하지만, 부모는 일이 바쁜 나머지 아이가 무슨 말을 하려고 하는지 듣지도 않고 잘라버리곤 한다. 어떤 부모는 아이에게 벌을 주면서 아이의 말을 듣지도 않고 무슨 일인지 알려고 들지도 않는다.

이런 상황이 지속되면 아이와 부모의 소통에 문제가 생길 수 있다.

그러면 어떻게 해결해야 할까? 유대인 부모들은 아이가 뭔가 말하려고 하면, 하던 일을 멈추고 최대한 아이의 말을 듣는 것이 부모가 해야 할 첫 번째 임무라고 생각한다. 그래야만 아이는 부모가 자신의 말을 관심 있게 들어주며 존중받고 있다고 느끼고, 마음속 이야기들을 기탄없이 꺼내 놓을 수 있다. 이런 선순환 관계가 이루어지면 아이는 부모에게 그 어떤 것도 숨기지 않게 된다.

부모라는 역할을 맡은 이상 아이가 하는 말을 열심히 듣기도 해야 하지만, 그와 동시에 그 말 속에서 아이의 장점을 찾아낼 수도 있도록 고민도 해야 한다. 잘못된 부분은 고쳐주고 잘한 부분은 진심으로 칭찬해 준다. 물론 이 과정에서 부모와 아이는 평등하고 감상적인 자세로 대화해야 한다.

대화 도중 아이가 부모의 단점을 지적한다면 부모는 겸허히 수용하고 감사를 표해야 한다. 혹은 아이에게 자신의 단점을 설명해 주고, 고칠 수 있게 도와주지 않겠느냐며 진심으로 부탁할 수도 있다.

대화를 나누면서 아이가 잘못한 것이나 비난받을 만한 일임에도 불구하고 스스로 말을 꺼낸다면, 우선 아이의 용기와 솔직한 태도를 칭찬해 주고 직면한 현실을 받아들이는 모습을 긍정적으로 평가한다. 그리고 아이와 함께 문제의 원인과 극복방법 등을 얘기하면서 만약 단점이나 잘못을 고치지 않을 경우 어떤 결과가 나타날 수 있는지 깊이 생각해 보고, 단점을 고쳐야겠다고 결심할 수 있도록 이끌어준다.

대부분의 부모가 아이와 대화하면서 아이가 의미 있는 말을 하지 않는다고 생각한다. 하지만 이런 생각은 잘못된 것이다. 아이가 겪은 일에는 아이의 생각이 담겨 있다. 비록 어리더라도 아이들은 존중받고 사랑받고 싶어 한다. 물론 아직 어리고 약해서 매사에 어른의 손길이 필요한지라 종종 무기력해 보이지만 그럴수록 부모의 사랑과 관심이 더 많이 필요하다.

만약 부모가 자신의 감정에만 치우쳐 아이의 심리적 욕구를 보살피지 않고 자신의 뜻만 강요하고, 그 생각대로 움직이길 바란다면 아이는 점점 더 외로워질 수밖에 없다. 그렇지만 부모가 아이의 말을 경청하고 질문에 신중히 대답한다면, 아이와의 관계가 돈독해질 뿐만 아니라 아이에게 신뢰감을 주고 안정감을 강화할 수 있다.

아이의 성공은 부모의 칭찬에 달렸다

부모가 아이의 성적에는 관심도 없으면서 지적만 하면
아이는 자신이 무엇을 해도 안 된다고 생각한다.
그리고 마음속으로 자신은 영영 부모가 바라는 만큼 해내지 못할 거라며
좌절하고 결국 노력마저 하지 않게 된다.

★ ★ ★

유대인 학자 주세페는 아이를 진정으로 격려하는 것은 부모가 아이를 넓게 품어주는 것이며, 이는 아이에게 기회를 한 번 더 주는 것으로 나타난다고 말했다.

많은 사람들이 자신에게는 성공할 기회가 없었다며 원통해하는 모습을 주변에서 흔히 볼 수 있다. 다 큰 어른들도 이렇게 기회를 원하는데 아이들은 오죽하겠는가.

주세페 박사의 일곱 살 난 아이가 처음 자전거 타는 법을 배우게 되었다. 자전거 타는 법을 모르는 아이는 자꾸만 넘어졌고 온몸이 상처투성이가 되었다. 아이의 어머니도 가르치고자

하는 의지가 바닥나고 말았다. 하지만 박사는 아이가 배울 수 있을 것이라고 끝까지 믿고 끊임없이 응원했다.

"아빠는 널 믿어. 너는 분명히 자전거를 탈 수 있을 거야. 너는 아주 대단한 아이야. 계속 노력하면 분명 해낼 수 있을 거야."

과연 얼마 지나지 않아 아이는 자전거를 탈 수 있게 되었다.

어떤 부모들은 아이의 특성과 마음속 생각을 무시하고, 아이의 어떤 행동이 잘못되었다고 느끼면 왜 그랬는지 그 이유를 묻지도 않은 채 아이를 때리고 욕한다. 이런 행태는 아이의 자존심을 상하게 한다. 이와 반대로 부모가 끊임없이 격려해 주면 아이는 성취감을 맛볼 수 있다. 이 점은 부모로서 마땅히 주의를 기울이고 조심해야 할 부분이다.

많은 아이들이 부모에게 수차례 공격당하고 나면 더 이상 부모의 뜻대로 하려고 노력하지 않고 도리어 반항심에 반대로 행동한다. 왜 그럴까?

아이들은 부모에게 효과적이거나 합당한 지지를 얻지 못하면 자포자기하고, 스스로를 비하하며 자신은 가치 있는 일을 할 수 없는 사람이라고 여긴다. 그 결과 차라리 말썽꾸러기가 되어서 관심을 끌려고 한다.

아이들은 차근차근 성공 경험을 쌓으며 자신감을 기른다. 그러므로 아이가 스스로 탐색하고, 몰랐던 일들을 알아가며, 하고 싶어 하는 일을 할 수 있게 해야 한다. 그래야만 아이가 성취감을 얻고 성공의 기쁨을 누릴 수 있다.

많은 가정에서 부모는 자신의 아이가 책을 많이 읽는 수재가 되길 바라는 마음에, 쉴 새 없이 온갖 지식을 주입하려 애쓴다. 이런 주입식 교육이 아이의 자신감을 기르는 데 방해가 된다는 사실을 간과한 채 말이다. 부모는 아이의 학습 능력이나 자아 관찰력을 흔히 과소평가한다. 하지만 조금만 유심히 살펴보면 아이에게 아주 똑똑한 구석이 있다는 사실을 발견할 수 있다. 아이들은 생각이 열려 있어서 사물을 놀라울 만큼 잘 이해하고 통찰하며 어떤 프레임에도 얽매이지 않아, 아이들의 견해가 종종 어른들의 생각을 넘어서기 때문이다.

그럼에도 불구하고 부모는 이런 점들을 간과한 채 아이의 의견을 듣는 둥 마는 둥 한다. 부모가 아이에게 자신의 생각을 강요할 때마다, 세상의 오묘함을 적극적으로 탐색하던 아이의 자신감은 무차별적으로 타격을 받는다.

부모라면 아이가 어떤 부분에서 성장했는지를 세심하게 들여다보고 그에 합당하게 칭찬하고 인정해야 한다. 어떤 부모는 아이가 꽤 훌륭한 일을 해냈음에도 불구하고 입을 꾹 다문 채 결코 칭찬하지 않는다. 아이가 오만해질까 걱정하는 마음에 그런다지만 사실은 그렇지 않다.

부모로서 왜 아이의 성장에 자부심을 느끼지 않는가?

부모는 온화하면서도 평온한 말투와 격려 가득한 눈빛으로 아이가 친밀감을 느낄 수 있도록 칭찬해야 하며, 아이를 얼마나 대견해하는지를 느낄 수 있도록 해줘야 한다.

아이의 부족함을 지적할 때도 부모로서 적절한 방식을 택해야 한다. 가장 이상적인 방법은 먼저 아이의 성적을 칭찬한 후 아이가 개선해야 할 부분을 알려주는 것이다. 만약 부모가 성적은 본체만체하고 잘못만 지적한다면, 아이는 자신은 뭘 해도 안 되고 영원히 부모의 기대에 부응하지 못할 거란 생각에 실망하여 아예 노력조차 하지 않게 된다.

많은 교육자가 모든 사람에게는 성취감과 자존감이 필요하며 아이에게도 예외 없이 타인에게 인정받고 싶은 욕구가 있다고 강조한다. 아이를 격려하는 것이 아이의 자신감을 높이는 데 도움이 되는 이유는 격려가 성공과 칭찬을 좋아하는 아이의 심리적인 특징과 맞닿아 있고, 아이에게 성공으로 향하는 동력이 될 수 있기 때문이다.

아이의 성공은 부모의 칭찬에서 비롯된다. 아이에겐 성공이 필요하고, 이를 위해 칭찬과 격려도 필요하다. 아이가 수재가 되길 원하는 부모라면 우선 아이가 성공의 기쁨을 누릴 수 있도록 기회를 주자. 아이들이 성공할 수 있도록 부모가 장점을 잘 발견하고 인정해 주면 아이는 더욱 자신감을 얻고 더 열정적으로 노력한다. 이것이 바로 선순환이다.

믿음이 있다면 뭐든지 할 수 있다

믿음은 노력을 통해 어려움을 극복하고 걸림돌을 제거하여 승기를 잡게 한다. 스스로에게 확신만 있다면 무엇이든 해낼 수 있다!

★ ★ ★

토요일 오후 스파크는 서둘러 집에 돌아가서 마당에서 해야 할 일들을 해치울 생각이었다. 돌아와서 마당의 낙엽을 쓸고 있는데 다섯 살 난 아들 닉이 걸어오더니 스파크의 바짓가랑이를 잡아당겼다.

"아빠, 간판 쓰는 걸 좀 도와주세요. 제 돌들을 팔려고요."

닉은 한창 돌 사랑에 빠져 이곳저곳에서 모은 것들과 다른 사람들이 보내준 것들을 모아왔다. 그렇게 집안 차고에 잔뜩 쌓인 돌멩이들은 다 한 번씩 씻고 분류해서 다시 쌓아둘 만큼 닉에게는 아주 소중한 보물이었다.

잠시 뒤 닉은 팻말을 가져와서 작은 바구니에 가장 좋은 돌멩이를 네 개 담고는 찻길 끄트머리로 걸어갔다. 그러고는 돌멩이들을 일렬로 늘어놓고 바구니는 뒤편에 놓은 다음 땅바닥에 주저앉았다. 스파크는 멀리서 아들의 모습을 지켜보았다.

30분이 지나도록 지나가는 사람이 한 명도 없었다. 스파크는 길을 건너 닉에게로 다가가 아이가 무슨 생각을 하는지 살폈다.

"닉, 어떠니?"

스파크가 물었다.

"아주 좋아요."

닉이 답했다.

"이 바구니는 어디에 쓰려는 거니?"

"돈을 담으려고요."

스파크의 물음에 닉이 진지하게 대답했다.

"돌멩이 가격이 얼마니?"

"하나에 1달러예요."

"닉, 1달러나 주고 돌멩이를 사려는 사람은 없단다."

"아니에요. 필요한 사람이 있을 거예요!"

"닉, 이 길은 번화가가 아니라서 지나가는 사람이 없어. 이제 정리하고 가서 노는 게 어떨까?"

"아니에요. 여길 지나가는 사람은 많아요, 아빠."

닉이 말했다.

"사람들은 여기서 산책도 하고, 자전거도 타요. 또 차를 몰고 와서 집을 보러 다니기도 한다고요. 여긴 사람이 많이 지나다니는 곳이에요."

닉은 끈기 있게 자리를 지켰다. 얼마 지나지 않아서 작은 트럭이 길을 따라 들어왔다. 닉은 작은 트럭을 향해 의기양양하게 팻말을 흔들었다. 스파크는 그 모습을 주의 깊게 바라보았다. 작은 트럭이 닉 앞을 천천히 지나갈 때 차 안에 타고 있던 젊은 부부가 목을 길게 빼고 닉의 팻말에 쓰인 글자를 살피는 모습이 보였다. 부부는 막다른 골목까지 차를 몬 후 얼마 지나지 않아 되돌아왔다. 다시 닉 앞을 지날 때 차 안의 여자가 창문을 내렸다. 그들이 무슨 말을 하는지 들을 수는 없었지만, 그녀가 고개를 돌려 운전하던 남자에게 뭐라고 말하자 남자가 1달러를 건네는 모습이 보였다. 여자는 차에서 내려 닉에게로 가더니 돌멩이들을 자세히 들여다보며 비교했다. 그리고 하나를 골라 닉에게 1달러를 주고는 차를 몰고 떠났다.

스파크는 마당에 앉아서 닉이 뛰어오는 모습을 바라봤다. 닉은 손에 쥔 1달러를 흔들면서 크게 외쳤다.

"제가 1달러를 벌었어요!"

이 이야기 속에서 이 유대인 아버지는 아이에게 어떠한 관여도 하지 않았다. 그저 아이가 생각한 대로 할 수 있도록 내버려두었다. 이것이 바로 유대인의 교육에 담긴 지혜다.

학교에서 유대인 랍비들은 아이들에게 늘 이렇게 가르친다.

"믿음은 노력을 통해 어려움을 극복하고 걸림돌을 제거하여 승기를 잡게 한다. 스스로에게 확신만 있다면 무엇이든 해낼 수 있다!"

먼저 나를 뛰어넘어야 다른 사람을 뛰어넘을 수 있다

선천적인 것은 출신뿐이고, 후천적인 것이야말로 실질적인 삶이다. 실질적인 삶은 뛰어넘고 유지하며 발전하는 과정이다. 자신을 뛰어넘고, 출신을 뛰어넘고, 한계를 뛰어넘는 것이 바로 삶이다.

★ ★ ★

두 사람에게 각각 10미터짜리 밧줄이 있다. 어떻게 하면 상대방의 밧줄을 짧게 만들 수 있을까? 가위로 자를까? 아니면 내 밧줄을 길게 만들까? 사람마다 답이 다르다.

《탈무드》에서는 말한다.

"다른 사람을 뛰어넘는 것보다 자신을 뛰어넘는 게 낫다."

유대인들은 인간의 삶이 부모가 물려준 것과 스스로 부여한 것 두 가지로 구성된다고 본다. 바로 선천적인 것과 후천적인 것인데, 선천적인 것은 출신뿐이고 후천적인 것이야말로 실질적인 삶이다. 실질적인 삶은 자신을 뛰어넘고 출신을 뛰어넘고 한계를 뛰어넘는 과정이다.

유대인들은 많은 이야기를 통해 아이들에게 가르침을 전한다.

한 부자(父子)가 있었다. 랍비인 아버지는 온화하고 세심한 성품인 반면, 아들은 괴팍하고 고집스러워서 성공이란 걸 해 본 적이 없었다.

어느 날 아들이 아버지를 원망했다. 나이 든 랍비는 말했다.

"나의 아들아, 랍비로서 우리의 차이점을 알려주마. 누군가 내게 율법적으로 어려운 문제에 대해 물으면 나는 답을 해준다. 그가 제기한 문제와 나의 대답은 질문한 사람과 나를 모두 만족시킨단다. 하지만 만약 누군가 네게 질문하면 질문하는 쪽이나 대답하는 쪽이나 모두 불만족스러울 게다. 질문한 사람이 불만족스러운 까닭은 네가 말한 그의 문제가 정말 문제가 아니기 때문이고, 네가 불만족한 까닭은 네가 그에게 답을 줄 수 없기 때문이지. 그러니 다른 사람을 탓하지 말고 허세를 버리고 스스로를 격려해야 성공할 수 있단다."

"아버지, 그 말씀은 우선 저를 뛰어넘으라는 뜻인가요?"

"그래."

아버지가 답했다.

"자신을 뛰어넘는 사람이야말로 진정으로 성공한 사람이란다."

'스스로를 뛰어넘는' 역사적 전통이 핏속에 흐르기 때문에 유대인들은 세계에서 가장 근면 성실한 민족이 될 수 있었다.

"자신을 뛰어넘기 위해 근면 성실하게 노력하면 언젠가는 다른 사람을 뛰어넘어 앞서게 될 것이다"라는 한 유대인 학자의 말은 참으로 옳다.

도랑에 빠진 소를 끌어내기 전에는 집에 돌아갈 수 없다

살다 보면 여러 가지 어려움을 만나게 된다.
힘든 일이 생길 때마다 기적처럼 누군가 나에게 손을 내미는 일은 없다.
나를 구하는 것은 오로지 괴로움을 참고 열심히 일하겠다는 결심과
이를 위해 노력하겠다는 마음가짐이다.

★ ★ ★

케이드는 자신의 어머니가 대단한 여성이라고 생각한다. 그의 아버지는 케이드가 21개월, 형이 다섯 살 무렵에 심장병으로 세상을 떠났다. 할 줄 아는 것도, 배운 것도 없던 어머니는

졸지에 혼자 몸으로 두 형제를 키우게 되었다.

케이드는 아홉 살이 되던 해에 비록 얼마 안 되는 금액이지만 돈을 벌기 위해 길에서 신문 파는 일을 시작했다. 그런데 신문을 팔고 나서 어둑어둑해졌을 때 버스를 타고 집에 돌아오는 게 너무 두려웠다. 케이드는 첫날 오후 신문을 팔고 돌아와서는 어머니에게 신문팔이를 하지 않겠다고 말했다.

"왜 그러니?"

어머니가 물었다.

"저한테 가라고 하지 마세요. 엄마, 거긴 사람들이 거칠고 험한 말만 써요. 제가 그런 끔찍한 곳에서 신문을 파는 건 엄마도 원하지 않으실 거예요."

"나는 네게 험한 말을 쓰고 거칠게 행동하라고 한 적이 없다."

어머니가 말했다.

"사람들이 험한 말을 쓰고 거칠게 행동하는 것은 그 사람들 일이야. 네가 신문을 팔면서 안 배우면 되는 일이지."

어머니는 더 이상 케이드에게 신문팔이를 강요하지 않았다. 하지만 다음 날 오후 케이드는 아마 어머니도 이렇게 하셨을 거라고 생각하면서 어제와 다름없이 신문을 팔러 나섰다. 그 해 어느 겨울날, 신문을 팔던 케이드는 세인트존강변에서 불어오는 찬바람에 얼어 죽을 것만 같았다. 그때 잘 차려입은 한 부인이 케이드에게 5달러짜리 지폐를 내밀며 말했다.

"이 돈이면 나머지 신문 값이 될 게다. 어서 집으로 돌아가렴. 이렇게 계속 밖에 있다가는 얼어 죽을지도 몰라."

케이드는 이 경우에 어머니가 어떻게 했을지 알고 있었다. 케이드는 부인에게 따뜻한 마음에 감사하다고 전하고 계속 신문을 팔았다. 그리고 다 팔고 나서야 집으로 돌아갔다. 겨울철 추위는 충분히 예상 가능한 일이므로 도중에 그만둘 이유가 되지 않기 때문이었다.

어머니는 케이드가 어른이 된 뒤 그가 집을 나설 때마다 말했다.

"옳은 일만 배우고, 옳은 일만 하렴."

이 말은 살면서 마주치는 거의 모든 일에 적용 가능하다. 가장 중요한 것은 어머니가 케이드에게 어려움을 견디며 열심히 일해야 한다고 가르쳤다는 점이다. 그의 어머니는 이렇게 말할 것이다.

"소가 도랑에 빠지면 끌어내야만 한다."

눈동자까지 얼어붙을 만큼 엄동설한이더라도, 비가 오더라도, 좋든 싫든, 설령 하기에 불편하더라도 반드시 도랑에서 소를 끌어내야 한다.

아이를 응석받이로 키우는 것보다 유대인 부모의 교육 관념이 훨씬 더 배울 만한 가치가 있다.

살다 보면 여러 가지 어려움을 만나게 된다. 힘든 일이 생길 때마다 기적처럼 누군가 나에게 손을 내미는 일은 없다. 나를 구하는 것은 오로지 괴로움을 참고 열심히 일하겠다는 결심과 이를 위해 노력하겠다는 마음가짐이다.

모든 부모는 이런 이치를 아이에게 알려줄 책임이 있다.

기다리는 자가 최후에 모든 것을 얻는다

끈기는 고품격의 상징이다. 기다릴 줄 아는 사람만이
최후에 원하는 모든 것을 얻을 수 있다.

★ ★ ★

《탈무드》에서는 말한다.

"기다리는 자가 최후에 모든 것을 얻는다."

유대인 역사에서 가장 위대한 랍비로 불리는 힐렐은 참을성의 본보기로 불린다. 그와 관련해 널리 전해지는 이야기가 하나 있다.

두 아이가 힐렐을 화나게 하는 사람에게 205세켈(한화 약 75,000원)을 주기로 내기를 했다. 이날은 마침 안식일 전야였던 터라, 힐렐은 머리를 감고 있었다. 이때 누군가 힐렐의 집 문 앞에서 큰 소리로 외쳤다.

"선생님, 계십니까?"

힐렐은 황급히 수건으로 머리를 둘러 감고는 문을 열고 물었다.

"얘야, 무슨 일이냐?"

"여쭈고 싶은 게 있어서요."

"말해 보렴."

"왜 바빌론 사람들의 머리는 둥근 걸까요?"

"참 중요한 질문이로구나. 그 이유는 경력이 많은 산파가 부족하기 때문이란다."

아이는 대답을 듣고서 돌아갔다. 그리고 잠시 후에 다시 찾아와서 큰 소리로 외쳤다.

"힐렐, 계세요?"

랍비 힐렐은 다시 급하게 수건으로 머리를 둘러매고 나와서 물었다.

"얘야, 무슨 일이냐?"

"여쭈고 싶은 게 있어서요."

"그래, 얘기해 보렴."

"왜 팔미라 지역의 사람들은 눈에 자꾸 염증이 생기는 걸까요?"

"참 중요한 질문이로구나. 그 이유는 모래 먼지가 날리는 곳에서 살기 때문이란다."

아이는 답을 듣고는 돌아갔다. 그리고 잠시 후에 다시 와서 물었다.

"왜 아프리카 사람들은 발볼이 넓은 걸까요?

"참 중요한 질문이로구나."

힐렐은 말했다.

"그 이유는 그들이 늪지대에 살기 때문이란다."

아이는 다 듣고 나서도 가지 않고 말했다.

"아직 여쭤볼 게 많은데, 화내실까 봐 무서워요."

힐렐은 몸에 무언가를 걸친 후 앉아서 말했다.

"어떤 문제든 다 물어보렴."

"당신은 사람들에게 이스라엘 친왕으로 불리는 힐렐이지요?"

"그래."

"그렇다면 저는 이스라엘에 당신 같은 사람이 많지 않기를 기도할래요."

"왜지?"

"왜냐하면 당신을 두고 한 내기에서 제가 지는 바람에 205세켈을 잃었으니까요."

힐렐은 전후 상황을 물어본 뒤 아이에게 말했다.

"기억하렴. 나 힐렐은 205세켈을 잃을 만한 가치가 있는 사람이란다. 205세켈을 더 준다고 해도 아깝지 않을 사람이지. 그리고 나는 절대로 화내지 않는단다."

유대인들은 인내심이 고품격의 상징이며, 기다릴 줄 아는 사람만이 마지막에 원하는 모든 걸 얻는다고 믿는다.

"지금 주위 상황이 내 마음처럼 되지 않는다면 우선 한 발 물러서야지 위험을 무릅써서는 안 된다"라고 한 말한 어느 유대인 노인의 말처럼 말이다.

부딪혀봐야 답을 찾을 수 있다

아이의 성장 과정은 인지하는 과정이라고도 할 수 있다.
어른의 경험이 아이에게 많은 영향을 주는 것은 사실이지만
아이가 직접 부딪혀 보는 것만큼 큰 깨달음을 주진 못한다.
설령 아이가 그 과정에서 실수하더라도 그 정도는 눈감아줘야 한다.

* * *

유대인 부모는 아이가 용기 있게 부딪히면서 스스로를 끊임없이 발전시키도록 응원해야 한다는 점을 매우 강조한다.

부모는 아이들에게 첫 번째 선생님이다. 부모의 말과 행동을 통한 가르침은 아이들에게 상당한 영향력을 발휘한다. 하지만 많은 부모가 아이를 일깨우거나 스스로 부딪혀 보면서 답을 찾게 하지 않고, 자신의 과거 경험을 주입하는 방식으로 아이들의 문제에 대한 답을 대신하려고 한다.

유대인 랍비는 아이들에게 다음과 같은 이야기를 들려주곤 한다.

18세기 후반 뛰어난 실력을 지녔던 벤저민 웨스트는 영국 미술계에서 '시대를 초월'하는 예술적 재능을 갖췄다는 찬사를 받았다. 영국 왕립 미술원 2대 회장이었던 그는 일생 동안 종교, 신화를 소재로 한 소수의 작품을 제외하고는 영국이 북아메리카에 식민지를 건설했던 시기의 역사적 소재들을 주로 묘사했다. 그는 영국 국왕인 조지 3세에게 귀빈으로 대접받았고, 영국 왕립 미술원 초대 회장이었던 레이놀즈는 그를 가장 존경할 만한 인물이라고 호평했다.

1738년 10월 미국에서 출생한 벤저민 웨스트는 스무 살이 되자마자 뉴욕에서 이름을 날리는 초상화가가 되었다. 그는 자신의 성공은 어머니의 입맞춤 덕분이라고 말했다. 어머니의 젊은 시절 이름은 사라 피어슨이었다. 퀘이커교 신도의 딸이었던 그녀는 퀘이커교 신도인 웨스트와 결혼한 후 펜실베이니아주의 인디언 거주지에 정착해 살았다. 그들은 열 명의 자녀를 두었는데 벤저민은 그중 막내였다. 웨스트 가정은 청빈했고, 열 명의 자녀를 둔 대가족을 부양해야 하는 무거운 짐은 오롯이 사라가 짊어져야 했다.

1745년은 벤저민이 일곱 살이 되던 해였다. 그해 어느 여름날, 어머니는 벤저민에게 친척 집에 가서 어린 아기를 돌보라고 했다. 그리고 부채로 아기 얼굴의 파리를 쫓으라고 했다. 벤저민의 세심한 보살핌에 아기는 낮잠이 들어 천천히 꿈나라로 향했다. 어린 벤저민은 곤히 잠든 아기의 아름다운 모습에 반해 부채 위에 그림을 그리려고 손을 움직였다. 그 모습을 본 사라가 웃으며 물었다.

"아기의 얼굴을 그리고 싶니?"

"저는 그림을 그릴 줄 몰라요."

벤저민이 말했다.

"네가 그림을 그리지 못하는 걸 어떻게 알았지?"

사라가 탁자 위에 놓인 파란색과 빨간색 잉크를 가리키며 말했다.

"한번 해 보렴."

사라는 그렇게 말하고는 자리를 떠났다. 벤저민은 종이를 가져와서 잉크병을 열고 그림을 그리기 시작했다. 얼마 지나지 않아 그림이 완성되었다. 하지만 벤저민의 얼굴과 옷은 잉크로 지저분해졌고 탁자 위도 엉망이 되었다. 벤저민은 어머니가 이 모습을 보고 크게 야단칠까 봐 불안했다. 하지만 나갔다 돌아온 어머니는 화를 내기는커녕 인자한 눈빛으로 그림을 보더니 떨리는 목소리로 소리쳤다.

"어머나, 세상에! 꼭 사진으로 찍은 것 같구나!"

그러고는 벤저민의 목을 껴안고 입을 맞추며 말했다.

"너는 언젠가 위대한 예술가가 될 거야!"

아이의 성장 과정은 인지하는 과정이라고도 할 수 있다. 어른의 경험이 아이에게 많은 영향을 주는 게 사실이지만 아이가 직접 부딪혀 보는 것만큼 큰 깨달음을 주진 못한다. 설령 아이가 그 과정에서 실수하더라도 그 정도는 눈감아줘야 한다. 아이에게는 실수할 능력도 있지만 실수를 고칠 능력도 있기 때문이다. 실수를 저지르는 과정에서 정답을 얻는 것은 정말 값진 일이다. 벤저민 어머니의 교육 방법은 충분히 배워둘 만하다.

아이들은 일상에서 배우고 또 일상에 대해 많은 의문을 품는다. 부모라면 그런 호기심이 아이들에게 지식을 탐구하는 원동력이 된다는 사실을 알아야 한다. 유대인 부모는 아이의 의문에 대한 답을 알려주기보다 아이가 스스로 답을 찾을 수 있도록 이끌어준다. 이렇게 아이의 탐구 욕구를 자극하면 아이의 분석 능력과 해결 능력이 점점 더 향상된다.

모든 부모는 유대인 부모처럼 아이가 용기 있게 부딪히면서 스스로를 끊임없이 향상시킬 수 있도록 응원해야 한다.

제 4 장

좋은 사람, 좋은 말, 좋은 마음

유대인의 품성 교육법

오랜 시간 견뎌 온화한 사람이 되어야 한다. 이런 사람은 자신의 취향과 원칙이 있으며 신앙을 지키고, 서두르지 않으며 과장되지도 경박하지도 않다. 또 모욕을 당해도 놀라지 않으며 침착하고 편안하기가 고요한 물과 같다.

환경이 아이를 만든다

다른 성장 환경과 조건이 큰 차이를 만든다. 가정의 정서적 분위기와 부모의 심리적인 특성은 아이의 정서 발달에 중요한 역할을 한다.

★ ★ ★

유대인은 가정 분위기를 가정교육의 중요한 하나의 요소로 생각한다. 가정 분위기는 환경과 관계된 산물로서 물질적인 환경과 정서적인 환경을 말한다.

유대민족의 역사를 살펴보면 대부분 이곳저곳을 떠도는 유랑 생활을 했다. 그럼에도 불구하고 유대인들은 아이들에게 화목하고 따뜻한 가정 분위기를 만들어주기 위해 최선의 노력을 기울였다. 가정의 물질적인 환경은 경제적인 형편에 따라 달라진다. 모든 부모가 힘이 닿는 데까지 아이를 뒷바라지하려고 최선을 다한다. 그런데 사실 유대인 부모들은 가정의 정서적인 환경에 더욱 많은 관심을 기울인다.

유대인은 부모에게 훌륭한 가정의 분위기를 만들어야 할 책무가 있다고 생각한다. 첫 번째는 사랑으로 이루어진 분위기다. 부모가 서로 사랑하는 것은 물론 부모와 아이의 관계도 좋아야 한다. 부모는 아이 앞에서 다퉈서는 안 되고, 가족 내에 어떤 불안감도 조성해선 안 된다. 서로 신뢰하고 친밀감을 유지하려 노력하며 아이에게 정서적인 고민거리를 안겨주지 말아야 한다.

두 번째는 지성(智性)이 충만한 분위기다. 지식에 대한 부모의 흥미와 욕구는 눈에 보이지는 않지만, 아이가 건강하게 자라는 데 큰 힘을 발휘한다. 만약 부모의 지적 수준이 조금 부족하다면 이웃, 친지, 친구 등을 집으로 초청해 집안의 지적인 분위기를 바꿔보는 것도 좋다.

훌륭한 가정환경을 만드는 동시에 아이가 어릴 적부터 가정이라는 좁은 우물 안 개구리가 되지 않도록 해야 한다. 부모는 아이가 훌륭한 가정의 지적인 분위기 속에서 정상적으로 공부하고, 유쾌하게 자라도록 가르쳐야 한다. 또 가정의 지적 수준이 좁은 틀에 갇히지 않고 외부의 유익한 '자양분'을 폭넓게 흡수할 수 있도록 신경 써야 한다.

캘리포니아에는 높고 큰 숲이 있다. 그 숲의 '빅 셔먼(Big Sherman)'으로 불리는 나무의 높이는 무려 60여 미터이고, 둘레도 24미터에 달한다. 이 나무 한 그루로 방 다섯 개를 갖춘 집을 서른다섯 채나 지을 수 있다고 하니 굉장한 크기다. 일본 사람들은 '분재의 예술'로 불리는 작은 나무를 심는다. 이 나무의 높이는 1미터도 되지 않지만 완벽하리만큼 아름다운 수형(樹形)을 자랑한다. '빅 셔먼'과 '분재의 예술'의 종자 질량 차이는 0.1그램도 되지 않는다. 하지만 다 자란 뒤의 차이는 어마어마하다. 이 차이는 환경이 미치는 영향이 얼마나 큰지를 일깨워준다.

'셔먼(Sherman)'은 캘리포니아의 비옥한 토양에 뿌리를 내리고 풍부한 수분과 광물질, 햇볕을 흡수하며 크고 높게 자라난다. 반면에 일본의 '분재'에서는 싹이 나면 그 모종을 비옥한 땅에서 뽑아 곧은 뿌리와 일부 수염뿌리를 제거하고 생장을 막아 아름답지만 매우 작은 소형 식물로 키운다.

이처럼 각기 다른 생장환경과 조건은 매우 큰 차이를 가져온다. 가정의 정서적 분위기와 부모의 심리적인 특성도 이처럼 아이의 정서 발달에 중요한 역할을 한다. 유대인 부모는 훌륭한 가정환경을 만들기 위해 다음과 같은 점에 주목한다.

첫째는 평등이다. 평등은 훌륭한 가정 분위기를 만드는 전제조건으로, 부모와 자녀 중 어느 한쪽의 우월감은 다른 가족 구성원들을 심리적으로 압박하고 상호 간에 심리적인 간극을 만든다.

둘째는 개방이다. 가족 구성원들은 솔직하고 평등하게 다른 가족들이 받아들일 수 있는 방식으로 자신의 생각을 밝혀야지, 막무가내로 마음속 이야기를 쏟아내선 안 된다. 부모의 교육 능력과 부모·자식 간의 친밀도는 훌륭한 가정의 정서적 분위기 형성에 직접적으로 영향을 미친다.

마지막은 이성이다. 이성이 있어야만 심리적인 충동을 제어할 수 있고, 문제가 생겼을 때 냉철하게 바라보고 처리할 수 있다. 그래야만 가정의 안정적인 분위기를 유지할 수 있고, 아이의 정서 안정에도 도움이 된다.

아이에게 용기를 줘야 한다

아이가 두려움을 느끼는 원인은 어른과 같다.
다만, 어른은 대처하는 방법을 알고 아이는 모를 뿐이다.

★ ★ ★

담력·용기·매력은 이 시대가 요구하는 품성이다. 성공한 사람들은 용기를 지녔기에 자기 분야에서 남보다 한 발 앞서 성공을 거둘 수 있었다.

부모들은 아이가 용감하길 바라지만 실제로 겁 많은 아이들이 적지 않다. 예를 들면 부모가 곁에 없는 걸 두려워하기도 하고 어둠이나 귀신을 무서워하기도 한다. 이런 두려움이 오랜 시간 계속되면 아이의 발달에도 영향을 끼쳐서 독립성이 결여되거나 심리적인 질환을 앓게 되기도 한다. 일부 부모는 이런 경우에 '겁쟁이'라며 아이를 야단치거나 심지어 벌을 주기도 하는데, 이는 아주 현명하지 않은 방법이며 아이의 자존심에 큰 생채기를 낼 수도 있다. 겁이 많다고 야단칠 것이 아니라 아이의 두려움을 개선해 줘야 한다. 그러지 못한다면 아이의 공포심은 더 악화될 뿐이다.

한 아동심리학자는 아이가 두려움을 느끼는 원인은 어른과 같으며, 다만 어른은 대처법을 알고 아이는 모를 뿐이라고 말했다. 따라서 부모는 아이를 세심하게 살피면서 아이가 공포를 느끼는 원인이 무엇인지 알아내야 하고, 공포심을 없앨 수 있도록 도와주어 자신감 있고 용감한 아이로 키워야 한다. 그렇다면 이 경우에 유대인 부모들은 어떻게 할까?

1. 본보기를 보여주는 역할에 더욱 충실한다

아이는 부모의 말과 행동을 따라하는 걸 좋아하므로 본보기인 부모의 역할은 아이에게 상당한 영향을 미친다. 부모는 아이에게 아무런 두려움도 없는 모습을 보여줘야 한다. 그리고 부모인 자신도 어렸을 때는 무언가를 무서워한 적이 있지만 지금은 전혀 무섭지 않다고 솔직하게 고백해야 한다. 그러면 아이는 오직 자기만 뭔가를 무서워하는 것이 아니라는 사실을 인지하게 되고, 부모를 보면서 자기가 무서워하는 대상들이 사실은 두려운 것이 아니라 정복할 수 있는 것이라는 사실을 깨달아 공포를 극복할 수 있다.

2. 아이의 눈높이에 맞춰 두려움을 없애 준다

아이들은 동화나 책을 통해 귀신을 알게 되면서 무서워한다. 그렇다고 해서 아이에게 유물론의 관점에서 설명하는 건 아무 소용이 없다. 가장 효과적인 방법은 아이에게 너는 용감한 아이니 네가 방에 있을 때는 귀신이 감히 나타날 수 없다거나 귀신은 착한 아이를 오히려 무서워한다고 말해 주는 것이다. 그러면 아이는 그 말을 받아들여 쉽게 두려움을 없앨 수 있다.

3. 아이가 정말로 무서워하는 게 무엇인지 파악한다

아이들은 때론 말과 다르게 행동함으로써 자신이 정말 무서워하는 게 무엇인지 감추기도 한다. 가령 부모가 외출할 때마다 목 놓아 울면서 나가지 말라고 애원하는 아이가 실제로 무서워하는 것은 집에 혼자 있는 것 그 자체일 수 있다. 그러므로 아이가 평소에 하는 말과 행동을 세심하게 살펴서 정말 두려워하는 게 무엇인지 파악하고 그에 맞게 문제를 해결해야 한다.

4. 어릴 때부터 아이의 독립성과 자신감을 키워준다

부모는 아이를 과잉보호하지 않고 아이가 스스로 충분히 해낼 수 있다고 믿어야 한다. 어려움이 닥쳐도 아이가 스스로 헤쳐 나가며 의존성을 극복하게 하여, 자신의 능력과 방법만으로도 눈앞에 닥친 문제나 어려움을 극복할 수 있다는 것을 깨닫도록 격려해야 한다.

5. 아이가 무서워하는 것을 부정하도록 강요하지 않는다

심리학자들은 아이들이 자신이 두려워하는 대상이 객관적으로 존재한다는 걸 부모가 인정할 때, 비로소 자신의 두려움을 없애기 위해 부모가 한 말을 믿을 수 있다고 본다.

매우 효과적인 방법 중 하나는 아이가 두려워하는 대상의 정보를 제공하는 것이다. 아이가 고양이나 강아지 같은 작은 동물을 무서워한다면 부모는 아이에게 이 동물들과 관련된 이야기를 들려주면서, 이 동물들은 일반적으로 사람을 해치지 않는다는 걸 알려주고 이 동물들과 함께하는 방법을 배우도록 도와야 한다. 이렇게 하면 아이는 안전하다고 느낀다.

위와 같은 유대인의 교육법에 비추어 볼 때, 용감한 아이로 키우고 싶다면 부모가 솔선수범하여 아이와 대화하며 아이의 속마음을 들여다보고, 의식적으로 아이의 독립성을 키우기 위해 노력해야 한다. 이런 노력을 지속한다면 자신의 아이가 점점 용사가 되어가는 모습을 발견할 수 있을 것이다!

아이의 의지는 부모의 의지에 달렸다

세상만사 마음만 먹으면 못 할 일이 없다. 일단 결심한 뒤 의지를 가지고 꾸준히 해나간다면 아무리 어려운 일도 쉽게 풀어갈 수 있다. 가난한 승려는 돈이 없어서 차나 배를 타지 못하지만, 강인한 의지력으로 산을 넘고 물을 건너 먼 길을 걸어서라도 결국 원하는 바를 이루고야 만다.

★ ★ ★

의지가 강한 아이가 공부도 잘한다. 재주를 배우려면 우선 기본기를 다지고 꾸준히 연습해야만 그 분야에 정통할 수 있다.

유대인 부모들은 아이들의 정서발달에 특히 관심을 기울인다. 정서에는 많은 부분이 포함되지만 아이들의 경우라면 의지가 가장 중요하다고 할 수 있다. 의지는 매우 중요하다. 의지가 약한 것은 누구에게나 치명적인 약점이다. 이는 성적에만 영향을 미치는 것이 아니라 아이의 인생 전반에 걸쳐 부정적인 영향을 미친다. 걸출한 인재들을 보면 하나같이 의지가 강하다. 반면에 범죄자들은 거의 대부분 의지가 약하다. 그래서 스스로 감정을 주체하지 못하고 유혹에도 잘 넘어간다.

유대인 부모들은 아이들에게 다음 이야기를 자주 들려준다.

이탈리아의 유명한 바이올리니스트 파가니니는 선율이 복잡하고 변화가 많은 곡도 훌륭히 소화해 냈다. 뛰어난 연주 실력을 지닌 그는 평소 클래식 음악 감상을 즐기는 사람들에게 인기가 높았다. 어느 날 저녁 파가니니는 연주회를 열었다. 신의 경지에 다다를 듯한 그의 연주를 들은 한 청중이 그의 바이올린에는 특별한 현이 있는 것 같으니 한 번만 보여 달라고 부탁했다. 그러자 파가니니는 그 자리에서 주저하지 않고 자신의 바이올린을 보여주었다. 그 청중은 파가니니의 바이올린이 다른 여느 바이올린과 다를 바 없는 것을 보고 매우 의아해했다. 파가니니는 그 청중의 마음을 들여다보고는 웃으며 말했다.

"뭔가 이상하다고 생각하시나요? 솔직하게 말씀드리죠. 저는 무슨 물건이든 위에 현을 얹으면 얼마든지 아름다운 소리를 낼 수 있습니다."

그러자 그 청중이 물었다.

"가죽신도 가능한가요?"

파가니니는 답했다.

"물론이지요."

그러자 그 청중은 가죽신을 벗어 파가니니에게 건넸다. 파가니니는 가죽신을 받아 그 위에 못을 몇 개 박고 현을 붙들어 맸다. 준비를 마친 그는 현을 켜기 시작했다. 그러자 바이올린과 거의 비슷한 소리가 났다. 모르는 사람이 들었다면 바이올린 연주로 착각할 정도로 아름다운 선율이었다.

어떤 분야에서 재능을 갈고닦으려면 오랜 시간 꾸준히 고된 연습을 해야 한다. 그래야만 경지에 오를 만한 수준이 된다.

세상만사 마음만 먹으면 못 할 일이 없다. 일단 결심한 다음 의지를 가지고 꾸준히 해 나간다면 아무리 어려운 일도 쉽게 풀어갈 수 있다. 가난한 승려는 돈이 없어서 차나 배를 타지 못하지만, 강인한 의지력으로 산을 넘고 물을 건너 먼 길을 걸어서라도 결국 원하는 바를 이루고야 만다.

부모들은 다음과 같은 아이들의 모습을 볼 때마다 늘 마음을 졸이며 고민한다.

아이가 이것 조금, 저것 조금 배우며 하루 종일 바쁘게 움직이면서도 아무런 효과를 보지 못하고, 겁이 많아 무슨 일을 하든 망설이거나 혹은 자제력이 부족해서 수업 시간에 집중하지 못하며, 또 계획을 세우고도 실천하지 못하고, 어려움이 닥치면 물러서기만 하는 것은 모두 의지박약의 결과물이다. 만약 아이에게서 장기간 이런 문제들이 보인다면 이 아이는 어른이 되어서도 무언가를 이뤄내기 힘들 것이다.

유대인 부모들은 아이의 의지력을 길러주기 위해 다음과 같이 노력한다.

1. 작은 일에서부터 의지를 길러준다

어떤 아이들은 의지가 매우 부족하다. 사소하고 작은 일이라고 해서 의지와 무관하다고 생각하면 절대로 안 된다. 고작 수업 하나, 숙제 한 번이지만 소홀히 하면 의지가 약해지고 결국에는 모든 수업, 모든 숙제를 망치게 된다. 이와 달리 의지가 강하면 수업 하나, 숙제 한 번도 진지하게 해낸다. 이런 작은 성공들이 쌓여 큰 성공이 되고, 학습적으로도 큰 성과를 얻을 수 있다.

2. 모든 일은 아이가 직접 해낼 수 있으므로 관여하지 않는다

만약 아이가 해낼 수 있을지 어떨지 잘 모르겠다면 우선 시도해 보게 한다. 그러고 나서 도와줄지, 또 어느 정도까지 도와줘야 할지 결정해도 늦지 않다. 의지력이 강한 아이로 키우고 싶다면 우선 부모가 현명해져야 하고, 분별없이 지나치게 '사랑'하지 않아야 한다.

3. 거절하는 법을 배운다

아이의 불합리한 요구를 거절할 수 있어야 한다. 그러지 못하면 아이가 감정을 멋대로 쏟아내도록 부채질하는 꼴이 돼버린다. 특히 부부가 대화를 통해 일관된 태도를 보임으로써 아이에게 틈을 주지 말아야 한다. 아이의 요구를 들어주는 것으로 어머니와 아버지 둘 중에 누가 더 아이를 사랑한다는 식으로 몰아가서는 절대 안 된다. 그러면 아이는 더욱 제멋대로 굴게 될 것이다. 이는 학습 성적을 떨어뜨리는 아주 중요한 원인 중 하나다.

4. 물러서는 법을 가르친다

아이가 공부하다가 풀리지 않는 문제를 만나면 부모는 무조건 해결하라고 강요하지 않고, 한 발 '물러선다'. '물러는 것'은 '지는 것'과 다르다. 물러선 후에는 전문가를 찾아서 문제를 풀지 못한 이유를 알아보고 해결해야 한다. 이길 수 없는 게임을 자꾸 강요하면 아이의 의지가 꺾이기 쉽다.

5. 기다리는 법을 가르친다

아이가 합리적인 요구를 할 때는 상황이 허락한다면 바로 들어주지 않고 조금 기다리면서 참을성을 배우도록 가르친다. 또한 세상이 아이 한 명만을 위해 준비되어 있는 것이 아닌 만큼, 뭔가를 원한다고 해서 금세 손에 쥘 수는 없다는 점을 알려줘야 한다. 아이의 성격을 다듬어 좀 더 유연하고 참을성 있게 변화시키는 것은 학습에도 아주 중요한 요소다. 공부란 벼락치기가 아니라 오랜 기간 꾸준히 해야 하는 것이기 때문이다.

6. 학습 목표와 계획을 세우는 것을 돕는다

공부할 때는 각 장마다 학습 목표와 계획을 세우고 수시로 살펴보며 관리해야 한다. 이와 마찬가지로 생활 속에서 사소한 일들을 할 때도 계획과 목표가 필요하다. 예를 들어 아이가 스스로 해결하는 능력을 기르려면 스스로 옷을 빨고 방을 청소해야 한다. 이런 것들이 하루하루 쌓이면 목적을 가지고 일하는 습관을 기를 수 있다.

7. 좌절에 대한 교육을 적절히 실시한다

공부를 하다 보면 누구도 '실패'를 피할 수 없다. 중요한 것은 아이에게 실패를 받아들이는 방법을 알려주는 것이다. 아이가 어려움과 좌절에 부딪혔을 때 아이가 그 원인을 냉정하게 분석하고, 어떤 방법으로 어려움과 좌절을 극복할 수 있는지 살펴본다. 다만, 아무 때나 도와주거나 보호하려고만 해서는 안 된다는 것을 명심해야 한다. 그러지 않으면 아이의 의지력이 점점 '약화'되어 폭풍우의 습격을 버텨낼 수 없다.

8. 공부에 집중하도록 돕는다

어떤 아이는 공부할 때 연필을 깎아서 이것을 찔러보고 저것을 건드리며 집중하지 못하곤 한다. 이런 아이는 부모의 엄격한 다그침에 겁을 먹고 책상 앞에 앉아 시간을 보내지만 실제로는 공부에 흥미가 없다. 공부에 집중하는 습관을 기르기 위해서는 공부 시간을 적절히 줄이고 일정한 시간 내에 할 일을 다 하도록 해야 한다. 할 일을 다 한 후에는 즐겁게 놀도록 둔다. 공부 시간의 길이로 학습의 질을 판단해선 안 된다. 시간만 죽이는 공부를 계속하면 오히려 공부에 대한 타성만 생겨서 조금만 힘든 일이 생겨도 앞으로 나아가지 못한다.

9. 올바른 공부습관을 길러준다

아이의 의지 수준은 올바른 공부 습관을 갖췄는지 여부에 따라 달라진다고 할 수 있다. 독립적인 사고, 꾸준함, 포기하지 않는 신념, 점진적으로 나아가는 것 모두가 올바른 공부 습관이다. 반대로 게으르고 산만하며, 중도에 포기하기 일쑤고 늘 용두사미로 끝내며, 어려우면 물러서는 것은 그릇된 공부 습관이라고 할 수 있다.

10. 장기간 지속할 수 있는 일을 찾도록 도와준다

매일 바닥 쓸기, 아침 운동, 일기 쓰기, 이웃 어르신 돕기, 교실 문 열기 등과 같이 아이가 적어도 한 학기 동안 꾸준히 할 수 있는 일을 찾도록 도와준다. 이런 일은 아이의 의지를 기르는 데 큰 역할을 한다. 그렇다고 해서 강압적으로 해선 안 되고 아이와 상의하여 아이가 결심할 수 있도록 도와야 한다. 만약 아이가 중도에 포기하면 화를 내는 게 아니라 다시 한번 기회를 준다. 아이에게 꾸준히 하는 습관을 길러주는 것 자체가 부모의 꾸준함을 요구하는 일이다. 그런 만큼 조급하게 마음먹어도 안 되고 큰 가르침을 줘야겠다는 생각도 버려야 한다. 의지력은 행동으로 길러야지 설교로 길러지는 게 아니다.

이처럼 아이의 의지력을 기를 수 있느냐 마느냐는 부모의 교육 기술에 대한 시험인 동시에 부모의 의지력을 시험하는 것이기도 하다. 부모의 의지가 강해야만 의지력 있는 아이로 키울 수 있다.

이웃의 불행이 나의 불행이다

아이가 친절하고 대범하며 베풀 줄 아는 사람이 되길 바란다면
우선 부모가 솔선수범하여 아이에게 본을 보여야 한다.
부모의 말과 행동이 일관되지 않으면 아이도 그런 모습을
모방할 수밖에 없으며, 그러면 설사 부모의 원칙과
가르침이 하나하나 사리에 맞는다고 할지라도 아무런 소용이 없다.

★ ★ ★

인간의 본질은 서로 사랑하는 것이고, 인간의 삶은 다른 사람과 교류하도록 이루어져 있다. 어릴 때부터 남을 도울 줄 아는 품성을 길러주는 것은 아이가 앞으로 올바른 인격을 가진 건강한 사람으로 성장하는 데 가늠할 수 없을 만큼 큰 영향을 미친다. 기꺼이 남을 돕는 것은 유대인들이 높이 사는 미덕이다. 유대인 아이들은 어릴 때부터 기꺼이 남을 도와야 한다는 생각을 배운다. 유대인 랍비는 아이들에게 다음과 같은 이야기를 자주 들려준다.

한 농장에 로스라는 젊은이가 살았다. 하루는 여명이 밝아 올 즈음 창문 너머로 시끄러운 소리가 들렸다. 놀라서 깬 로스는 두 눈을 겨우 뜬 채 아마도 늑대가 이웃집 우리에 들어가서 가축을 물어 가는 소리일 것으로 추측했다.

"로스, 난 자네가 집에 없는 줄 알았네!"

새벽에 만난 이웃이 로스를 탓하며 말했다.

"늑대가 지난밤에 우리 집 송아지를 한 마리 물고 갔다네. 그 소리를 들었으면 엽총이라도 들고 나와서 구했어야지, 그럴 생각은 전혀 안 한 건가?"

"너무 졸리고 피곤해서 죽은 듯이 잤어요!"

로스는 하품을 하며 말했다.

"아무 소리도 못 들었는데…."

그로부터 얼마 지나지 않아 로스는 잠들기 전 현관문을 잠그는 것을 깜빡 잊고 말았다. 그날 밤, 늑대가 로스의 집에 들이닥쳐 그의 아이를 물어 죽였다.

이웃의 불행을 보고도 못 본 척해선 안 된다.

살다 보면 기쁜 일도 있고 골치 아픈 일도 있다. 또 행복할 때도 있고 불행할 때도 있으며, 순조롭게 술술 풀리는 일이 있는 반면 매번 걸림돌이 있는 일도 있고, 성공할 때도 있지만 실패할 때도 있다. 어떤 처지에 놓여 있든 사람이라면 다른 사람의 이해와 도움이 필요하기 마련이다. 그러므로 기꺼이 도울 줄 아는 아이로 기르는 것이 자녀 교육의 핵심과제다. 이를 위해 유대인들은 다음과 같이 노력한다.

1. 아이에게 유용한 임무를 맡긴다

아이에게 이웃이나 학교에서 유용한 일을 맡긴다. 애완동물을 돌보거나, 요리를 하거나, 동생들에게 게임을 알려주거나, 가정형편이 어려운 아이에게 놀잇감을 만들어 주는 일 등은 남을 도울 줄 아는 심성을 기르는 데 도움이 된다. 물론 모든 아이들이 자발적으로 이런 일을 할 수 있는 건 아니다. 그러므로 누군가 아이들을 격려하고 가르쳐야 하며 때로는 강제로 시켜야 할 때도 있다.

2. 부모가 솔선수범한다

아이가 친절하고 대범하며 베풀 줄 아는 사람이 되길 바란다면 우선 부모가 솔선수범하여 아이에게 본을 보여야 한다. 부모의 말과 행동이 일관되지 않으면 아이도 그런 모습을 모방할 수밖에 없으며, 그러면 설사 부모의 원칙과 가르침이 하나하나 사리에 맞는다고 할지라도 아무런 소용이 없다.

3. 따뜻한 가정환경을 만든다

어떤 부모는 아이를 가르칠 때 격려하는 것을 잊지 않는다. 그런 부모의 아이는 늘 즐거운 마음으로 다른 사람을 돕고, 동정심을 가지며 남을 배려한다. 이는 아이가 부모의 행동을 모방한다는 것을 반영한다. 정서가 안정적인 아이는 늘 다른 사람을 돕는다. 아이가 그런 마음가짐을 유지하도록 노력하는 것은 상당히 가치 있는 일이다.

4. 규칙을 정하고 분명하게 설명한다

어떤 부모는 아이에게 "친구를 때리는 것은 친구를 아프게 하는 거야"라고 말하고 이런 행동이 가져올 결과를 설명해 주며 '다른 사람을 때리면 안 된다'는 원칙을 제시한다. 유대인 부모는 이런 방법으로 동정심이 많은 아이로 키운다.

많은 연구 결과에서 아이에게 다른 사람을 돕는 이유를 설명하고, 특히 다른 사람의 감정을 강조해서 알려주면 다정하고 우호적인 아이로 키우는 데 큰 도움이 된다는 것이 밝혀졌다.

인성이 성과를 좌우한다

가난이 불편한 건 사실이지만 부자라고 해서 꼭 좋은 것도 아니다.
반드시 자신의 힘으로 삶을 꾸려나가는 것이 중요하다.

★ ★ ★

유대인 부모는 아이에게 열의를 갖고 배워 지식을 쌓고 지혜를 모아야 한다고 가르친다. 그와 함께 인성의 중요성에 대한 교육도 놓치지 않는다. 유대인 부모는 아이가 어릴 적부터 훌륭한 인성을 갖추도록 늘 격려한다.

실제로 큰 성공을 거둔 사람들 중에 도덕성이 훌륭하지 않은 사람은 찾아보기 힘들다.

레닌의 부모인 울리야노프 부부는 자녀들의 도덕교육에 신중을 기했다. 부부는 아이들에게 늘 옳은 것을 설명해 주고, 본

보기를 보여주며 실천에 옮길 수 있도록 이끌어주었다. 잘못된 점이 있으면 바로바로 깨우쳐주고 인내심을 갖고 습관을 길러주는 등 어른을 공경하고 친절하고 대범하게 행동하도록 다양한 방법으로 가르쳤다.

울리야노프 부부는 아이들에게 어릴 때부터 말투에 신경 쓰고 절대 크게 소리치지 말라고 가르쳤다. 다른 사람에게 감정이 좋지 않아 불친절하게 대했다면 양해를 구하고, 친구의 발음이 부정확하다면 완곡한 어투로 발음을 수정해 주되 결코 비웃지 않아야 한다고 가르쳤다. 만약 아랫사람이 기분이 좋지 않거나 인상을 찌푸리고 있다면 위로해서 기분을 풀어주고, 잠들기 전에는 가장 어린 동생을 포함한 모두에게 인사하는 것을 잊지 말라는 가르침도 주었다. 울리야노프 부부에게서 올바르게 교육받은 레닌과 그의 형제들은 결코 무례하게 구는 법이 없었다. 또한 아주 어린 아이를 제외하고는 어느 누구에게도 무시하는 태도를 보이지 않았다.

레닌은 어린 시절부터 누구와 대화하든지 늘 상대를 존중하는 태도로 임했다. 자신을 가르치는 선생님이든 노역을 하는 일꾼이든, 가정부든 말이다. 때로는 카잔 지방의 코쿠시키노 마을에서 밤을 보내기도 했는데, 그럴 때면 농촌 아이들과 어울려 게임을 하기도 했다. 레닌은 늘 자신의 사촌을 대하듯 그곳 사람들을 대했다. 그는 또 매우 예의 바르게 다른 사람을 도왔다. 한번은 가난한 한 농민이 몰고 가던 수레가 도랑에 빠지자 레닌은 농민의 손을 잡아 끌어 올려주고, 심지어 그 농민이 바닥에 떨어뜨린 장갑까지 주워주며 아주 공손하게 이야기를 나눴다. 그리고 헤어질 때는 매우 깍듯하게 악수를 나누며 작별 인사를 했다. 레닌의 형인 알렉산드르 울리야노프도 아버지의 아랫사람과 만날 때마다 반갑게 안부를 묻고 헤어질 때는 포옹하며 작별 인사를 했다.

레닌을 아는 사람들은 이러한 그의 행동 하나하나에 찬사를 보냈다. 레닌은 길을 걸을 때 같이 가는 사람이 앞서게 했고 노인과 부녀자에게 자리를 양보했으며, 매우 작은 도움을 받아도 감사 인사를 잊지 않았다. 또 실수했을 때는 용서를 구했고 어머니의 손에 입맞춤을 했다. 더욱 대단한 것은 나무껍질을 엮은 신을 신든, 허름한 옷을 걸친 농민이나 노동자 사이에 있든, 이제 막 전선에서 돌아온 사병들 틈바구니에 있든, 레닌이 단 한 번도 이런 고귀한 품성을 잃지 않았다는 점이다. 언제나 따뜻하고 예의를 지키면서도 호방한 모습 덕분에 레닌은 대중과 늘 함께일 수 있었다. 대중은 레닌을 더없이 친근하게 느꼈고 기꺼이 속이야기까지 털어놓곤 했다.

아이에게 인성 교육을 할 때는 울리야노프 부부의 교육방식을 본받아 아이에게 '인성이 성과를 좌우한다'는 사실을 가르쳐야 한다.

그렇다면 아이의 인성 교육을 어떻게 해야 할까? 다음은 유대인들이 존경하는 퀴리 부인의 인성 교육법이다. 네 가지 측면을 요약하면 다음과 같다.

첫째, 아이들에게 조국을 사랑해야 한다고 가르쳤다. 아이에게 폴란드어를 가르친 것 이외에도 조국의 과학 발전을 위해 매진했고, 폴란드 유학생인 엘레나와 이브를 도왔다. 퀴리 부인이 최초로 발견한 새로운 원소의 이름을 조국 폴란드에서 따와 '폴로늄'으로 지은 것은 조국에 대한 그녀의 애틋함과 진심 가득한 사랑을 고스란히 보여준다.

둘째, 용감하고 낙관적이며 강인하고 고난을 극복할 수 있는 품성을 가진 아이로 키웠다. 퀴리 부인은 두 딸에게 "늘 같은 마음으로 살아야 하며, 특히 자신감을 잃지 말아야 한다"라고 강조했다.

셋째, 공상가가 아닌 현실적인 아이로 키웠다. 퀴리 부인과 자녀들은 "인생을 허투루 살면 안 된다"라며 서로 용기를 북돋웠다.

넷째, 근검절약하는 아이로 키웠다. 두 딸에 대한 퀴리 부인의 사랑은 이성적인 사랑이자, 절제된 사랑이라고 할 수 있다. 퀴리 부인은 두 딸의 생활을 엄격히 관리하고 '절약하여 뜻을 이루도록' 가르쳤다. 그녀는 딸에게 "가난이 불편한 건 사실이지만 부자라고 해서 꼭 좋은 것도 아니다. 반드시 자신의 힘으로 삶을 꾸려나가는 것이 중요하다"라고 가르쳤다.

모든 부모가 유대인처럼 아이의 인성 교육을 중요시해야 한다. 아이가 철이 들며 세상을 알아가기 시작하면 예로부터 내려오는 선행을 베푸는 이야기들을 들려주고, 자애와 우정, 도량과 용기, 마지막으로 희생을 가르쳐 훌륭한 인성을 갖춘 아이로 키워야 한다.

편견 없이 사랑할 줄 아는 아이로 키워라

부모와 아이가 함께 봉사활동에 참여해 정기적으로 다른 사람을 돕는다면, 다른 사람을 돌아볼 줄 아는 품성과 친화력을 갖춘 아이로 키울 수 있다. 뿐만 아니라 사회생활에 필요한 많은 기능도 함께 배워나갈 수 있다. 아이들은 봉사활동을 통해 협력의 중요성을 배우고 중도에 포기하지 않고 끝까지 해나가는 것의 가치를 이해하게 된다.

★ ★ ★

미국과 유럽 각국의 유대인 커뮤니티에서는 정기적으로 사회봉사활동을 하는데, 아이들도 취약계층을 돕는 이 봉사활동에 참여한다. 봉사활동을 통해 아이들은 직접 다른 사람을 돕는 경험을 하며 봉사의 진정한 의미를 되새기고, 이와 더불어 다른 사람을 도우며 편견 없이 사랑할 줄 아는 사람으로 자랄 수 있다.

부모와 아이가 함께 봉사활동에 참여해 정기적으로 다른 사람을 돕는다면 다른 사람을 돌아볼 줄 아는 품성과 친화력을 갖춘 아이로 키울 수 있다. 그뿐만 아니라 사회생활에 필요한 많은 기능도 함께 배워나갈 수 있다. 아이들은 봉사활동을 통해 협력의 중요성을 배우고 중도에 포기하지 않고 끝까지 해나가는 것의 가치를 이해하게 된다.

만약 부모가 특정 종교나 커뮤니티 회원이 아니어서 아이에게 이런 활동에 참여할 기회를 제공할 수 없다면, 다음과 같은 활동을 통해 편견 없이 사랑할 줄 아는 아이로 키울 수 있다.

- 식사 준비 돕기
- 멸종위기 동물을 구제하는 조직에 참여하기
- 이웃이 청소하는 것을 돕기
- 어르신께 신문 읽어드리기
- 더 어린 아이에게 가정교사가 되어주기
- 몸이 아픈 친구와 함께 놀기

물론 가장 좋은 방법은 부모와 아이가 함께 하는 것이다. 우선 아이의 흥미를 끌면서도 가족 구성원들에게 의미 있는 활동을 선택해야 한다.

품격 있는 사람은 밝을 때 활동한다

품격 있는 사람들은 영원히 밝을 때 활동하며 하는 일에도 큰 어려움이 없다. 반면에 악랄한 품성의 소유자들은 마음을 수양해야 하는 이유조차 알지 못한 채 영원히 어둠 속을 걷는다.

★ ★ ★

꽤 명망 있는 고위 관리가 유대인 대철학자 스피노자를 찾아갔다. 이 고위 관리는 볼품없는 잠옷을 걸친 스피노자를 보고는 경악을 금치 못하며 얼른 가서 새 옷으로 갈아입고 와주길 바랐다. 그러자 스피노자는 아주 평온하게 말했다.

"좋은 잠옷을 입는다고 해서 가치가 올라가지 않듯이, 가치 없는 물건을 값비싼 포장지로 싸는 건 아주 비합리적인 처사지요."

스피노자의 이 말은 비록 요즘과 같은 자본주의 사회의 조류에는 부합하지 않더라도 품격의 의미는 잘 설명하고 있다. 《구약성경》은 유대인들의 영원한 성서이고, 《탈무드》는 유대인의 실질적인 생활 지침서다. 그런 《탈무드》에서 가장 강조하는 것이 바로 윤리와 도덕이며, 이는 인간의 주요 품성의 기본 바탕을 구성한다.

겸허함은 사람들에게 힘을 실어준다.

《탈무드》는 사람들에게 말한다.

"자신이 저지른 잘못을 숨기듯이 자신의 장점과 공로도 최대한 숨겨야 한다. 지식의 길에 오르는 것은 겸허의 경지에 오르는 것이다."

유대인의 역사 속 지혜로운 랍비들은 어떤 사람을 만나더라도 자신보다 나은 부분이 있다고 생각했다.

- 나보다 연장자를 만나면 나보다 선행을 베풀 기회가 더 많았을 테니 나보다 낫다고 여긴다.
- 나보다 어린 사람을 만나면 나보다 지은 죄가 적을 테니 존경한다.
- 나보다 형편이 좋은 사람을 만나면 나보다 더 많은 노력을 기울였을 거라고 생각한다.
- 나보다 가난한 사람을 만나면 내가 겪지 못한 고통을 맛보았을 테니 나보다 많이 수양했다고 여긴다.

- 나보다 똑똑한 사람을 만나면 그의 지혜에 경의를 표한다.
- 나보다 덜 똑똑한 사람을 만나면 나보다 실수를 덜 할 것이라고 생각한다.

유대인들은 다른 사람의 찬사를 받기 위해 자신의 겸허함을 뽐내는 것을 가장 비열한 행위로 여긴다. 유대인들이 말하는 진정한 겸허란 의식적으로 내보이는 게 아니라 자연스럽게 드러나는 것이다.

'포도는 영글수록 더 아래로 늘어지고 위대한 사람일수록 편히 다가갈 수 있다'라는 유대인의 속담이 있다.

물은 높은 곳에서 낮은 곳으로 흐른다. 흐르지 않고 고인 물은 금세 썩고 더러운 것들이 쌓인다. 높은 곳에서 아래로 흐르는 물이야말로 청정수다.

한 유대인 아버지는 아들에게 이렇게 말했다.

"품격 있는 사람들은 영원히 밝을 때 활동하고 하는 일에도 큰 어려움이 없다. 반면에 악랄한 품성의 소유자들은 수양해야 하는 이유조차 알지 못한 채 영원히 어둠 속을 걷는다."

미덕은 행동으로만 보여줄 수 있다

온 마음을 다해 신을 섬기고 이웃을 내 몸처럼 사랑해야 한다.

★ ★ ★

기원전 고대 이스라엘의 율법사는 교리를 전하고 백성들을 일깨우는 임무를 맡았다. 시간이 흐르면서 일부 율법사들은 지고지상(至高至上)의 교리를 등에 업고 마치 자신들이 정의와 도리의 화신이 된 듯 행동했다. 하지만 그들의 행동은 종종 교리와는 결이 다른 모습을 보였다.

그런 율법사들의 행동에 분노한 랍비들은 사람들이 많이 모인 장소에서 그들의 허위를 폭로했는데, 이는 율법사들을 불쾌하게 했다. 하루는 지위가 높은 한 율법사가 랍비와 다툼을 벌이려고 찾아와 말했다.

"대체 내가 어떻게 해야 당신이 말하는 영생을 얻을 수 있습니까?"

"당신은 율법사입니다."

랍비가 말했다.

"율법에 쓰여 있는 내용을 기억합니까?"

"물론입니다."

율법사는 조금도 주저하지 않고 말했다.

"《탈무드》에는 이렇게 나와 있습니다. '온 마음으로 최선을 다해 당신의 신을 섬기고 이웃을 내 몸처럼 사랑해야 한다.' 저는 이 내용을 아주 예전부터 분명하게 외고 있습니다."

랍비는 옅게 미소 지으며 말했다.

"당신이 말한 대로만 한다면 영생할 수 있을 것입니다."

율법사는 자신이 이를 해낼 수 없다는 것을 알고는 일부러 랍비에게 시비를 걸었다.

"그럼 내 이웃이 누구란 말입니까?"

랍비는 직접 답하지 않고 다음과 같은 이야기를 들려주었다.

"예전에 어떤 사람이 예루살렘에서 예리코로 가던 도중 강도를 만났습니다. 강도는 그 사람의 돈을 빼앗고, 흠씬 두들겨 패고는 길가에 버려두고 갔습니다. 잠시 후 한 제사장이 그 길을 지나가다가 주변에 아무도 없는 걸 확인하고는 피 흘리며 쓰러져 있는 그 사람을 피해 멀리 돌아서 가버렸습니다. 얼마 지나지 않아 한 상인 역시 그 길을 지나가면서 자기 돈주머니만 꽉 쥐고는 얼른 그 위험한 곳을 빠져나왔지요. 오직 한 사마리아인만이 그곳을 지나가다가 다친 사람을 구해 부근의 숙소로 가서 치료해 줬습니다. 그 비용도 물론 자기가 부담했고요."

랍비는 이야기를 마치고 율법사에게 물었다.

"이 세 사람 중 누가 다친 사람의 이웃일까요?"

율법사는 얼굴이 벌게져 대답할 수밖에 없었다.

"당연히 그 사마리아인이지요."

랍비는 이어서 말했다.

"아주 정확합니다. 당신도 그 사마리아인처럼 하면 됩니다!"

한 유대인 교육자는 미덕은 행동으로만 보여줄 수 있다고 말했다. 유대인 부모는 아이들에게 이 이야기를 들려주며, 그 율법사처럼 스스로 고상한 줄 여기고 무엇이든 다 안다고 생각하면서도 행동으로 옮기지는 않는 사람이 되어선 안 된다고 가르친다.

어떤 상황에서든 도덕을 지켜야 한다

어떤 상황에서든 올바른 도덕을 지켜야 한다.

이는 사회의 일원이 되기 위한 중요한 조건이다.

★ ★ ★

유대인들은 자신의 품행뿐만 아니라 아이의 품행을 가르치는 데도 소홀함이 없다. 다음 이야기는 유대인들의 방식을 생생하게 보여준다.

열한 살이었던 빌은 호수 가운데 작은 섬에 있는 아버지의 조그만 나무집 근처에서 틈틈이 낚시를 했다.

어느 날 저녁 무렵, 빌은 아버지와 함께 낚싯대에 미끼를 끼우고 릴낚싯대를 물속에 던졌다. 미끼가 물속으로 잠기며 석양 아래 수면 위로 잔잔한 물결이 생겼다. 시간이 더 지나자 달빛이 호수 면에 비치며 은빛 물결이 찰랑거렸다.

낚싯대가 둥그렇게 휘는 것을 본 빌은 큰 물고기가 미끼를 물었다는 것을 알아차렸다. 빌의 아버지는 아들을 대견하게 바라보았다.

빌은 기진맥진한 물고기를 조심스럽게 수면 위로 잡아 올렸다. 그것은 지금까지 한 번도 본 적 없는 매우 큰 농어였다!

부자는 달빛 아래서 이 신비롭고 아름다운 큰 물고기를 바라보았다. 물고기가 끊임없이 입을 뻐끔거렸다. 아버지가 시계를 보니 저녁 10시였다. 농어를 잡아도 되는 시기가 시작되기까지는 아직 두 시간이 더 남아 있었다.

"얘야, 이 물고기를 놔줘야겠다."

아버지가 말했다.

"왜요?"

아들이 당황하여 되물었다.

"아직 금어기가 끝나지 않았거든."

아버지가 말했다.

"하지만 이렇게 큰 건 잡기 힘든데."

아들은 이렇게 중얼거리며 호수 주변을 돌아봤다. 달빛 아래 호수에는 어선도, 낚시꾼도 없었다. 아들은 다시 아버지를 바라봤다.

보는 사람이 아무도 없는 데다, 언제 또 이렇게 큰 물고기를 잡을지 몰랐다. 하지만 아들은 아버지의 단호한 목소리에 더 이상 생각할 여지가 없음을 알았다. 아들은 커다란 농어의 입에서 느릿느릿 미끼를 빼고 물속에 놓아주었다.

물고기는 힘차게 지느러미를 움직이며 물속으로 사라졌다. 아들은 속으로 생각했다.

'다시는 이렇게 큰 물고기를 잡을 수 없을 거야.'

이때로부터 34년이 흘러 빌은 유명한 건축가가 되었다. 빌의 아버지는 여전히 호수 안 작은 섬의 나무집에서 생활하며 자식들과 함께 낚시를 즐긴다.

어린 시절에 예상한 대로 이후 빌은 그날 저녁에 잡았던 것만큼 큰 물고기를 낚지 못했다. 하지만 이 커다란 물고기는 때때로 한 번씩 빌의 눈앞에 나타났다가 사라졌고, 빌이 도덕적인 문제에 직면할 때마다 눈앞에 나타났다.

유대인들은 자신의 아이에게 어떤 상황에서든 도덕적으로 행동해야 하며 이는 사회의 일원이 되기 위한 중요한 조건이라고 가르친다.

시간에 여유가 있다면 봉사하라

만약 구할 수 있었는데도 구하지 않았다면 그 사람은
'피 흘리는 이웃을 보고 수수방관하지 마라'라는 계율을 어긴 것이다.

★ ★ ★

친화력 있고 깊은 생각과 책임감을 가진 아이로 키우고 싶다면 꼭 해야 할 한 가지가 있다. 바로 아이에 대한 기대를 높이는 것이다.

유대인 부모와 아이는 늘 커뮤니티 봉사에 참여하여 도움의 손길이 필요한 사람을 정기적으로 돕는다. 이를 통해 아이는 다른 사람에게 관심을 기울이는 품성을 기르는 동시에 많은 기능을 배울 수 있다. 아이가 어릴 때 유대인 부모는 아이들에게 종종 다음의 일들을 시킨다.

1. 멸종위기의 동물을 구하는 단체에 참여하기
2. 이웃의 청소 돕기
3. 어르신께 신문 읽어주기
4. 더 어린 아이에게 가정교사가 되어주기
5. 아픈 아이와 놀아주기

6. 신문에 건의하는 글 기고하기
7. 커뮤니티나 공공장소를 관찰하고, 도움이 되도록 자신의 견해를 담은 글 제시하기
8. 동물 보호소에 가서 유기된 동물 입양하기
9. 기부하고 공익활동에 참가하기

유대인 부모는 아이가 이런 활동에 참여할 때 함께하기 위해 최선을 다한다. 또 자신과 아이에게 의미 있는 일을 선택하려고 애쓴다. 부모가 남을 동정하는 모습을 자주 보여주는 것은 아이에게 자연스러운 최선의 교육이 된다.

유대인 부모는 때때로 가정에서 아이에게 감성적인 영화를 보여준다. 아이가 영화 속 취약계층을 보면서도 아무런 감정을 느끼지 못하고, 심지어 그들의 아픔을 보면서 즐거워하는 모습을 보이면 올바르게 교육한다.

생활 속에서 만약 아이가 친구나 또래 혹은 다른 사람들에게 무관심하다면, 입장을 바꿔서 다른 사람이 자신에게 이렇게 군다면 어떤 기분일지 생각해 보게 한다.

동정심이 없는 아이는 일의 이치를 이해하지 못하고 부모의 어려움을 안타까워하지도, 이해하지도 못한다. 오히려 부모에게 냉정하고 심지어 부모를 버릴 수도 있다. 동정심이 없는 사람은 자신의 부모를 진심으로 사랑할 수 없다.

《성경》에서는 "만약 구할 수 있었는데도 구하지 않았다면 그 사람은 '피 흘리는 이웃을 보고 수수방관하지 마라'라는 계

율을 어긴 것이다"라고 말한다.

비록 자신의 목숨을 희생해서 다른 사람을 구할 의무는 없지만, 모든 사람에게는 위험에 처한 사람을 구하기 위해 최선을 다해 구할 의무가 있다.

값을 충분히 치른 물건만 가져갈 수 있다

어떤 사람이 진정으로 청렴결백하고 성실한지는
돈을 대하는 태도를 보면 알 수 있다.
돈 문제에서 믿을 만한 사람만이 청렴결백하고 성실하다고 할 수 있다.

★ ★ ★

랍비인 시몬 벤 셀타는 벌목으로 생계를 이어가느라 매일 땔감을 등에 지고 산에서 마을로 내려가 팔았다. 그는《탈무드》를 연구할 시간을 벌기 위해 나귀를 한 마리 사기로 했다.

랍비는 시장에 가서 한 아랍 상인에게 나귀를 한 마리 사서 돌아왔다. 랍비의 학생들이 나귀의 피곤한 모습을 보고 물가로 가서 목욕을 시키고 돌아오는데, 나귀의 목덜미에서 적어도 10캐럿은 되어 보이는 다이아몬드가 떨어졌다.

학생들은 환호성을 질렀다. 이제 랍비가 가난에서 벗어나《탈무드》연구에 매진할 수 있을 테니, 학생들에게 더 훌륭한 수업을 해줄 수 있을 거란 기대에서였다.

하지만 학생들이 랍비에게 다이아몬드를 전하며 어떻게 된 일인지 설명하자, 랍비는 물가에서 나귀를 끌고 올 새도 없이 다이아몬드를 손에 쥐고는 시장으로 급히 달려갔다. 그리고 나귀를 판 아랍 상인을 찾아가 다이아몬드를 돌려줬다.

아랍 상인이 어리둥절한 표정을 짓자 랍비는 말했다.

"저는 나귀를 샀지, 다이아몬드를 사지 않았습니다. 제겐 나귀의 소유권만 있을 뿐이니, 나귀 목덜미에서 나온 다이아몬드는 당신에게 돌려줘야 합니다."

아랍 상인은 크게 놀랐고 이어서 경이로운 눈빛으로 랍비에게 물었다.

"당신은 나귀를 사갔고, 다이아몬드는 나귀의 몸에 있었습니다. 돌려주지 않았다면 저는 아무것도 몰랐을 겁니다. 어째서 이렇게 돌려주시는 겁니까?"

랍비는 편안하게 대답했다.

"이것은 유대인의 전통입니다. 신께서 저희 손은 깨끗하며, 충분히 값을 치른 물건만 가져갈 수 있다고 가르치셨습니다. 그래서 다이아몬드를 돌려드린 겁니다."

《탈무드》에는 다음과 같이 쓰여 있다.

"어떤 사람이 청렴결백하고 성실한지는 돈을 대하는 태도를 보면 알 수 있다. 돈 문제에서 믿을 만한 사람만이 청렴결백하고 성실하다고 할 수 있다."

제 5 장

가보지 않고서는 얼마나 아름다운지 알 수 없다

유대인의 생활 교육법

두려워할 필요 없다. 어수선한 세상에서 벗어나 용기와 힘을 내어 자신이 꿈꾸는 삶을 살면 된다.

자기 일은 스스로 하라

자신의 일은 스스로 해야 한다. 설령 다른 사람이 한 것만큼 결과가 잘 나오지 않더라도 결국은 자신이 노동한 결과물이다. 한 번, 또 한 번, 실수를 거듭해야만 비로소 완성된 결과물을 얻을 수 있는 법이다. 늘 다른 사람에게 기대기만 한다면 평생 가난과 굽실거림으로 얼룩진 삶을 살 수밖에 없다.

* * *

유대인들은 종종 아이들을 이렇게 교육한다.

"자신의 일은 스스로 해야 한다. 설령 다른 사람이 한 것만큼 결과가 잘 나오지 않더라도 결국은 자신이 노동한 결과물이다. 한 번, 또 한 번, 실수를 거듭해야만 비로소 완성된 결과물을 얻을 수 있는 법이다. 늘 다른 사람에게 기대기만 한다면 평생 가난과 굽실거림으로 얼룩진 삶을 살 수밖에 없다."

유대인들은 아이들이 능력을 갖추고 자신의 자리를 찾아야만 가정과 사회에서 더 쉽게 소통하고 주변 환경의 변화에 더 쉽게 적응할 수 있다고 여긴다.

한 유대인 사업가에게 아들이 둘 있었다. 그 유대인 아버지는 큰아들을 편애한 나머지 전 재산을 큰아들에게 주기로 마음먹었다. 어머니 입장에서는 작은아들이 안쓰럽기 그지없었다. 그래서 남편에게 유산에 관련된 얘기는 굳이 하지 말아달라고 부탁했다. 어머니는 어떻게든 방법을 찾아 두 아들에게 공평하게 재산을 나눠 주고 싶었다. 사업가는 부인의 이야기를 듣고 당분간은 재산 분할에 대해 말을 꺼내지 않기로 했다.

그러던 어느 날 두 아들의 어머니가 속상해서 창가에 앉아 울고 있는데, 지나가던 사람이 그 모습을 보고는 무슨 일로 그렇게 상심했느냐고 물었다. 어머니는 말했다.

"제가 어떻게 속이 상하지 않을 수 있겠어요. 두 아들 모두 똑같이 귀한데 남편이 큰아들에게만 재산을 주려고 해서 작은 아들은 한 푼도 받을 수 없게 되었지요. 제가 어떻게든 방법을 찾아보려고 남편에게 아직은 아들들에게 얘기하지 말아 달라고 했지만 도무지 방법을 찾을 수가 없네요."

지나가던 사람이 말했다.

"아주 간단한 문제입니다. 그냥 남편더러 두 아들에게 재산 분할 이야기를 하라고 하세요. 그러면 큰아들은 큰돈을 물려받게 될 테고, 작은 아들은 한 푼도 받지 못하겠지요. 하지만 두 아들 모두 각자 알아서 할 겁니다."

작은아들은 아무것도 물려받지 못한다는 사실을 알고는 예루살렘으로 떠나 살길을 찾았다. 그는 그곳에서 기술을 배우고 지식도 쌓았다. 하지만 큰아들은 부모에게 기댄 채 아무것도 배우지 않았다. 아버지가 세상을 떠나자, 할 줄 아는 게 하나도 없었던 큰아들은 결국 그 많던 재산을 다 탕진해 버리고 말았다. 하지만 작은아들은 돈 버는 법을 익혀 부자가 되었다.

실제로 선진국 부모들은 학교를 다니는 자식들에게 '야박'하다. 일본의 많은 학생들은 학교가 끝나면 식당에서 서빙이나 설거지를 하거나 과외, 판매, 어르신 돌보기와 같은 아르바이트를 하며 학비와 용돈을 번다. 미국은 예나 지금이나 아이의 자립심 키우는 것을 중요시한다. 일곱 살쯤 된 아이가 '꼬마 장사꾼'이 되어서 자신의 '상품'을 팔아 용돈을 벌기도 하고 중학생들의 머릿속에는 '용돈은 자기가 벌어야 한다'는 개념이 박혀 있다. 그래서 방학이 시작되면 용돈을 벌기 위한 '알바족'이 된다.

요즘에는 외동이 많다 보니 물질적으로도 여유가 있고, 많은 부분을 어른들이 대신해 주니 손 하나 까딱하지 않는 경우가 부지기수다. 이런 환경에서 자란 아이들이 독립적인 생활을 할 만한 능력을 키우기는 결코 쉽지 않다. 이렇게 자란 아이들은 앞으로 사회 경쟁에서 상당히 불리해질 수 있다. 유대인 부모들은 어릴 때부터 아이에게 독립적인 능력을 키워주려고 노력한다. 이들은 아이가 큰 나무에 숨어 비바람을 피하는 힘

없고 여린 풀이 아니라 홀로 굳건히 서서 비바람을 견디는 큰 나무가 되도록 키운다.

돌 정도 된 사내아이가 작은 손으로 젊은 어머니의 손을 잡고 공원 광장에 가려고 했다. 광장에 가려면 십여 개의 계단을 올라야 했다. 사내아이는 순간 어머니의 손을 뿌리치고 홀로 기어 올라갔다. 아이가 통통하게 살이 오른 작은 손으로 기어 오르는데도 어머니는 아이를 안아 세울 생각이 없어 보였다. 두 계단 정도 기어 오른 아이는 계단이 너무 높아 보였는지 뒤돌아 어머니를 바라봤다. 하지만 어머니는 도와주지 않고 대신 사랑과 응원이 가득 담긴 눈빛으로 아이를 마주 바라봤다. 아이는 다시 고개를 들어 위를 쳐다보더니 어머니에게 안기겠다는 생각은 포기하고 다시 두 손과 두 발로 조심조심 기어 오르기 시작했다. 작은 엉덩이를 치켜들고 끙끙대며 오르는 아이의 얼굴은 벌겋게 달아올랐다. 옷에는 흙이 잔뜩 묻었고 작은 손도 더러워졌다. 하지만 아이는 끝까지 올라갔다. 젊은 어머니는 그제야 아이의 몸에 묻은 흙을 털어주며 벌게진 아이의 작은 얼굴에 입맞춤을 해주었다.

이 작은 사내아이는 훗날 미국의 16대 대통령이 된 링컨이고, 그 어머니는 바로 낸시 행크스 여사다.

이처럼 인생을 살아가려면 학업, 일, 삶과 관련된 수많은 계단을 올라가야 한다. 부모는 아이에게 인생을 살아가며 만날 이 수많은 계단들을 오르도록 어떻게 가르쳐야 할까? 손을 잡고 부축해 주면서? 아니면 안고서? 부모마다 각기 다른 답안이 있을 것이다. 부모가 끌고 부축하며 올라가는 아이들은 부모에 대한 의존도만 높아지고 부모를 인생의 지팡이로 여겨 결국 홀로서기에 실패할 것이 분명하다. 또 부모가 아이를 강보에 싼 채 안고 올라간다면 그 아이는 평생 강보에 싸인 채 살아갈 것이다. 세상에 발을 내디디고 비바람을 겪지 않고서는 사회에 뿌리내릴 수 없다. 아이들은 손가락 하나 까딱하지 않는데, 부모는 아이들을 데려다주고 데려오고 저녁에는 학원에 '모시고' 가고, 심지어 대입 시험장까지 따라가는 '보모' 역할을 자처한다. 또 아이가 학교를 졸업하고 취직하려고 하면 직장까지 찾아주는 '직업소개소' 역할까지 마다하지 않는다. 이렇게 자란 아이는 결코 자신의 자리에서 큰일을 해낼 수 없다.

유대인 부모들은 부(富)로써 아이가 부(富)를 가지게 키울 수 없고, 아이가 고생도 맛보며 스스로 '계단'을 올라가야 한다고 생각한다. 그래야만 용기 있고 씩씩한 모습으로 찬란하게 빛날 높은 곳에 오를 수 있기 때문이다.

노동 교육은 두 살 때부터 시작하라

아이에게 일찍부터 총기가 흐르든, 대기만성형이든, 아이의 성취는 환경에 직접적인 영향을 받는다. 아이가 받는 교육도 개개인의 노력과 밀접한 관련이 있다. 따라서 의식적으로 아이에게 노동 습관을 길러준다면 향후 아이의 발전에 큰 도움이 될 것이다.

★ ★ ★

옛날 유대인 마을에 어떤 사람이 살았다. 이 사람은 스스로 할 줄 아는 게 하나도 없어서 먹고살 길이 막막했다. 그래서 매일 구걸하며 궁핍한 삶을 이어갔다. 이 마을은 그리 크지 않아서 그가 날마다 찾는 집은 골목에 위치한 몇몇 집들이었다. 처음에는 마을 사람들도 동정심에 남은 찬과 밥을 나눠줬지만 시간이 가면서 그 횟수가 잦아지자 점점 귀찮아졌다. 결국 더 이상 아무도 음식을 주려 하지 않았기에 그는 매일 고픈 배를 움켜쥐고 참을 수밖에 없었다.

때마침 한 마의(馬醫)가 일을 도와줄 조수를 찾고 있었다. 이 거지는 직접 마의를 찾아가 마구간에서 잡일이라도 할 테니 하루 세 끼만 달라고 청했다. 이렇게 해서 그는 더 이상 구걸하지 않아도 되었고 늦은 밤까지 거리를 방황할 필요도 없어졌다. 생활이 안정되자 그의 삶은 점점 안정되었고 일솜씨도 많이 늘었다. 하지만 주변의 어떤 이들은 그를 비웃으며 말했다.

"마의란 본래 천한 직업인데, 입에 풀칠이라도 하겠다고 그런 마의의 조수를 하나 보군. 치욕스럽지 않소?"

과거 거지였던 그는 평온하게 답했다.

"나는 세상 천하에 가장 치욕스러운 건 기생충이라고 생각합니다. 지난날 거지로 살았던 것처럼 말이지요. 과거에 먹고 살기 위해 밥을 빌어먹는 것도 치욕스럽게 여기지 않았는데, 어찌 마의를 도우며 내 손으로 벌어 먹고사는 지금 치욕스럽다고 느끼겠습니까?"

이야기 속 등장인물이 지닌 삶의 태도는 올바르다. 노동에는 귀천이 없으며, 어떤 상황에서라도 스스로 나 자신을 지킬 수 있으면 된다.

유대인들은 총기가 있고 부지런하게 움직일 줄 알아야 성과를 얻을 수 있다고 생각한다. 그래서 노동을 좋아하는 아이로 키우는 것을 아이의 전면적인 발전을 위해 중요한 수단이자 조기교육의 중요한 한 부분으로 여긴다. 유대인들은 인간의 심신 발달에서 중요한 단계인 유아기를 이용하여 조기에 노동교육을 실시한다. 아이들이 즐겁고 쉽게 다양한 노동을 하면서 전면적인 발달을 이루게 하는 것이다. 유대인들은 아이가 어릴 때부터 '스스로 할 수 있는 일은 스스로 하게' 함으로써 어려움을 극복할 수 있다는 자신감과 능력을 길러주고 독립심을 키워준다. 그리고 아이가 한 살, 두 살 나이를 먹을수록 사회 구성원으로서 일할 수 있다는 긍정적인 의식도 길러준다.

한 유대인 부모는 다음과 같이 말했다.

"내게는 일곱 명의 아이가 있고 가정 형편도 꽤 여유롭습니다. 하지만 나는 아이들에게 다양한 노동 기술을 배울 기회를 주기 위해서 매년 여름이면 한동안 산에서 지냅니다. 그곳에서 아이들에게 소 키우기, 나무 베기, 수로 파기, 외양간 만들기, 말 목욕시키기와 같은 산속 생활을 경험하게 하죠. 저는 매일 아이들에게 임무를 맡깁니다. 큰아이들에게는 수로를 파거나 외양간을 짓게 하고, 어린아이들에게는 더 어린 동생을 돌보게 합니다. 이렇게 하는 이유는 아이들이 자기가 맡은 일을 하면서 문제를 발견하고 해결하며 어떻게 어려움을 극복하는지 배우게 하기 위해서입니다. 아이들은 산속에서 지내며 많은 경험을 하고 각양각색의 식물들을 접하며 다른 아이들에 비해 다양한 것들을 배웁니다. 또 노동을 하면서 기술과 문제해결 방법을 배워 공부하는 데 활용하기도 합니다. 더 중요한 것은 아이들이 고생을 두려워하지 않게 되었다는 사실입니다. 저의 아이들 일곱 명은 이미 대학을 마치고 일하고 있습니다. 아이들이 자라온 과정을 되돌아보면, 산에 데려가서 생활했던 경험이 아이들에게 긍정적인 영향을 준 것 같습니다."

부모는 아이가 사회 구성원으로서 일하는 것을 긍정적으로 의식하게 키워야 한다. 그래야만 아이의 신경계통, 골격, 근육 및 각 부분들이 단련되고 동시에 올바른 공중도덕도 배울 수 있다. 유대인들은 인간의 심신 발달 과정에서 중요한 단계인 유아기를 이용하여 조기에 노동 교육을 실시한다. 이로써 아이들은 즐겁고 쉽게 다양한 노동을 접하며 심신을 고르게 발달시킬 수 있다.

유대인 부모들의 조기 노동 교육은 일반적으로 세 가지 측면에서 이뤄진다.

첫째, 고정적인 노동을 맡긴다. 아이에게 설거지, 이불 깔기와 같은 고정된 노동을 장기간 맡기고 구체적인 기준을 정한다. 잘 해냈다면 일정한 보상을 해준다. 아이가 맡은 일을 일부러 하지 않았다면 대화를 나누며 어떤 마음으로 그랬는지 살펴보고 구체적인 상황에 따라 해결한다.

둘째, 노동 기술을 수시로 가르친다. 설거지를 시키면 그릇을 깨는 것처럼 아이에게 일을 맡기면 엉망이 되기 일쑤다. 그렇더라도 절대로 나무라서는 안 되고, 그만두게 해서는 더더욱 안 된다. 어떻게 해야 하는지 방법을 알려준다.

셋째, 맞춤형 일을 맡긴다. 여기에는 두 가지 원칙이 있는데 하나는 '추진'이다. 아이의 장점을 고려하여 그와 관련 있는 일을 선택한다. 아이가 어머니가 요리하는 모습을 지켜보는 걸 좋아한다면 아이가 직접 요리해 보게 할 수 있다. 다른 하나는 '보완'이다. 아이에게 취약한 부분이 있다면 그 부분을 단련할 수 있는 일을 맡긴다. 예를 들어 수줍음을 타는 아이라면 물건 사는 일을 맡겨볼 수 있다.

아이에게 일찍부터 총기가 흐르든, 대기만성형이든, 아이의 성취는 환경에 직접적인 영향을 받으며, 아이가 받는 교육은 개인의 노력과 밀접한 관련이 있다. 따라서 의식적으로 아이의 노동 습관을 길러준다면 향후 아이의 발전에 큰 도움이 될 것이다.

신중하게 생각할수록 더 안전하다

무슨 일을 할 때 방법을 모른 채 힘으로만 하려고 들면 효과가 크게 떨어진다. 예컨대 홈런을 칠 만한 능력을 가진 선수라고 해도 정확한 자세를 모른 채 방망이를 휘두른다면 실수할 가능성이 높다.

★ ★ ★

유대인들은 무슨 일을 하든 신중하게 생각하고 세심하게 행동해야 한다고 아이들에게 가르친다.

어린 시절 아이는 유혹 가득한 세상에서 무지(無知)하다는 이유로 쉽게 상처를 입는다. 그래서 아이들의 성장 과정에는 세심하고 책임감이 있으며, 아이의 몸과 마음의 성장을 잘 이해하는 어른이 필요하다. 그래야만 생활 속에서 마주하는 어려움을 현명하고 지혜롭게 헤쳐 나갈 수 있다. 만약 부모가 지나치게 간섭하면 아이는 독립성을 키울 기회를 놓치고 부모에게만 의지한 채 부모가 정해준 시간에, 정해준 일들을, 정해준 방법대로만 하게 된다. 무슨 일을 하기 전에 부모의 눈치를 먼저 살피는 아이들을 주변에서 쉽게 볼 수 있다. 이런 환경에서 아이들이 어떻게 과감하게 도전하고 문제를 해결하는 방법을 배울 수 있겠는가?

고대 이집트의 한 장군이 어떤 산적 두목을 불러 자신의 호위를 맡겼다. 호위무사가 된 산적 두목은 힘은 장사였으나 안타깝게도 섬세하지 못하고 머리를 쓸 줄 몰랐다. 하루는 장군은 말을 타고, 그는 걸어서 어딘가로 향하던 도중 나무 그늘에서 잠시 휴식을 취하게 되었다. 개미 떼가 땅 위에서 나무를 타고 오르는 모습을 본 장군이 호위무사에게 말했다.

"저 개미들을 잡아보게."

호위무사가 주먹을 쥐고 온 힘을 다해 내리치자 땅이 움푹 들어갔다. 하지만 개미들에게는 아무 일도 일어나지 않았다. 다시 기합 소리를 더해 힘을 주어 내리쳤지만 개미들은 여전히 무사했다. 작은 개미들이 죽지 않자 당황한 나머지 호위무사의 얼굴이 벌겋게 달아올랐다. 장군이 말했다.

"내가 하는 걸 보게나."

장군이 손가락을 뻗어 가볍게 누르니 개미가 여러 마리 죽었다. 어안이 벙벙해진 호위무사에게 장군이 말했다.

"제아무리 대단한 용기와 힘이 있어도 전략과 지혜가 반드시 필요한 법이야. 그래야만 큰일을 해낼 수 있지."

무슨 일을 할 때 방법을 모른 채 힘으로만 하려고 들면 효과가 크게 떨어진다. 예컨대 홈런을 칠 만한 능력을 가진 선수라고 해도 정확한 자세를 모른 채 방망이를 휘두른다면 실수할 가능성이 높다.

일반적으로 영유아 시기에는 부모들이 명령하는 위치에서 아이에게 사사건건 지시한다. 그러다 보니 아이는 능동적으로 생각한 것들을 구현해 낼 기회를 얻지 못한다. 따라서 부모는 아이에게 무언가를 해내는 능력을 길러주기에 앞서 아이가 독립적으로 생각하는 법을 터득하도록 훈련하는 데 집중해야 한다. 그렇다면 자주적인 사고를 하는 아이로 키우기 위해 부모는 어떤 노력을 기울여야 할까?

1. 아이와 일하는 즐거움을 함께 나눈다

올바른 정서와 감정은 아이의 지능을 발달시키는 중요한 요소다. 아이와 일하는 즐거움을 공유하는 것은 아이가 안정적인 정서를 바탕으로 일에 대한 열정과 적극성을 높이는 데 도움이 된다. 설령 아이가 아주 사소한 일을 했더라도 부모가 진심으로 아이에게 보여 달라고 요청하거나 아이가 한 일을 다시 한번 함께 경험해 볼 수 있다. 이런 정서는 일에 대한 아이의 열정을 크게 향상시킨다.

2. 부모의 권위와 아이의 자주성 사이에서 균형감을 배운다

가령 어머니가 빨래를 할 때 아이가 옆에서 소란을 피우며 주변에서 이리저리 돌아다니면 그 '혼란스러움'을 이용하는 것도 좋다. 아이의 옷이 젖는 걸 귀찮아하거나 걱정하지 말고, 아이에게 수건을 건네며 물어보자. "수건은 어떻게 빨아야 할까?" 의식적으로 아이에게 말과 행동으로 보여주면 아이는 유심히 살펴본 후 모방하고 생각하며 흥미를 갖게 된다.

3. 아이의 탐구활동을 적극적으로 응원한다

아이의 탐구활동은 능동적으로 적응하는 행위다. 아이가 관심 있는 분야가 겉으로 잘 드러나지 않는다면, 나이가 들수록 탐색하는 데 더 많은 시간을 소모하게 된다. 이럴 때 부모는 아이가 쓸모 있는 활동을 해야 한다며 조급하게 굴어선 안 된다. 이 시기는 아이가 상상력, 사고능력, 창조력을 발휘하는 시기이기 때문이다.

아이는 무언가를 할 때 무의식적으로 세상에 대한 생각의 깊이를 더하며 자신만의 경험과 지식 시스템을 점점 만들어 간다. 그리고 그 속에서 일정한 규칙과 모델을 추상화하여 자신의 일처리 학습 능력을 향상시킨다. 그러므로 아이의 일처리 학습 능력을 향상시키고 싶다면 유대인 부모처럼 아이에게 사고하는 방법부터 가르치고 훈련해야 한다.

아이의 거짓말을 비밀로 해주어라

누구나 거짓말을 한다. 그러니 아이가 거짓말을 했다고 해서 지나치게 나무랄 필요는 없다. 아이에게 생각할 여유를 주고 좀 더 세심하게 관심을 쏟으며 믿어준다면, 아이는 분명 당신이 바라는 그런 사람이 될 것이다.

★ ★ ★

아이의 성장은 끊임없이 실수하며 지속적으로 발전하는 과정에서 이루어진다. 부모는 아이에게 자신의 잘못을 반성하는 능력을 길러줘야 하는데, 이는 부모나 다른 사람에게 지적받아서 잘못을 고치는 것보다 훨씬 효과적이다.

아이의 거짓말은 종종 부모를 골치 아프게 한다. 아이가 거짓말을 할 때면 어떤 부모는 아이가 마치 대역죄라도 지은 듯 민감하게 반응하고, 어떤 부모는 자신이 잘못 가르쳤다며 자책하기 바쁘다. 또 어떤 부모는 이 문제에 별다른 관심을 보이지 않아, 아이가 자신의 잘못을 모른 채 그냥 넘어가기도 한다.

그렇다면 지혜로운 유대인 부모들은 어떻게 할까? 유대인 부모들은 아이들에게 유대인 랍비와 세계 각국의 성공한 사람들이 성실하게 살아온 이야기를 들려주며, 아이와 함께 이 문제를 함께 고민한다. 그리고 직면한 문제를 풀어갈 수 있게 거짓말보다 더 좋은 해결방법을 찾게 돕는다.

어쩌면 아이들은 자신이 아는 게 잘못되었다는 사실을 몰라서 자기가 잘못을 저지른 것을 모를 수 있다. 아이의 시선으로 보고 아이의 머리로 생각하니 당연히 한계가 있을 수밖에 없다. 아이가 하는 거짓말에는 대부분 악의가 없다. 어떤 아이는 스스로를 보호하거나 벌을 받을 게 두려워서 거짓말을 하고, 또 어떤 아이는 관심을 끌고 싶거나 현실과 환상을 구분하지 못해서 거짓말을 하곤 한다. 그러므로 부모가 아이가 거짓말하는 원인을 분명히 파악하고 그 원인에 따라 구체적인 방법을 찾는다면 성실한 습관을 가진 아이로 키우는 건 결코 어렵지 않다.

아이가 거짓말을 할 때 유대인 부모들이 어떤 태도를 취하는지 살펴보자.

1. 그 자리에서 바로 교육한다. 잘못을 지적할 때는 반드시 이치에 맞게 설명해 아이가 자신의 행동이 왜 잘못되었는지 이해하게 한다.

2. 안에서나 밖에서나, 또 전과 후가 일관되게 훈육한다. 기분이 좋

을 때는 잘못을 보고도 넘어가고, 기분이 나쁠 때는 야단을 치고 꾸짖는 것은 금물이다.

3. 아이가 불성실한 원인이 무엇인지 알아보되, 아이를 위해 비밀을 지켜준다. 먼저 아이가 거짓말하는 원인을 살피고 문제를 해결한다. 덧붙이자면 훈육은 되도록 집안에서 하는 편이 좋다.

4. 반복적으로 비난하지 않는다. 민감한 아이라면 더욱 주의를 기울여야 한다.

5. 부모가 먼저 본을 보이고 적절한 시기에 격려한다. 아이가 잘못을 인정하면 응원해 주고 올바른 방향으로 발전하도록 이끌어 준다.

6. 사실에 근거해 옳고 그름을 따지며 맹목적으로 혼내지 않는다. 만약 큰 소리로 야단친다면 아이가 놀란 나머지 거짓말한 목적과 동기를 정확히 밝히지 못할 수도 있다. 객관적이고 평온한 분위기 속에서 부모와 아이 사이에 상호 관계가 이뤄져야만 올바른 방향으로 발전할 수 있다.

랍비는 어른들의 화와 죄책감을 아이에게 쏟아붓고 손찌검을 하는 우를 범하지 말라고 경고한다. 이런 어른들은 악순환을 초래하여 오히려 아이들을 가르칠 기회마저 잃고 만다. 누구나 거짓말을 한다. 그러니 아이가 거짓말을 했다고 해서 지나치게 나무랄 필요는 없다. 아이에게 생각할 여유를 주고 좀 더 세심하게 관심을 쏟으며 믿어준다면, 아이는 분명 당신이 바라는 그런 사람이 될 것이다.

말 없는 가르침이야말로 최고의 교육이다

생활 속에서 부모가 하는 말과 행동, 태도는 자연스럽게 아이에게 전달되고, 아이의 능력과 성격 형성에 지대한 영향을 미친다. 부모의 일거수일투족이 아이에게 몸으로 하는 교육인 셈이다.

★ ★ ★

일찍이 히브리 교육에서는 부모가 말과 행동으로 본을 보이는 것이 가정환경과 함께 아이에게 많은 영향을 미친다고 강조해 왔다. 아이가 학교에서 배운 지식을 실천에 옮겨 자신의 말과 행동을 잘 제어하는지 관리하는 것은 가정의 몫이다.

유대인들은 부모의 '말 없는 가르침'이야말로 최고의 교육이라고 생각한다. 생활 속에서 부모가 하는 말과 행동, 태도는 자연스럽게 아이에게 전달되고, 아이의 능력과 성격 형성에 지대한 영향을 미친다. 부모의 일거수일투족이 아이에게 몸으로 하는 교육인 셈이다.

강압만큼 아이의 자각을 억누르는 것도 없다. 부모가 말과 행동, 태도를 통해 암시하는 교육은 아이가 수용하기에 가장 적절한 교육방식이다.

유대인들은 교육의 예술을 강조한다. "아이가 가야 할 길에 따라 아이를 가르쳐라"라는 유대인의 명언이 있다. 이들은 아이가 《성경》은 이해하면서 《탈무드》는 이해하지 못한다면 굳이 《탈무드》를 강요하지 말고, 《탈무드》를 이해할 수 있는 아이라면 굳이 《성경》을 강요하지 말아야 한다고 생각한다. 그저 아이가 이해할 수 있는 것으로 가르치면 된다고 여긴다.

예를 들어, 수업 시간에 아이들이 수업 내용을 이해하지 못한다면 교사는 화를 내고 성질을 부릴 것이 아니라, 학생들이 완전히 이해하고 받아들일 때까지 반복해서 수업해야 한다고 생각한다.

공부하는 과정에 대해서도 유대인들은 어떤 학생이 여러 번 설명을 들어야 수업을 이해할 수 있다고 해서, 설명을 한두 번만 듣고도 수업내용을 파악하는 친구 앞에서 부끄러워할 필요는 없다고 말한다.

이처럼 고대부터 유대인들은 아이의 등급에 따른 교육의 필요성을 인식하고 있었다.

앞서 말한 학생이 수업 내용을 이해하지 못한 것은 수업 자체가 어려웠거나 학생의 지능이 조금 부족해서였을 수 있다. 만약 그 학생이 수업 시간에 덜렁거리고 게을러서 그런 거라면, 교사는 그 학생을 야단치고 이를 계기로 잘할 수 있도록 격려해야 한다. 이것이 교사의 책임이다.

그렇다고 해서 아이들을 거칠게 다뤄선 안 된다. 명령이란 부드럽고 유쾌하게 전해야만 효과가 있는 법이기 때문이다. 그리고 사소한 격려의 말을 통해 아이들에게 기쁨을 줘야 한다. 최선을 다하는 학생은 스스로 공부할 것이고, 그러지 않는 학생은 성실한 학생 옆에 앉힌다.

교사는 학생들 앞에서 '빈틈'을 보일 필요가 있다. 학생들에게 질문을 던져 지혜와 재능을 깨우쳐 주고, 그들이 교사가 가르친 내용을 기억하고 있는지 확인한다.

부모는 아이가 잘하고 있는지 관찰하면서 아이에게 필요한 것을 지원해 주고 긍정적인 자극을 줄 책임이 있다. 아이에게 흥미 없는 일을 받아들이라고 강요하면 부작용만 생길 뿐이다. 아이가 모국어를 하는 것을 두고 어떤 부모도 자신이 가르친 덕분이라고 생각하지는 않을 것이다. 하지만 이것이 바로 말 없는 교육이다. 평소 부모의 언어, 마음가짐, 행동 등은 아이에게 아주 민감하게 전달되어 아이의 능력과 성격을 형성한다. 어머니의 평소 생활 태도 그 자체가 아이에게는 몸으로 하는 교육이다. 부모가 무언가를 가르치는 것은 분명 교육 방식의 하나이지 전부는 아니다.

교육자들은 강압보다 불필요한 것은 없다고 강조하며, 적절한 동기부여만큼 훌륭한 교육적 효과를 가져오는 것도 없다고 입을 모은다. 부모가 온 마음을 다해 아이를 깊이 이해하려고 노력해야만 올바르게 교육할 수 있다.

아이의 시간 절약을 도와라

시간은 생명이고 재산이다. 경쟁으로 가득한 현대 사회에서
우물쭈물하며 효율적으로 행동하지 못한다면 결국 도태되어
고된 삶을 살게 된다.

* * *

유대인 부모는 아이에게 어떻게 시간관념을 알려주고, 절약하는 방법을 가르칠까?

1. 올바른 시간관념을 길러준다

먼저 일상생활과 연결해서 생각하고 실제 상황을 떠올려 본다. 이어서 아이와 함께 시간을 소중히 여길 때의 장점과 그러지 않을 때의 단점에 대해 얘기를 나누며 "시간은 생명이고 재산이다"라는 기본적인 이치를 깨우쳐준다. 시간은 생명이고 재산이다. 경쟁으로 가득한 현대 사회에서 우물쭈물하며 효율적으로 행동하지 못한다면 결국 도태되어 고된 삶을 살게 된다. 그와 더불어 "젊어서 노력하지 않으면 늙어서 슬퍼진다"라는 말의 의미를 일깨워준다.

2. 아이가 한 가지 일에 집중하게 한다

할 일을 질질 끌며 미루는 것은 많은 아이들이 가진 단점 가운데 하나다. 할 일을 미루는 기본적인 원인은 아이가 한 번에 일을 끝내지 못하기 때문이다. 그러다 보니 짧은 시간 내에 끝마쳐야 하는 일들은 끝도 없이 뒤로 밀린다. 이럴 때는 정해진 시간 내에 집중해서 효율을 끌어올리는 훈련을 강화하면 아이의 시간관념을 향상시킬 수 있다. 그리고 아이가 공부하는 시간, 임무, 목표치를 정해 시간 안에 마무리하고 그 결과를 평가하는 과정을 옆에서 돕는다. 매번 공부할 때마다 시간, 임무, 목표 이 세 가지를 결합하게 한다. 물론 아이의 나이와 개성에 따라서 이 세 가지에 대한 기준은 달라져야 한다. 아이가 효율을 높여 오락시간이 늘어나는 달콤함을 맛보게 하는 게 좋다.

3. 아이가 활동할 때마다 시간을 잰다

아이의 시간관념을 기르기 위해서는 아주 작은 것부터 시작해야 한다. 공부할 때만이 아니라 옷 입기, 밥 먹기, 가방 싸기, 빨래하기 등과 같이 생활 속 모든 방면에서 반영해야 한다. 따라서 아이가 우물쭈물하는 문제점을 극복하려면 다양한 방법으로 접근할 필요가 있다. 아이가 할 수 있는 부분부터 시간을 재는 활동의 횟수를 늘리는 것도 좋은 방법이다. 어떤 일을 하는 데 시간이 얼마나 걸릴지 미리 설정하고 나서 가장 빠른 속도로 양과 질을 보존하며 일을 진행한다. 일이 끝나면 부모와 아이가 함께 평가하고, 더 필요한 부분을 조정해서 다음에는 더 훌륭히 해내기 위해 노력한다. 아이의 나이가 어리다면 부모가 아이와 함께 시간을 정해 두고 책 읽기, 기억하기, 문제에 답하기, 작은 노동을 할 수 있는 시합 등을 한다면 더 좋은 결과를 얻을 수 있다.

4. 아이들끼리 영향력을 발휘하게 한다

아이가 효율을 따지는 친구와 함께 공부하고 게임하면서 서로 영향력을 발휘하게 유도한다. 이를 위해 효율을 따지는 친구의 부모와 사전에 연락을 취해 아이에게 더 높은 요구치를 제시해 달라고 부탁할 수 있다. 친구와 함께 공부하고 게임하는 과정에서 시간관념이 부족했던 아이가 긍정적인 영향을 받을 수 있다.

5. 시간 활용법을 가르친다

빨래하고 방을 청소하면서 외국어나 음악을 들을 수 있고, TV를 보면서 운동할 수 있으며 가사를 도우면서 부모님과 대화할 수 있다. 또 공원을 산책하며 대화를 나눌 수도 있다.

이렇듯 조금만 머리를 쓰면 일상에서 다양한 방법으로 아이의 시간 절약을 도울 수 있다.

배우자로는 조금 부족한 사람이 좋다

결혼하지 않은 사람의 삶에는 즐거움도, 행복도, 좋은 일도 없다.
미혼 남성은 완전한 남자가 아니다.
곁에 여자가 없는 삶은 불완전하며 여자는 남자의 집과 같다.

★ ★ ★

유대인은 혼인관계를 매우 중시한다. 그래서 유대인 아이들은 어릴 때부터 결혼이야말로 일생에서 행복 중의 행복이라고 교육받는다.

우선 유대인들은 결혼은 반드시 해야 하며, '결혼하지 않은 사람의 삶에는 즐거움도, 행복도, 좋은 일도 없다. 미혼남성은 완전한 남자가 아니다. 곁에 여자가 없는 삶은 불완전하며 여자는 남자의 집과 같다'고 강조한다. 유대인들은 독신을 극렬히 반대한다. 결혼은 종교적인 의미이자 인간에 대한 요구이자 아름다움으로 가는 가장 이상적인 길이기 때문이다.

유대인 남자는 결혼하고 나면 아내에게 모든 마음을 바친다. 아내가 없는 남자는 어떤 즐거움도, 행복도, 인자함도 없다고 생각하기 때문이다. 또 결혼을 해야만 과거의 죄를 덮을 수 있다고 생각한다. 유대교 율법에서는 결혼한 아들이 부모와 함께 사는 것을 엄격히 금지한다. 이는 젊은이들의 독립적인 발전을 위해서이기도 하지만, 고부간의 갈등도 줄일 수 있어 일거양득이니 유대인의 지혜를 엿볼 수 있는 대목이다.

유대인 랍비가 결혼에 대해 다음과 같이 제안했다.

"배우자를 고를 때는 조금 부족한 사람을 선택해라."

이 말의 의미는 사회적 지위가 자신보다 높은 여자와 결혼하면 그녀 혹은 그 집안으로부터 무시를 당할 수 있으니 가능하면 피하라는 것이다. 유대인들은 아내를 선택할 때 유전학을 매우 신뢰한다. 그들은 생물학적 유전만큼이나 지식 등 사회적인 것과 관련된 유전도 매우 중요하게 생각해서 학자의 딸을 아내로 맞이하는 것을 대단한 영광으로 여긴다.

그래서 랍비들은 박사의 딸을 아내로 얻기 위해서라면 남자는 모든 걸 팔아야 한다고 말한다. 그 이유는 장차 그가 죽거나 유배되더라도 자신의 아이가 학문을 계속할 것을 확신할 수 있기 때문이다. 같은 맥락으로 우매한 자의 딸을 아내로 맞이해선 안 되는 이유는 그가 죽거나 유배당하면 그의 아이는 결국 무지해질 것이기 때문이다. 학자의 딸과 결혼하거나 학자의 아들에게 딸을 시집보내기 위해서는 남자가 가진 모든 것을 팔아야 한다.

이 밖에도 유대인들은 결혼할 때 외모보다 가정환경을 중시한다. 《탈무드》에는 "젊은이여, 눈을 뜨고 네 신부를 골라라. 외모만 보지 말고 집안 환경을 보아라. 교양의 수준은 허상이고, 아름다운 외모는 허울일 뿐이니…"라는 말이 나온다.

외모만 따지고 품행을 살피지 않는다면 부부 사이에 불신의 벽이 생길 수 있다.

더구나 유대인들은 자기 아들이 무식하고 능력 없는 집안의 딸과 결혼하는 걸 결코 원치 않는다.

상대의 가정환경을 중시하고 적합한 배우자를 골라야만 수준 높은 가정생활을 영위할 수 있다. 안정적인 가정환경을 위해 노력해야만 화목한 가정이 될 수 있고, 가정의 화목함은 인생에서 가장 큰 행복이다.

연애할 때의 감정도 매우 중요하지만 결혼의 행복과 안정 그리고 화목함을 유지하는 열쇠는 두 사람의 성품이다. 아량이 넓은 사람은 갈등을 잘 풀어가지만 악처는 갈등을 부추기고, 결혼을 파탄으로 몰아넣는다.

교육자는 아이에게 마음을 열어야 한다

환상 속에 사는 아이와 소통하려면 어떻게 해야 할까?

아이에게 마음을 열어야 한다.

★ ★ ★

한 나라의 왕이 있었다. 이 왕의 아들인 왕자는 자신이 터키인이라는 환상에 빠져 알몸으로 식탁 아래 꿇어앉아 음식 찌꺼기를 먹어야 한다고 생각했다.

다급해진 왕은 전국에서 의사들을 불러들였지만 아무 소용이 없었다. 그러던 어느 날, 지혜로운 사람이 왕에게 자신이 왕자를 고쳐보겠다고 말했다.

그 사람은 옷을 벗고 왕자와 함께 식탁 밑에 들어가 앉았다. 왕자가 왜 여기 앉아 있느냐고 묻자, 그가 답했다.

"그야 제가 터키인이기 때문입니다."

"나 역시 터키인입니다."

왕자가 말했다. 이렇게 두 사람은 식탁 밑에 쪼그려 앉아 며칠을 지내는 동안 어느새 친숙해졌다.

하루는 지혜로운 사람이 셔츠를 몇 벌 가져오게 했다.

"왕자님은 터키인이 셔츠를 못 입는다고 생각하십니까?"

그가 왕자에게 물었다.

"터키인도 물론 셔츠를 입을 수 있습니다. 셔츠를 입고 못 입고로 터키인이라는 걸 판단할 수는 없어요."

며칠 뒤 지혜로운 사람은 바지 몇 벌을 가져오게 했다.

"왕자님은 바지를 입은 사람은 터키인이 아니라고 생각하시나요?"

그가 왕자에게 물었다. 그렇게 두 사람은 바지를 입었다. 그는 계속 이렇게 왕자에게 질문했고, 마침내 두 사람은 옷을 다 입을 수 있었다. 그러자 그는 식탁 위에 음식을 차려달라고 했다.

"왕자님은 제가 저 음식을 먹으면 터키인이 아니라고 생각하실 겁니까?"

그가 왕자에게 물었다.

"당신은 그래도 터키인입니다. 저 음식을 먹는다고 해도 말이지요."

그렇게 두 사람은 함께 음식을 먹었다. 마지막으로 그가 말했다.

"왕자님은 터키인은 하루 종일 식탁 밑에 있어야 한다고 생각하십니까? 왕자님은 식탁에 앉아도 자신이 터키인이라는 사실을 잘 아실 겁니다."

이렇게 지혜로운 사람은 왕자를 한 걸음, 한 걸음 현실세계로 데려왔다.

부모로서 환상 속에 사는 아이와 소통하려면 어떻게 해야 할까? 아이에게 마음을 열어야 한다. 이것이 바로 유대인 교육의 핵심이다.

나태한 사람은 분변만큼 혐오스럽다

나태한 사람은 분변만큼 혐오스럽고,
어느 누구도 가까이하길 원치 않는다.

★ ★ ★

랍비 유다가 물병을 어깨에 짊어지고 공부방으로 들어서면서 말했다.

"노동은 위대합니다. 영예와 지혜를 주기 때문입니다."

아이의 능력은 지능 지수와 상관이 있을 뿐 아니라 아이의 미래 생활 능력과 업무 능력에도 막대한 영향을 미친다. 아이는 두 살이 되면서부터 자신의 일을 스스로 하고 싶은 강렬한 욕구를 느낀다. 아이의 이런 욕구는 성장하면서 점점 높아지는데, 이를 성장과 학습에 잘 활용한다면 우수한 아이로 키울 수 있다.

아이가 스스로 손을 씻고, 신발 끈을 묶고, 단추를 잠그게 한다. 부모라면 아이가 스스로 터득해서 할 수 있도록 좀 더 많은 시간을 할애하여 방법을 알려줘야 한다. 지금은 이렇게 하는 것이 다소 번거롭겠지만, 아이가 이 방법을 터득하기만 하면 앞으로 좀 더 수월해질 거라는 사실을 알아야 한다.

학습은 모든 아이들에게 매력적이다. 학습을 훌륭히 해낸 아이는 스스로 욕구를 충족할 수 있고, 자신감이 샘솟는 가운데 성장한다. 이와 달리 늘 어머니가 대신해 주는 게 습관이 된 아이는 답보 상태에 머무르며 아주 더디게 발전한다.

《탈무드》에서는 "나태한 사람은 분변만큼 혐오스럽고, 어느 누구도 가까이 하길 원치 않는다"라고 말한다.

유대인 가정에서는 일반적으로 자녀를 둘 이상 두는데 부모는 가사(家事)를 시작으로 아이의 근면성 교육을 시작한다. 나이별로 할 수 있는 집안일은 다음과 같다.

- 3~4세: 더러워진 옷을 세탁바구니에 넣기, 부모를 도와

장난감 정리하기, 빨래한 옷 정리하기
- 4~5세: 화분에 물 주기, 식사 준비 돕기, 설거지하기, 애완견 밥 주기
- 6~8세: 신문 가져오기, 방 정리하기, 식탁 차리기와 정리하기
- 9~10세: 가구 닦기, 간단한 식사 준비하기, 빨래하기, 바닥 닦기, 마당 청소하기

작은 일에서 생존을 배우고 큰일에서 능력을 키운다

작은 일에서 살아남는 법을 배워야 큰일에서 능력을 발휘할 수 있다.

★ ★ ★

많은 아이들이 자기가 벗은 옷을 스스로 정리하지 않는다.

교육자들은 이런 습관이 매우 나쁘다고 입을 모은다. 아이들의 이런 습관에 맞서 유대인 어머니인 사라는 다음과 같은 방법으로 아이의 습관을 고쳤다.

"만약 아이가 옷을 정리하지 않으면 이튿날까지 내버려두고 저도 치우지 않습니다. 그리고 절대 새 옷을 꺼내주지 않아요. 아이가 저녁에 옷을 잘 개어두면 그제야 새 옷을 꺼내주지요. 정리를 하지 않는다면 전에 한 리본을 하고, 전에 입은 옷을 입어야 합니다. 종종 장난감을 침대 위에 늘어놓고는 그대로 두는데, 그런 다음 날이면 저는 어김없이 다른 곳에 치워 버립니

다. 아이는 며칠 동안 그 장난감을 가지고 놀 수 없답니다."

이 유대인 어머니는 이런 방법으로 아이에게 자신의 일은 스스로 해야 하고, 그러지 않으면 자신이 원하는 것을 얻을 수 없다는 사실을 깨우쳐 주었다.

많은 부모들이 아이들을 어리게만 보고, 아이들이 이것도, 저것도 제대로 할 수 없을 거라고 생각해 모든 일을 대신 해준다. 그 결과 아이들은 자신의 능력에 대해 자신감을 잃게 된다. 이 유대인 어머니는 이렇게 말했다.

"아이에게 옷의 단추를 채우는 법을 알려주고 나서 제 단추를 채워달라고 했습니다. 다른 사람을 돕고 그 기쁨을 아는 아이로 키우기 위해서였지요. 저는 아이에게 신발을 신고, 옷을 입는 것을 가르칩니다. 설사 제가 바쁘지 않아도 아이가 스스로 하게 두는 이유는 아이를 가르치기 위해서입니다. 어머니라면 당연히 엄격하게 교육해야 합니다."

어떤 부모들은 아이를 보물단지 여기듯 하며 아이가 넘어질까, 물에 빠질까 늘 노심초사한다. 하지만 이는 모두 아이를 그르치는 잘못된 행동이다. 이런 교육 방법은 아이를 쓸모없는 사람으로만 만들 뿐이다.

작은 일에서 살아남는 법을 배워야 큰일에서 능력을 발휘할 수 있다.

양육과 교육은 다르다

세상에 자녀 교육만큼 중요한 일은 없다.

아이를 교육할 시간이 없다면 왜 낳은 것인가?

★ ★ ★

부모 회의에서 많은 어머니가 매일 아이가 입을 것, 먹을 것, 잘 곳을 돌보고 교육하는 데 시간이 필요하다고 말한다.

그러나 이런 말은 솔직히 모두 핑계에 불과하다.

물론 일부 어머니들에게는 충분한 이유가 있다. 이들은 일이 너무 바빠서 사람을 쓰거나 집에 계신 부모님께 아이를 부탁한다. 그런데 이런 방법은 과학적이지 않으며, 양육과 교육을 구분하는 것은 매우 치명적인 실수다. 어머니가 매일 아이와 함께 시간을 보내며 보여주는 태도와 감정은 아이의 마음속에 천천히 스며들며 많은 영향을 미친다.

현실에선 더욱 엄연한 사실이 있다. 많은 어머니가 가정형편이 좋지 않아 생계를 꾸리기 위해 집을 나선다. 이때 더욱 그럴듯한 핑계가 등장한다.

"돈 벌어 먹고사는 것만으로도 힘들어 죽겠는데, 아이를 교육할 시간이 어디 있습니까?"

많은 여성에게 자녀를 낳고 기르는 것은 가장 큰 꿈이자, 일생의 최대 이벤트다. 이들은 아이를 낳는 순간 큰일을 해냈다고 생각한다. 그런데 이들이 놓친 아주 중요한 사실 한 가지가 있다. 그것은 바로 아이를 교육하는 것이 더욱 중요하며 이 역시 그녀들이 해내야 한다는 사실이다.

어떤 어머니들은 형편이 그리 넉넉하지 않은데도 불구하고 아이를 성공적으로 키워내기도 한다. 이들은 자신이 처한 환경, 경제, 업무 조건에 맞춰 적합한 교육 방법을 찾아내서 최선을 다해 어머니로서 맡은 책임을 완수한다.

유대인 교육자 맨드는 가정교육 간담회에서 자녀를 둔 어머니들과 이 문제에 관한 이야기를 나눌 때 자주 이렇게 말한다.

"세상에 자녀 교육만큼 중요한 일은 없습니다. 아이를 교육할 시간이 없다면 왜 낳은 건가요?"

이 교육자는 유대민족의 운명을 위해 사방팔방으로 뛰어다니며, 어머니들이 자녀 교육이라는 이 위대한 사업의 최고 책임자가 되어야 한다고 호소한다. 그는 이 역할을 해낼 수 있는 사람은 아버지도, 교사도, 형제자매도 아닌 아이를 낳은 어머니라고 굳게 믿고 있다.

유대인 어머니가 시간이 없어서 아이를 교육하지 못한다는 말은 성립 자체가 불가능하고 아무도 인정해 주지 않는다. 어머니라면 아이를 교육할 책임을 어떤 이유로도 피할 수 없다.

아이는 부모의 복사판이다

아이는 부모의 복사판이다. 일, 휴식에 대한 부모의 태도는
머지않은 미래에 아이가 인생을 대하는 태도가 된다.
아이에게 바라는 바가 있다면 당신이 먼저 그렇게 해야 한다.

★ ★ ★

유대인의《율법서》에는 다음과 같은 대화 내용이 나온다.

한번은 랍비 시마가 아들과 함께 길을 걷다가, 술에 취한 아버지와 아들이 함께 도랑에 빠지는 모습을 보았다.

"나는 저 아버지가 샘이 나는구나."

랍비는 아들에게 말했다.

"저 사람은 아들이 자기처럼 되는 꿈을 이루었으니 말이다. 나는 아직 모르겠구나. 네가 과연 나를 닮을지, 어떨지 말이야. 나는 그저 저 취한 사람의 자녀 교육이 나보다 성공적이지만 않았으면 좋겠다."

일반적으로 아이가 부모로부터 배우는 방법은 단 두 가지다. 부모의 가르침에 따라 배우거나 부모의 행동을 보고 따라 하는 것이다.

가정에서 부모가 보여주는 행동 하나가 간곡한 열 마디 말보다 설득력이 있다. 아이에게 장차 어른이 되어도 술을 마시지 말라고 말하면서 본인은 매일 저녁 두세 잔씩 술을 마신다면 아이는 음주를 자연스러운 행위로 받아들일 것이고, 부모가 모두 흡연을 한다면 아이도 자연스럽게 흡연을 받아들일 것이다.

아이가 갖췄으면 하는 습관이 있다면 매일 잔소리를 할 게 아니라 부모가 본을 보여주어, 아이가 그 모습을 보고 느껴 스스로 따라하도록 해야 한다.

이런 경험은 아이가 삶을 대하는 태도를 정하는 데도 적용된다. 가정에서 부모가 쉴 새 없이 일에 대해 불만을 토로하면서도 업무 환경을 바꾸려고 노력하지 않는다면, 아이는 그 모습을 보면서 '원망만 늘어놓으면 그만이군'이라고 생각하게 된다.

만약 아이에게 긍정적인 무언가를 선물한다면 아이가 거기서 얻는 것 역시 긍정적인 무언가일 것이 틀림없다. 만약 부모가 새로울 것 없는 행동양식에 만족하고, 인생에 대해 이래도 좋고 저래도 좋다는 태도를 보인다면 아이 역시 그런 인생철학을 그대로 답습할 것이다.

부모라면 아이가 부모의 복사판이라는 사실에 주목해야 한다. 일이나 휴식에 대한 부모의 태도는 머지않아 아이가 인생을 대하는 태도가 된다.

유대인의《율법서》에는 다음과 같은 이야기가 나온다.

한 아버지가 아들에게 기녀들이 자주 찾아오는 홍등가의 시장에 향료 가게를 열어주었다.

어느 날 아들의 가게를 찾은 아버지는 아들이 기녀와 노닥거리고 있는 모습을 목격했다. 그는 화가 나서 고함을 쳤다.

"네 이놈, 내가 너를 죽여버리고 말겠다!"

그때 그의 친구가 오더니 말했다.

"자네가 자네 아들의 길을 어렵게 만들어 놓은 걸세. 자네 모습을 좀 보게. 지금 또 아들에게 고함을 지르고 있지 않은가. 자네는 아들에게 다른 걸 파는 게 아니라 향료를 팔게 가르쳤네. 게다가 다른 곳이 아니라 기녀들이 자주 찾는 홍등가에 가게를 열어줬지. 아들이 어떻게 되길 바라는 바가 있다면 자네가 먼저 그렇게 했어야 하지 않겠나."

《율법서》에 나오는 말이 옳다.

"아이에게 바라는 바가 있다면 당신이 먼저 그렇게 해야 한다."

모든 부모는 이 점을 명심해야 한다.

아이의 보복 행위를 이해하라

아이가 일부러 그릇된 행동을 함으로써 부모에게 보복하겠다고 마음먹고 도발하면, 부모는 화를 내며 벌을 준다. 그러면 아이는 다시 보복한다. 악순환은 이렇게 시작된다.

★ ★ ★

《탈무드》에서는 다음과 같은 이야기를 전한다.

한 아버지가 랍비에게 자신의 아들에 대해 한탄했다. 아들이 종교를 버린 것이 아버지에게는 몹시 큰 충격이었기 때문이었다.

"랍비, 전 어떻게 해야 할까요?"

분기탱천한 아버지가 물었다.

"아들을 사랑하십니까?"

랍비가 물었다.

"물론이지요."

"그럼 더 사랑해 주십시오."

아이도 기분이 상할 때가 있고, 억울하거나 상처받을 때가 있다. 또 화가 날 때도 있다. 아이들은 이런 기분을 받아들이면서도 한편으로는 보복하고 싶은 마음이 들기도 한다. 부모가 아이와 직접적인 갈등을 겪는 상대 중 하나라는 점에서 아이가 가지는 복수심의 가장 큰 피해자는 부모다.

아이에게 보복은 매우 중요하다. 아이의 잠재의식 속에는 아주 강렬한 평등의식이 자리하고 있기 때문이다.

아이는 주로 다음과 같은 방법으로 보복한다.

- 사람들 앞에서 부모를 난처하게 한다.
- 부모가 가장 아끼는 물건을 망가뜨린다.
- 어린 동생을 괴롭힌다.
- 가출을 한다.
- 창문이나 값이 나가는 물건을 깨뜨린다.

아이들은 부모에게 받는 벌이 불합리하다고 생각하면 종종 보복을 행동에 옮긴다.

아이가 일부러 그릇된 행동을 함으로써 부모에게 보복하겠다고 마음먹고 도발하면, 부모는 화를 내며 벌을 준다. 그러면 아이는 다시 보복한다. 악순환은 이렇게 시작된다.

어떤 부모는 아이의 교육에 대한 자신감이 부족하다. 영리한 아이는 부모의 그런 약점을 재빨리 알아차리고 이것을 보복에 이용한다.

부모는 우선 자신의 능력에 확신을 가져야 한다. 그래야만 아이의 보복 대상이 되지 않을 수 있다.

부모는 다음 내용을 실천해야 한다.

- 원칙 고수하기
- 아이가 아픈 곳을 건드려도 참기
- 자신이 좋은 부모라고 믿기
- 아이를 지도할 때 긍정적인 면에 방점 두기
- 아이를 비난하지 않기
- 벌을 줄 때는 공정하고 아이에게 의미가 있는지 확인하기, 아이에게 치욕감을 주거나 난처하게 하지 않기
- 아이가 더 나은 결정을 하게 가르치기
- 아이의 행동으로 인해 본인이 상처를 입거나 화가 났다고 해서 벌을 주거나 보복하지 않기

주변의 많은 부모가 자녀의 성공으로 자신의 가치를 판단하곤 한다. 실패한 자녀를 둔 부모는 이렇게 생각한다.

'내가 성공한 좋은 부모였다면 내 아이도 이렇게 되진 않았겠지.'

많은 부모들은 아이가 완벽하지 않으면 자신도 부모로서 불합격이라고 생각한다.

한 유대인 교육자는 이렇게 말했다.

"부모의 이런 생각이 스스로를 자식의 공격 대상으로 만들고, 이런 부모가 아이의 아픈 곳을 더 많이 건드린다."

잘못을 저지르는 것도 잘못을 고치는 것만큼 소중하다

아이가 아무리 어려도 부모는 아이를 어른처럼 대하고 존중해야 한다.
아직 어려서 모르는 게 많은 아이는 자주 잘못을 저지른다.
아이에게 부모의 지도가 필요한 건 맞지만,
아이가 세상을 모른다고 해서 마냥 무시해선 안 된다.

★ ★ ★

《탈무드》에서는 아이가 부모에게 가장 소중한 존재일지라도 부모 소유는 아니라고 말한다. 유대인 교육자인 체니는 "나는 아이가 할 수 있는 일이라면 그 어떤 일도 대신 해주지 않을 것이다"라고 말했다.

아이를 방임하고 관여하지 않는 부모가 아이의 소중한 생명을 낭비하는 것과 같다면, 지나치게 아이를 싸고도는 부모는 아이의 인생 곳곳에 유혹 가득한 함정을 파두는 것과 같다. 어떤 부모는 이 점이 아이에게 얼마나 중요한지 깊이 깨닫고, 아이가 초등학교에 들어가면서부터 스스로 빨래, 설거지, 이불

개기 등을 하도록 시킨다.

반면에 어떤 부모는 고단함을 무릅쓰고 아이의 모든 일을 대신 해준다. 그 결과 아이는 자기도 모르는 사이에 스스로 할 수 있는 능력을 상실하고 자신감이 크게 손상된다. 생활의 모든 측면에서 지나치게 보호받는 아이는 성공과 실패를 맛볼 기회를 영원히 잃고 만다.

아이에게는 잘못할 권리도 있고, 잘못을 고칠 권리도 있다. 부모라면 아이가 용기 있게 잘못도 저질러 보고, 실패도 경험해 보는 정신을 길러줘야 한다. 아이에게도 어른과 같은 권리가 있다. 아이 입장에서 잘못을 저지르는 것은 잘못을 고치는 것만큼 소중하다. 부모는 그저 아이가 자유롭게 행동할 수 있도록 응원하며 잡은 손을 놔줘야 한다. 그래야만 아이가 자신감과 독립심을 키울 수 있다. 그러므로 부모는 아이가 스스로 할 수 있는 일을 해낼 수 있도록 열심히 응원하고 격려해야 한다.

가정에서 아이에게 식사 준비와 청소, 설거지를 시켜보는 것도 좋다. 아이는 옷을 갈아입고 빨래하는 것과 같이 자신의 생활을 스스로 관리할 수 있다. 설사 결과물이 썩 마음에 들지 않더라도 부모는 아이의 노동을 칭찬하고 긍정적인 피드백을 줘야 한다.

아이가 어리다고만 여기지 말고 일부 행동에 대해서는 간섭하지 않는다. 아이가 아무리 어려도 부모는 아이를 어른처럼 대하고 존중해야 한다. 아직 어려서 모르는 게 많은 아이는 자주 잘못을 저지른다. 아이에게 부모의 지도가 필요한 건 맞지만, 아이가 세상을 모른다고 해서 마냥 무시해선 안 된다.

아이에게는 자라날 공간이 필요하고, 자신의 능력을 시험해 볼 공간도 필요하며, 자신의 능력을 활용하여 사회에 적응할 공간도 필요하다. 부모가 아이의 일을 지나치게 대신 해주는 것은 아이가 자유롭게 성장할 수 있는 공간을 빼앗고, 홀로서기를 할 수 있는 의지와 자신감을 훼손할 뿐이다.

유대인 현자 주에는 이렇게 말했다.

"아이가 자신의 일을 스스로 해결하게 두어라. 지나친 보호는 아이를 망칠 뿐이다."

제 6 장

당신의 몸이 모든 아름다움의 시작이다

유대인의 건강 교육법

건강하지 않다면 다른 것은 아무런 소용도 없다. 어릴 적부터 스스로를 사랑하는 방법을 배워서 더 건강하고 자신감 있는 사람이 되어야 한다.

자신을 사랑하는 것부터 배워라

유쾌함을 유지할수록 더 똑똑해진다.
자기 자신을 있는 그대로 받아들인다면 그걸로 충분하다.
다른 사람이 자신을 바라보는 시선 따위는 아무런 상관도 없다.

★ ★ ★

기독교에서는 박애정신을 강조하지만 유대교에서는 우선 스스로를 아끼는 법부터 배우게 한다. 유대인 부모들은 늘 아이들에게 스스로를 아낄 줄 알아야만 다른 사람도 소중히 할 수 있다고 가르친다.

열다섯 살인 한 소녀가 랍비에게 다음과 같이 질문했다.

"어떻게 해야 충실한 삶을 살 수 있을까요?"

랍비의 답은 단 한 마디였다.

"너답게 살아라."

이 세상에서 '나'는 유일무이한 개체다. '나'는 자신만의 환상, 희망, 꿈 그리고 공포를 지닌다. '나'의 주인은 자신이다. '나'가 스스로를 주재하기 때문에 자신을 깊이 이해할 수 있다. '나'는 자신을 잘 알기 때문에 '나' 자신을 좋아하고, 자신의 모든 것을 받아들이며 자신의 가장 아름다운 모습을 드러낸다.

유대인은 2,000여 년 동안 떠돌며 온갖 박해와 멸시에 시달렸다. 그들은 이국 타향에 살면서도 자신 이외에는 그 어떤 것에도 의지하지 않았다. 그런 연유로 유대인들은 스스로를 의지하고, 자신만이 자신을 구할 수 있다는 신념을 가질 수 있었다.

유대인들은 세상을 살아가려면 우선 자신이 혜택을 도모해야 한다고 생각한다. 자기가 가진 게 있어야만 다른 사람을 도울 수 있는 힘도 생기기 때문이다. 유대인들은 가치 있는 인생이란 스스로를 위해 노력하고 싸워서 성공을 거두는 인생이라고 생각한다. 아침부터 해가 질 때까지 온 천하를 걱정하며 자포자기하는 가난한 사람도 물론 존중받아야 옳지만, 사실 그들은 세상에 아무런 공헌도 하지 않는다. 유대인들은 스스로를 귀하게 여기고 다듬을 줄 알아야 비로소 다른 사람을 돕고 구할 수 있다고 믿는다.

자신을 사랑하는 방식은 아주 다양하다. 자신의 몸을 사랑하는 것부터 시작할 수 있다. 아마도 당신은 자신의 몸에서 특정 부위가 마음에 들지 않아 다른 사람을 부러워할지도 모른다.

자신의 이미지에 대해서도 같은 선택을 할 수 있다. 예를 들어 지적인 부분이라면 자신이 정한 기준에 따라 자신이 똑똑한지 아닌지 판단할 수 있다. 사실 즐겁게 지낼수록 더 똑똑해진다. 수학, 영어, 작문 수준이 떨어진다고 해서 지적 수준이 떨어진다고 말할 수는 없다. 수학, 영어, 작문 수준이 떨어지는 것은 다만 지금까지 당신이 해온 선택의 결과 중 하나일 뿐이다. 만약 당신이 이들 과목에 더 많은 시간을 할애했다면 분명 수준이 크게 향상되었을 것이다. 따라서 이것들은 총명함과는 직접적인 관계가 없다.

자신을 사랑하는 것이 극단적인 이기주의처럼 반감을 불러일으키는 행위라는 것은 아주 큰 오해다. 자신을 사랑하는 것과 사람들 앞에서 자신이 매우 대단한 인물이라며 떠벌리는 행위에는 공통점이 전혀 없다. 후자는 자신을 사랑하는 게 아니라 자화자찬으로 사람들의 이목을 끌고 인정받고 싶어 하는 욕구일 뿐이다. 이는 스스로를 멸시하는 행위와 같은 병적인 행위다. 스스로를 대단하다고 여기는 것의 목적은 다른 사람의 인정을 받는 것이다. 이런 사람은 다른 사람의 시선을 기준 삼아 자신을 평가한다. 그게 아니라면 스스로를 과대 포장해서 타인을 설득할 이유가 없지 않은가? 자신을 사랑한다는 건 당신이 자기 자신을 사랑하는 것을 의미하지, 다른 사람의 애정을 구걸하는 게 아니다. 그러므로 타인을 설득할 이유가 전혀 없다. 스스로 자신을 받아들이면 그만이다. 자신을 사랑하는 것은 다른 사람이 당신을 어떻게 생각하는지와 아무런 상관이 없다.

유대인 부모는 늘 다음과 같이 가르친다.

자신을 사랑하려면 자신의 이미지가 좋거나 나쁘다는 관점을 버려야 한다. 사실 당신은 아주 많은 자아상을 갖고 있으며, 이 자아상들은 계속해서 변화한다. 만약 "당신은 자신을 좋아합니까?"라는 질문에 답해야 한다면 당신은 부정적인 자아상들을 모아 "아니요"라고 말할 공산이 크다. 하지만 당신이 자아혐오의 실질적인 이유를 구체적으로 분석할 수 있다면 앞으로 노력해야 할 방향을 명확히 할 수 있다.

자연을 목숨처럼 소중히 여겨라

사람은 청결한 환경에서 살아야 한다.

그 누구도 마을의 청결함에 흠집을 내서는 안 된다.

★ ★ ★

유대인들은 사람은 청결한 환경에서 살아야 하고, 거주 환경을 더럽히는 어떤 행위도 금지해야 한다고 믿는다.

《탈무드》에서는 사람들이 청결한 환경에서 살 수 있도록 "녹색 정원이 하나도 없는 곳에서는 살 수 없다"라고 규정하고 있다.

유대인들은 신성한 도시인 예루살렘을 청결하고 아름답게 유지하기 위해 도시 내에 거름더미 쌓아두는 것 금지, 가마 건설 금지, 선지자가 남긴 장미원 외에 화원이나 과수원 경작 금지, 닭 사육 금지, 죽은 사람이 도시 내에서 밤을 넘기는 것 금지 등 10가지 특수한 조항을 규정해 두었다.

- 도시 내 거름더미 금지: 거름더미에서 해충이 번식하기 때문이다.
- 가마 건설 금지: 짙은 매연이 많이 발생하기 때문이다.
- 화원, 과수원 경작 금지: 비료와 부패된 꽃과 과일에서 악취가 나기 때문이다.

유대인은 사람들을 깨끗한 환경에서 살게 하는 측면에서 볼 때, 세계에서 가장 힘 있는 환경보호자라고 할 수 있다. 인간의 생활 환경을 생활 문명의 중요한 부분으로 인식하는 자세는 유대인이 다른 민족보다 앞선 의식을 가졌고, 건강한 삶을 유지하는 지혜를 지녔음을 보여준다.

유대인의 생활의 지혜 중 또 한 가지는 자연을 목숨처럼 소중히 여긴다는 점이다.

유대인은 자연을 소중히 여기는 것을 신에 대한 존중으로 여긴다.

유대인의 이런 관념은《성경》의 가르침에서 나왔다.《성경》에는 "신이 최초로 인간을 만든 후 그를 데리고 에덴동산의 모든 꽃과 나무를 둘러보았다"라고 나와 있다.

신이 인간에게 말했다.

"보아라. 이 모두가 내 작품이니라. 이 얼마나 아름답고 찬사를 불러일으킬 만한지 보이느냐? 내가 창조한 이 모든 것은 너를 위함이다. 이 점을 명심하고 내가 만든 세상을 절대 썩게 해서도, 이것을 파괴해서도 안 된다. 만약 네가 파괴한다면 네 후대의 그 누구도 이를 복원할 수 없을 것이다."

유대인들은 신이 선택한 사람들이 이 세상을 창조했다고 생각한다. 유대인은 신이 선택한 민족이므로 유대인이 온 세상을 창조한 셈이다. 그래서 그들은 매 순간 세상을 돌보고 세상을 위해 노력해야 한다고 믿는다.

유대인은 신이 창조한 세상을 이처럼 온 마음을 다해 돌본다. 아시리아 군대가 유대 왕국을 침략했을 때 유대 왕은 성 밖의 수로를 막아 아시리아 군대가 물을 마시지 못하게 했다. 하지만 유대인 랍비들은 왕의 행동을 마뜩잖게 생각했다. 수로를 막는 것이 자연을 파괴하는 행위라고 여겼기 때문이다.

《성경》에서 유대인들은 심지어 전쟁 중에 과일나무를 베는 것조차 자연의 균형을 깨는 행위, 즉 조물주의 질서를 파괴하는 악행으로 간주해 금지한다.

과일나무를 벌목하는 행위에 대한 랍비들의 생각은 다음과 같다.

"만약 오랜 기간 한 성을 겹겹이 포위하고 공격한다면 도끼로 나무를 베어선 안 된다. 그 나무의 열매를 먹을 수 있기 때문이다. 밭의 나무는 사람이 함부로 망가뜨릴 수 있는 게 아니다. 누구든 열매를 맺은 나무를 벤다면 태형에 처해야 한다."

유대 법률에서는 악의적으로 나무를 베는 것을 금지하는데 이는 매우 엄격하면서도 상당히 이성적이다.

자연을 소중히 아끼는 것만 봐도 유대인들의 마음가짐을 충분히 알 수 있다. 자연을 소중히 아끼고 삶의 터전을 보호하는 것은 유대인 교육의 성공적인 측면이다.

음식을 먹는 데도 정도와 적절한 때가 있다

나는 세 가지 이유로 페르시아인이 부럽다. 그들은 음식을 먹는 것에도, 볼일을 보는 것에도, 부부의 잠자리에도 정도(定道)가 있기 때문이다.

★ ★ ★

유대인은 음식을 절제하는 것을 건강한 몸을 위한 선결조건으로 여기고 청결과 함께 중시해 왔다.

랍비 가말리엘은 "나는 세 가지 이유로 페르시아인이 부럽다. 그들은 음식을 먹는 것에도, 볼일을 보는 것에도, 부부의 잠자리에도 정도(定道)가 있기 때문이다"라고 말했다.

유대인이 음식을 먹을 때 지키는 '정도'의 기본 원칙은 '(위 용량의) 삼분의 일을 먹고, 삼분의 일을 마시고, 삼분의 일을 비워두는 것'이다. 평소 유대인들은 가난해서든 아니면 절약을 위해서든 가장 소박하게 식사한다. 《탈무드》에는 "가난한 사람은 일을 마치고 집에 돌아와서 소금 간을 한 빵을 먹는다. 만약 진수성찬을 먹었다면 아침에 소금 간을 한 빵과 함께 물 한 잔을 마신다"라고 적혀 있다.

유대인은 이런 음식의 '정도'가 백 가지 질병을 예방할 수 있다고 생각했다.

유대인 속담에는 음식에 관한 것들이 꽤 많다.

"제물로 바치는 하얀 빵을 가장 적게 먹는 사람은 건강하고 복이 많으며, 그보다 많이 먹는 사람은 게걸스러운 사람이고, 그보다 더 적게 먹는 사람은 위장병에 걸린다."

"마흔 전에는 밥이 이롭고, 마흔을 넘으면 술이 이롭다."

유대인들은 음식 섭취가 필요할 때가 합리적인 식사 시간이라고 생각한다. 즉, '배고플 때 먹고, 갈증 날 때 마시는 것'을 합리적으로 여긴다. 원칙적으로 유대인은 안식일을 제외하고 하루에 두 끼를 먹는다. 저녁은 하루 일과가 끝난 뒤 집에 돌아가서 먹고, 아침은 노동자의 경우 일터에서 먹는다.

유대인은 계층에 따라 식사 일정이 다르다.

검투사는 첫 번째 시간에 아침을 먹고, 묘지기는 두 번째 시간에, 부자는 세 번째 시간에, 일꾼은 네 번째 시간에, 서민은 다섯 번째 시간에 아침을 먹는다.

서민이 네 번째 시간에, 일꾼이 다섯 번째 시간에, 현자나 철학자 등이 여섯 번째 시간에 아침을 먹는다고 보는 관점도 있다.

유대인들은 이 시간보다 늦게 아침을 먹는 것은 주정뱅이에게 돌을 던지는 것과 같다고 생각한다.

랍비 아키바는 자신의 아들에게 이렇게 충고했다.

"일찍 일어나서 밥부터 먹으렴. 여름에는 덥고 겨울에는 춥기 때문이야. '아침을 일찍 먹을수록 누구보다 빨리 달릴 수 있다'는 속담은 맞는 말이란다."

유대인들은 앉아서 밥을 먹는다. 서서 먹으면 몸을 망친다고 생각하기 때문이다. 또 식사하면서 말을 하지 않음으로써 음식물이 기도로 넘어가 생명의 위협을 느끼는 것을 예방한다. 이들은 여행할 때면 종종 식사량을 줄인다. 흉년의 정상적인 식사량을 넘어서는 안 되며, 그러지 않으면 위장이 편치 않을 것이라고 믿기 때문이다.

음식을 절제하고 식사법을 중시하는 것은 유대인들이 건강하게 장수하는 중요한 원인이자 생존의 지혜다.

몸에 해로운 음식은 먹지 마라

싫어하는 음식은 먹지 마라. 그러지 않으면 '스스로를 경시하고 음식을 경시하게 되며, 오는 복을 걷어차게 된다.

★ ★ ★

《탈무드》에서는 말한다.

"살면서 식욕을 절제하고, 몸에 해로운 음식은 먹지 마라. 모든 음식이 모든 사람에게 잘 맞는 것은 아니며, 모든 사람이 같은 음식을 좋아하는 것도 아니다. 세상의 진미를 모두 맛봐야 한다는 생각을 버리고, 어떤 음식도 탐내지 말아야 한다. 많이 먹으면 탈이 난다. 그렇게 오랜 시간 지속하면 위장이 견디지 못할 것이다."

《성경》에서는 말한다.

"싫어하는 음식은 먹지 마라. 그러지 않으면 스스로를 경시하고 음식을 경시하게 되며, 오는 복을 걷어차게 된다."

유대인들은 아이의 성장과 발육에 다음과 같은 요소들이 필요하다고 믿는다.

- 비타민: 비타민은 지능을 높여준다. 혈액 내 비타민 함량이 부족한 아이에게는 비타민 첨가제를 적절하게 늘려줄 수 있다. 하지만 오늘날 대부분의 아이들은 영양 상태가 매우 좋고, 정상적인 음식만으로도 충분히 비타민을 섭취할 수 있어서 첨가제가 필요한 경우는 드물다.
- 음식: 곡물, 빵, 귤(철분 흡수를 도움)이 포함된 아침 식사는 뇌에 좋은 영양분을 제공한다.
- 물: 수분 부족은 사고능력을 저하시킨다. 탄산이 들어간 음료는 혈당 농도를 급격하게 올려 에너지의 안정적인 발산에 영향을 미칠 수 있다. 차와 커피는 이뇨제다.
- 신선한 공기: 신선한 산소는 뇌의 정상적인 활동을 돕는다. 아이는 서늘하고 통풍이 잘되는 환경에서 활동해야 하고, 심호흡을 자주 해야 한다.
- 에어로빅: 아이는 머리 및 가슴 마사지처럼 간단한 운동을 통해 뇌 기능을 촉진하고, 정신적인 스트레스를 완화하여 주의력을 향상시킬 수 있다.
- 독서: 글을 읽을 때 색이 들어간 렌즈를 사용한 특수 안경을 쓰면 일부 아이들에게 큰 도움이 된다.
- 대화: 부모는 아이의 사고력과 호기심을 강화하기 위해

아이가 네 살 무렵이 되면 철학과 자연과학 관점에서 대화를 나누어야 한다.

- 음악: 아이에게 클래식 음악을 들려주면 시공간의 물질 형태를 식별하는 방식을 개선할 수 있다.
- TV: 아이의 TV 시청을 제한한다. 반면에 인간과 기계의 교류가 필요한 만큼 컴퓨터에서는 배울 만한 게 있다.
- 수면: 어린아이들은 매일 저녁 10시간 이상 수면을 취해야 하며 저녁 9시 전에 잠자리에 들어야 한다.
- 환경: 아이의 침실을 파란색으로 꾸미면 긴장이 풀려 정서 안정에 좋다.
- 맹목적으로 다이어트하지 않기: 오늘날에는 비만인 아이들이 많다. 살찌는 것과 마르는 것은 유전자에 의해 결정되는데, 아이의 유전자 기능을 기필코 무시하려고 한다면 상황을 더 그르칠 수 있다. 여기에는 식단을 조절하여 다이어트를 하는 것도 포함된다.

사흘에 한 번 마시는 술은 황금과 같다

아침에 마시는 술은 돌, 점심에 마시는 술은 구리,
저녁에 마시는 술은 은, 사흘에 한 번 마시는 술은 황금이다.

★ ★ ★

《탈무드》에서는 다음과 같이 기록하고 있다.

"아침에 마시는 술은 돌, 점심에 마시는 술은 구리, 저녁에 마시는 술은 은, 사흘에 한 번 마시는 술은 황금이다."

유대인은 술을 절제한다. 고주망태가 된 유대인을 쉽게 볼 수 없는 까닭이다.

유대인이 인사불성이 될 정도로 술을 먹는 모습은 쉽게 볼 수 없다. 유대 문학에도 이런 사람은 거의 등장하지 않는다. 하지만 술과 유대인은 떼려야 뗄 수 없는 관계다. 유대인은 어릴 때부터 포도주의 향을 정확히 알며, 안식일에는 술이 빼놓을 수 없는 기쁨 중 하나다. 또한《성경》에서도 술의 효능을 반복해서 설명할 뿐 아니라, 일상에서 기쁜 일이나 풍요로운 산물을 술에 비유하기도 한다.

《탈무드》에서는 "술을 적절히 마시면 뇌가 유연해진다"라고 전한다. 하지만 그와 함께 "지나친 음주는 지혜를 해친다"라고 경고하는 것도 잊지 않는다. 많은 랍비들은 술이 인류에게 대체할 수 없는 신비로운 약물이며, 술이 있는 한 곧이 많은 약물을 사용하지 않아도 된다는 것을 오랜 세월에 걸쳐 인정했다.

랍비 이스라엘은 "술은 사람을 기쁘게 해주고, 편안하게 해준다"라고 말했다.

한편, 현자들은 술의 즐거움을 소개하면서 음주의 폐해도 경고했다. 늦은 저녁이 되면 일부 민족은 곤드레만드레 취할 때까지 술을 마신다. 하지만 거의 모든 유대인은 적당한 음주 후에 책을 펼쳐 지식을 채우거나 아름다운 선율의 음악을 들으며 일상의 긴장을 잠시 내려놓는다.

유대인들이 주장하는 것은 덜 즐기라는 게 아니라 더 잘 즐기라는 것이다. 스피노자는 "현명한 사람은 건강과 체력을 회복하기 위해 적당한 양의 음식과 생선을 먹는다. 향료, 녹색 식물, 장식, 액세서리, 음악, 운동, 공연 등도 같은 맥락이다. 모든 사람은 다른 사람에게 피해를 주지 않고 소비할 수 있다"라고 쓴 바 있다. 절제는 바로 이런 적절함이며, 이를 통해 우리는 각종 오락의 노예가 아닌 주인이 될 수 있다. 이것은 자유로운 기쁨이며 그저 잘 즐길 수밖에 없다. 이것이야말로 자신의 자유를 누리는 것이니 말이다.

제 7 장

친구를 잘 사귀면 일이 잘 풀린다

유대인의 인간관계 교육법

당신이 누구와도 대화를 시작할 수 있다면, 3분 안에 '낯선 이'가 없는 세상을 만들 수 있다. 원하기만 한다면 당신은 자신이 알고 싶은 사람과도 친구가 될 수 있고, 그의 도움을 받아 성공할 수 있다!

아이가 집 밖으로 나가도록 격려하라

사람을 사귀는 기술은 교류를 통해서만 배울 수 있다.
부모는 아이에게 생활 공간을 활짝 열어주고, 아이가 집에서 나와
친구를 폭넓게 사귈 수 있는 기회를 마련해 줘야 한다.

★ ★ ★

거액의 돈보다 따스한 격려의 말 한마디가 나은 법이다. 사회성은 아이에게 꼭 필요한 능력이다.

많은 부모들이 아이에게 지나치게 관심을 기울이며 모든 일을 대신 해주다 보니 아이가 무리와 어울릴 기회를 놓치는 경우가 많다. 예를 들어 아이가 스스로 노는 법을 배우고 싶어 할 때마저도 부모가 놀잇감을 가져다주고 안아 주면, 아이가 자신의 흥미를 자유롭게 발달시킬 수 없다. 이런 아이들은 대개

타인에게 먼저 다가서지 못한다. 늘 부모가 먼저 "누구누구 삼촌, 누구누구 이모라고 불러"라고 가르치기 때문이다. 부모는 종종 아이를 자랑하고 싶어 하는데, 그 횟수가 많아지면 아이를 난처하게 할 수 있다. 아이가 아프면 부모는 뜬눈으로 밤을 지새우며 살뜰히 보살핀다. 마찬가지로 아이가 장난칠 때도 부모가 종종 상황을 너무 심각하게 여기는 바람에 대수롭지 않은 문제를 크게 만들곤 한다.

이런 갖가지 이유로 인해 아이는 말할 기회를 빼앗기고 무리와 어울리는 법도, 사람들에게 사랑받는 법도 배우지 못한다. 이런 아이들은 학교에 입학한 후에도 학교생활에 적응하는 것은 물론 친구를 사귀기도 쉽지 않다. 또래 아이들과 놀이를 할 때도 위축되거나 다투다가 결국 집단에서 고립되고 만다.

이런 이유로 오늘날 외동아이의 사회 적응력은 일반적으로 더디게 발전한다. 제때 바로잡아 주지 않으면 아이는 점점 더 내성적이고 고집스러우며 과묵해져서 보통 아이들처럼 천진난만하고 활발하게 지내지 못한다. 다른 한편으로는 지나치게 진지하고 완벽을 추구하다 보니 중요하지 않은 일에 끝까지 매달리는 경향을 보일 가능성이 많다.

한 여자아이가 풀밭을 걷다가 나비 한 마리가 가시덤불에 갇힌 것을 보았다. 여자아이는 조심스럽게 가시덤불에서 나비를 빼내 자연으로 날려 보내 주었다. 이후 나비는 은혜를 갚기 위해 선녀로 변해 여자아이 앞에 나타나 말했다.

"네게 은혜를 갚고 싶구나. 소원을 말하면 들어주마."

여자아이는 잠시 생각하다가 말했다.

"저는 영원히 행복했으면 좋겠어요."

선녀는 허리를 숙여 아이의 귓가에 조용히 뭔가 속삭였다. 그리고 홀연히 자취를 감추었다. 여자아이는 정말로 행복한 일생을 보냈다. 그녀가 노인이 되었을 때 한 이웃이 물었다.

"선녀가 뭐라고 했기에 평생 이렇게 행복할 수 있었나요?"

그녀는 그저 웃으며 말했다.

"선녀는 내 주변의 모든 사람이 내 보살핌과 진심을 필요로 한다고 말했지요."

유대인 부모가 아이의 사회성을 키우는 방법을 살펴보자.

1. 평등하고 화목한 분위기를 만든다

부모는 윗사람의 준엄한 얼굴로 아이를 훈계하지 않는다. 가정에서 아이와 관련된 문제를 다룰 때는 더욱 아이를 생각하고 아이의 의견을 들어야 한다. 가정 내에 큰일이 생겼을 때도 아이들이 알아야 할 일은 알려주고, 적절한 선에서 아이들도 '집안 정치'에 참여하게 한다.

2. 기본적인 교류 기술을 가르친다

부모는 아이가 알게 모르게 공유·협의·순서 따르기·협력과 같은 교류 기술을 전수해야 한다. 다른 사람을 배려하는 법도 생생한 이야기를 통해 가르쳐야 한다. 이는 아이가 다른 사람과 적극적으로 어울리는 데 도움이 되며, 아이의 사회성을 키우는 근본이다.

3. 집 밖으로 나가도록 격려한다

사람을 사귀는 기술은 직접 교류해야만 배울 수 있다. 부모는 아이에게 생활 공간을 활짝 열어주고, 아이가 집 밖에 나가 친구를 폭넓게 사귈 수 있는 기회를 마련해 줘야 한다.

예를 들면 친구 찾아 놀기, 이웃집 친구나 같은 반 친구 초대하기, 적절한 때에 부모의 사회생활 공간에 아이를 데리고 들어가기, 다른 집에 방문할 때 아이를 데려가기, 어른들끼리 교류하며 대화를 나눌 때 예의범절을 관찰하게 하기 등이 있다. 집에 손님이 찾아오면 아이를 소개하고, 아이에게 직접 손님을 맞이하고 자리를 권하며 차를 준비해서 대화하도록 하는 등 무조건 아이를 배제하지 않는 방법도 있다.

아이가 교류하는 법을 실제로 배우게 하는 것은 또래 아이들과의 교류에 대한 아이의 걱정이나 두려움을 없애는 데 도움이 된다. 평소 부모는 작은 가게에서 생필품을 사와 어딘가로 가져다주게 하는 등 아이가 교류에 필요한 일들을 의식적으로 해보게 할 수도 있다.

4. 발전하는 모습을 볼 때마다 격려를 아끼지 않는다

아이가 자랄수록 타인과 교류하는 것도 눈에 띄게 좋아지고, 낯선 사람을 보면 겁부터 먹고 말도 하지 못했던 모습도 점점 개선되기 마련이다. 수업시간에 용감하게 손들고 발표하기, 선생님께 스스로 인사하기, 친구를 집에 초대하기, 낯선 사람에게 웃으며 인사 건네기, 물건을 사면서 흥정하기, 약자를 동정하기, 다른 사람 돕기 등과 같이 변화된 모습들을 보여줄 것이다. 그럴 때마다 부모는 이 모습들을 눈으로 담고, 마음으로 기억하면서 지속적으로 격려하고 응원해야 한다. 시간이 흐를수록 아이의 달라진 모습에 무한한 위안을 얻을 수 있을 것이다.

사람은 사회적 동물이다. 모든 사람은 사회 속에서 살아가기 위해 다른 사람과 소통하고 교류하는 기술을 익혀야 한다.

부모가 해야 할 일은 자신의 아이가 하루빨리 사회라는 대가족 속에 섞이게 하는 것이다.

비밀을 누설하는 것은 신의를 저버리는 짓이다

만약 어떤 집의 옥상이 유난히 높아서 이웃집 마당이 훤히 내려다보인다면, 그 집에 사는 사람은 옥상 주위에 충분히 높은 난간을 세워 이웃의 마당이 보이지 않도록 해야 한다.

★ ★ ★

"입이 무거운 사람이야말로 처세의 고수다."

《탈무드》에 나오는 말이다.

처세의 지혜를 얘기할 때 유대인들은 비밀 유지를 매우 강조한다. 비밀을 지키는 것은 신뢰할 만한 사람인지, 아닌지를 가늠할 수 있는 시금석이다. 유대인들은 어느 선까지 비밀을 지키는지로 사람의 가치를 평가한다. 또 유대인들은 비밀이 없다면 진정한 유년기가 아니라고 생각한다. 비밀의 존재는 아이들의 성장을 도울 수 있다. 하지만 비밀을 지켜야 하는 아이는 비밀을 지키는 것과 거짓말을 해야 하는 것 사이에서 고통을 겪는다.

유대인들이 아이들에게 들려주는 많은 격언은 비밀 유지의 중요성을 알려준다.

"비밀을 들어주는 것은 쉽지만 지키는 건 쉽지 않다."

"세 명 이상 아는 내용은 더 이상 비밀이 아니다."

"비밀을 못 지키는 사람은 바보와 어린아이뿐이다."

비밀과 관련된 격언 가운데 유대인이 가장 좋아하는 격언은 다음과 같다.

"비밀이란 이름의 술을 마시면 혀가 춤을 추기 시작한다. 그러니 특별히 조심해야 한다."

비밀은 인간관계에 영향을 준다. 사람들은 믿을 만한 사람에게 비밀을 말하고, 비밀을 알고 있는 사람들 사이에는 친밀한 유대감이 형성된다. 비밀에서 배제된 사람은 관계에서도 배제되고 심지어 적대관계가 되기도 한다.

아이들의 비밀은 부모가 알아선 안 될 비밀, 친구가 알아선 안 될 비밀, 이해할 수 없는 환각에 관한 비밀, 몸을 숨기거나 벗어날 장소에 관한 비밀, 배신당한 비밀, 믿음직스러운 비밀 그리고 중요한 사람과 공유하는 비밀 등으로 매우 다양하다.

한 심리 연구에 따르면 여섯 살에서 아홉 살 사이의 아이들은 비밀을 털어놓을 것인지 말지에 대해 늘 고민하는 것으로 나타났다. 열 살짜리 아이는 우정을 기준으로 자신의 행동을 가늠하기도 한다. 열두 살이 되면 아이들은 다른 사람의 비밀을 지킬 책임이 있다는 사실을 점차 알게 되면서 다른 사람의 비밀을 누설하면 우정을 잃게 된다고 생각한다. 만약 비밀을 누설했다가는 친구에게 비난받고 양심의 가책을 느낄 것이다.

유대인들은 비밀을 알게 되면 이를 떠벌리고 싶은 것을 참지 못하는 게 인간의 본성이라고 생각한다. 어떤 비밀을 알게 되면 이를 빌미로 다른 사람의 관심을 끌고 싶은 게 사람 마음이기 때문이다. 모든 사람은 다른 사람의 비밀을 캐내는 것을 좋아하고, 많은 이의 이목을 끌기를 바란다. 비밀을 털어놓으면 많은 사람들의 주목을 받아 우쭐한 기분을 느끼게 된다. 하지만 유대인들은 갑이란 친구에게 비밀을 들은 사람이 이것을 을이란 친구에게 전하면 표면적으로는 을을 무척 신뢰하는 듯 보이지만, 실제로는 그렇지 않다는 사실을 알고 있다. 그 사람은 을을 신뢰하지 않을 뿐 아니라 이미 갑의 신뢰도 저버린 것이다.

이에 랍비는 학생들에게 다음과 같이 가르친다.

"비밀이 당신 수중에 있어야만 비밀의 주인이 될 수 있다. 비밀을 말하는 순간, 그때부터 비밀의 노예로 전락한다."

일상에서 유대인들은 비밀을 지키고 입을 다물며 다른 사람의 사생활을 존중한다.

한번은 점쟁이 발람이 이스라엘 사람을 저주하러 갔다. 하지만 그들이 지내는 곳을 보고는 그들을 위해 기도를 시작했다. 이스라엘의 천막이 서로 마주 보고 서지 않은 것을 보고, 그들이 서로 사생활을 존중한다고 생각하여 그들을 위해 기도한 것이다.

사생활을 존중하는 유대인의 특성은 어떤 방식으로도 사생활을 탐문하지 못하도록 정해둔 법률에서도 잘 드러난다. 다른 사람의 사생활을 존중하기 위해 랍비는 사람들에게 다음과 같이 훈계했다.

"그가 선서할 때 질문해서는 안 된다."

"친구가 분노할 때 위로하려 하지 마라."

"시신이 아직 그의 눈앞에 있는 동안 그의 슬픔을 달래려고 해서는 안 된다."

"그가 불행할 때 굳이 찾아가지 마라."

《탈무드》에서는 "만약 어떤 집의 옥상이 유난히 높아서 이웃집 마당이 훤히 내려다보인다면, 그 집에 사는 사람은 옥상 주위에 충분히 높은 난간을 세워 이웃의 마당이 보이지 않도록 해야 한다"라고 말한다.

랍비들은 이 특수한 규정을 다음과 같이 설명한다.

마당 주인은 특정한 시간에만 자신의 마당을 사용하지만 옥상 주인은 특정한 시간에만 사용하지 않는다. 마당 주인은 옥상 주인이 언제 옥상에 올라올지 모른다. 그런 까닭에 마당 주인은 옥상에 사는 사람이 자신의 마당을 보는 것을 막을 수도 없고, 자신의 사생활을 보호할 수도 없다.

그래서 모든 유대인 부모들은 아이들에게 다른 사람을 존중하고, 다른 사람의 생활 습관을 존중하며, 다른 사람이 자신에게 말한 비밀을 지키라고 가르친다. 그래야만 다른 사람에게 신뢰받는 사람, 모두가 존경하는 사람이 될 수 있다.

좋은 부모는 아이의 우정을 존중한다

아이의 성격 발달은 아이의 인간관계와 관련이 있다. 가정환경과 어릴 적 친구와의 우정은 모든 사람의 인간관계에 깊은 영향을 미친다.

★ ★ ★

《탈무드》에서는 말한다.

"만약 내가 나를 위해 존재하지 않는다면 누가 나를 위해 존재하겠는가?"

"만약 내가 나 자신만을 위해 존재한다면 나는 무엇인가?"

아이의 성격 발달은 아이의 인간관계와 관련이 있다. 가정환경과 어릴 적 친구와의 우정은 모든 사람의 인간관계에 깊은 영향을 미친다.

아이는 일고여덟 살이 되면 부모를 떠나 친구를 찾는다. 이 나이의 아이들은 자신에 대한 친구의 태도를 점점 더 중요하게 생각한다. 아이들의 정신과 감정의 영양분은 부모로부터 나오지만, 아이들은 친구에게서 뜻밖의 원천을 얻을 수 있다고 생각한다.

한 유명한 유대인 교육학자는 아이의 교우 과정을 서로 겹치는 네 가지 단계로 구분했다.

1. 3~7세는 자기중심적인 단계다. 이 단계의 아이들은 대개 같이 놀거나 가까이 사는 아이를 친구로 여긴다. '가장 좋은 친구'는 가장 가까이 사는 친구다. 이 단계의 아이들이 친구를 찾는 이유는 필요에 의해서인데, 상대방이 자신이 좋아하는 장난감을 가지고 있거나 자신에게 없는 능력을 갖춘 경우다. 이 단계의 아이들은 서로 잘 사귀기는 하지만 다른 사람에게 영향을 미치는 것에는 서툴다.

2. 4~9세는 자기만족의 단계다. 이 단계의 아이들은 교우 과정에서 필요에 의해 결정하는 경우가 많지 않다. 아이들은 친구를 한 인간으로 보지, 필요에 의해 사귀거나 서로 이익을 얻으려는 목적으로 사귀지 않는다. 따라서 한 번에 한 명 이상 친구를 사귀지 못하는 경우가 많다.

3. 6~12세는 상호이익의 단계다. 이 단계 아이들의 교우관계 특징은 호혜·평등이다. 아이들은 상대방의 생각을 고려할 수 있고, 평등이란 문제에 상당히 관심이 많다. 그래서 친구를 평가할 때 누가 누구에게 무엇을 해주었고, 어떤 보답을 원하는지를 비교한다. 호혜적 관계이기 때문에 이 단계의 우정은 둘, 혹은 소규모에 국한되고 일반적으로 동성끼리 형성되는 것이 대부분이다.

4. 9~12세는 친밀한 단계다. 아이들은 이 단계에서 상당히 친밀

한 교우관계를 유지할 수 있다. 아이들은 친구의 표면적인 행위에는 크게 관심이 없고, 내면적인 성향과 행복 여부에 관심을 갖는다. 많은 심리학자들은 이 단계를 모든 친밀함의 기초로 보고, 이 시기에 친밀한 친구를 사귀지 못한다면 어른이 되어서도 친구를 사귀지 못하고, 영원히 진정한 친구를 찾을 수 없을 거라고 생각한다.

위와 같은 아이들의 감정 단계에 대응하여 부모들은 아이가 친구와 우정을 쌓도록 돕고, 팀워크와 협동정신을 기를 수 있도록 다양한 조치를 취할 수 있다.

많은 교육자들은 어린 시절의 교우관계가 친구를 사귀는 습관과 자존심에 부모의 사랑과 관심에 버금갈 정도로 영향을 미친다고 말한다. 이와 반대로 만약 아이가 친구를 잃거나 친구들에게 따돌림을 당한다면 성인이 되어 큰 성공을 거두더라도 평생 불안해하고 만족하지 못하게 된다.

아이의 각 성장 단계마다 부모는 아이에게 다음과 같은 교육 방법을 다양하게 제시해야 한다.

첫째, 아이가 자기중심적인 단계일 때 부모는 아이에게 여러 가지 활동을 접할 기회를 마련해 줘야 한다. 아이와 성격이 비슷하거나 공통된 흥미를 가진 아이를 초대해 함께 놀이를 할 수 있다. 활동할 때 아이가 친구와 어떻게 지내는지는 중요치 않다. 중요한 것은 아이들이 함께할 수 있느냐는 점이다. 만약 아이가 내성적이고 괴팍하다면 이런 활동이 더욱 중요하다.

둘째, 아이가 자기만족의 단계일 때 부모는 아이에게 친구의 가치를 강화해야 한다. 아이가 우정을 중요하게 여기게 하고, 친구와 사귀도록 격려한다. 만약 아이가 다른 친구에게 긍정적인 감정을 보인다면 설사 불안하고 걱정되더라도 아이 앞에서 그 친구를 깎아내리거나 헐뜯지 말아야 한다. 또, 아이가 놀림이나 괴롭힘을 당했다고 해서 상대방을 원망하도록 종용해선 안 된다. 그러면 아이가 더욱 괴팍해질 수 있다.

셋째, 아이가 상호이익의 단계일 때 부모는 방관자로 머무르지 말고, 아이가 만족감과 안정감을 느낄 수 있도록 아이의 교우관계에 적극적으로 참여해야 한다. 부모의 지식과 경험은 아이가 친구를 사귈 때 겪을 수 있는 문제를 해결하도록 돕는 데 큰 역할을 한다. 부모는 아이가 아량을 갖추도록 도와야 하고, 친한 친구와의 사이에서 받은 상처를 직시하고 받아들이게 해야 하며, 부정적인 감정과 경험을 어떻게 처리할지 스스로 결정하도록 해야 한다. 적절한 시기에 부모는 아이에게 교우관계 경험과 기술을 알려줄 필요가 있다.

넷째, 아이가 친밀한 단계일 때 부모의 역할은 아이를 지도하는 것이다. 아이의 연령에 맞는 활동을 정하고, 올바른 교우가치관을 심어주며 아이 개인의 성장과 인간관계의 발전을 격려해야 한다. 이 단계의 아이들은 부모에 대한 의존이 줄어 드는 모습을 보이는데, 이는 지극히 정상적인 현상이므로 부모는 관대하게 아이를 품어줘야 한다.

존중해 줘야 자신감이 생긴다

세상에 쓸모없는 건 없다. 다만 제자리를 찾지 못했을 뿐이다.
자신에게 맞는 길을 찾아 꾸준히 스스로를 발전시키며
앞으로 나아간다면 반드시 성공할 수 있다.

★ ★ ★

유대인들이 아이에게 독립심을 심어주는 방법이 우리 눈에는 다소 냉정해 보일지 몰라도 절대적으로 현명한 처사다. 이것이 바로 유대민족이 오랜 시간 세상을 떠돌면서도 흩어지지 않을 수 있었던 중요한 원인이다.

이러한 자기신뢰는 아이들의 독립심을 형성하는 기초가 되며, 유대인 아이들은 어릴 때부터 독립심을 기른다. 유대인들은 자신을 돌볼 수 있는 건 자신뿐이며, 다른 사람에게 기대서 살아가는 것은 어리석은 환상이라고 믿는다.

그래서 유대인들은 어떤 조건에서도 굳건히 살아남을 수 있었다. 이들은 자신의 능력과 강한 생존의식에 의지하여 돈을 버는 탁월한 방법을 찾아 자신의 생활고를 해결할 수 있었다.

사업가는 자신의 운명을 독립적으로 손에 쥔 사람으로서 우선 이성적인 독립심과 생존의식을 갖춰야 한다.

이런 의식은 유대인 상인들이 다른 사람이 파놓은 함정에 빠지지 않도록 스스로를 보호하는 '보호막'을 형성한다.

독립심은 자신의 운명을 손에 쥐는 첫걸음이며, 이와 함께 자강불식(自强不息)의 정신도 지녀야 한다. 홀로 서는 것이 강해지는 것이고, 강해지는 것이 홀로 서는 것이다. 이 둘은 서로 시너지 효과를 낸다.

걸출한 인재가 성공할 수 있었던 중요한 이유 중 하나는 기필코 이기겠다는 신념을 가지고 부단히 스스로를 발전시켰기 때문이다. 많은 사람이 살면서 자신은 보잘것없다며 볼멘소리를 한다. 그래서 소극적이고 평범하지만, 사실 모든 사람에게는 성공할 수 있는 잠재력이 있다. "세상에 쓸모없는 건 없다. 다만 제자리를 찾지 못했을 뿐이다"라는 나폴레옹의 말처럼 말이다. 자신에게 맞는 길을 찾아 꾸준히 스스로를 발전시키며 앞으로 나아간다면 반드시 성공할 수 있다.

자강불식은 유대인의 훌륭한 전통이다. 고난과 좌절 앞에서 유대인들은 결코 물러서지 않았고 갖은 멸시와 박해도 그들의 앞길을 막지 못했다. 로마제국 시대부터 유대인들은 박해 속에 고국 땅을 등지고 뿔뿔이 흩어졌다. 오랫동안 떠돌던 생활 속에서도 유대민족의 특성·종교·언어·문화·문학·전통·역법·풍습·지혜는 2,000여 년이라는 비참한 유랑의 역사에도 섞이지 않고, 지금까지도 여전히 유지되고 있다. 수천 년간 유대민족은 수많은 인재를 꾸준히 배출했고 이들 엘리트는 세계 곳곳으로 뻗어 나갔다. 참혹한 환경과 탁월한 성과의 극명한 대비는 유대민족의 왕성한 생명력과 자강불식이라는 진취적인 정신을 반영한다.

자녀 교육에서 무엇보다 중요한 것은 바른 인성과 자신감을 길러주는 것이다. 자신감 있는 아이가 되려면 우선 부모와 타인의 존중을 받아야 한다. 자존감이 있어야 자신감이 생긴다.

그러므로 부모는 아이를 존중하고, 아이가 늘 부모의 사랑 속에서 자신이 부모의 자긍심이라는 걸 느끼게 해주어야 한다.

개랑 놀면 벼룩이 옮는다

충성스러운 친구는 비바람을 막아주는 튼튼한 장막과도 같다.
그런 친구는 값을 매길 수 없는 보물이니 쉽게 잊어선 안 된다.

★ ★ ★

한 부호에게 열 명의 아들이 있었다. 그는 자신이 죽으면 열 명의 아들에게 100디나르씩 물려주려고 계획을 세웠다.

하지만 시간이 흐르면서 얼마간 돈을 쓰다 보니 950디나르만 남았다. 그는 아홉 명의 아들에게 100디나르씩 주고 나서 마지막으로 가장 어린 막내에게 말했다.

"이제 내게 50디나르밖에 남지 않았구나. 그런데 여기에서 30디나르는 내 장례비로 남겨둬야 하니 네게는 20디나르밖에 줄 수 없다. 대신 내 친구 열 명을 네게 소개해 주마. 그 친구들은 100디나르보다 훨씬 값어치가 있단다."

부호는 막내에게 친구들을 소개해 주고 얼마 뒤 세상을 떠났다.

아홉 명의 아들들은 각자 살길을 찾았고, 막내 역시 아버지가 남겨준 돈을 천천히 쓰며 살았다. 마침내 최후의 1디나르가 남았을 때, 막내는 그 돈으로 아버지가 소개해 준 열 명의 친구들에게 식사를 대접했다.

아버지의 친구들은 함께 먹고 마시며 말했다.

"이렇게 많은 형제 중에 우리를 기억해 주는 건 이 친구가 유일하군. 자, 다 같이 이 친구의 호의에 보답하세."

아버지의 친구들은 막내에게 각자 송아지를 품은 어미 소 한 마리와 얼마간의 돈을 쥐여주었다. 어미 소가 송아지를 낳자 막내는 송아지를 팔았고 그 돈으로 장사를 시작했다. 하늘이 도왔는지, 막내는 아버지보다 더 부자가 되었다.

훗날 랍비가 된 그가 말했다.

"아버지는 친구가 세상 무엇보다 값지다고 하셨는데, 그 말씀은 사실이었습니다."

이처럼 우정을 소중히 여기기 때문에 유대인들은 친구를 사귈 때 매우 신중하고 함부로 사귀지 않는다. 유대인 격언 중 친구와 관련된 가장 유명한 것은 "개랑 놀면 벼룩이 옮는다"는 격언이다.

유대인들은 친구가 없는 사람은 팔이 없는 사람과 같다고 여긴다. 이들은 친구를 세 가지 유형으로 나누는데 하나는 빵과 같이 없어서는 안 될 친구, 다른 하나는 술처럼 가끔 필요한 친구, 마지막은 조심하지 않으면 벼룩이 옮는 개와 같은 친구다.

한 유대인 철학자는 다음과 같은 글을 남겼다.

"친절하고 사랑스러운 연설은 열렬한 박수를 받고, 상냥하고 친절한 태도는 환영을 받는다."

"축하하는 사람은 많지만 진정한 친구는 하나밖에 없다."

"친구를 사귀려면 어려움이 닥쳤을 때 진심을 볼 수 있어야 한다. 결코 경솔하게 믿어선 안 된다."

"어떤 친구는 단계적인 친구다. 이런 친구는 당신이 곤경에 처했을 때 멀리 도망간다."

"어떤 친구는 당신이 잘나갈 때는 웃으며 반기고, 불행할 때는 멀리 달아난다."

"어떤 친구는 등을 돌리고, 이해관계가 충돌하면 적이 된다."

"충성스러운 친구는 비바람을 막아주는 튼튼한 장막과도 같다. 그런 친구는 값을 매길 수 없는 보물이니 쉽게 잊어선 안 된다."

"향수 가게에 들어가면 뭔가 사지 않아도 향기가 밴다."

예의를 모르면 멸시당한다

선견지명이 있고 세상을 보는 눈을 가졌으며 재산이 아무리 많아도, 예의를 모르고 어떤 장소에서든 대범한 태도를 지니지 않으면 무시당하기 십상이다.

★ ★ ★

유대인들은 선견지명이 있고 세상을 보는 눈을 가졌으며 재산이 아무리 많아도, 예의를 모르고 어떤 장소에서든 대범한 태도를 지니지 않으면 무시당하기 십상이라고 생각한다.

한 유대인 랍비는 품격 있는 태도를 갖추고 훌륭한 교양 수준을 보여주고 싶다면 수줍어하거나 다른 사람을 무시해서는 안 된다고 말한다. 스스로에게 어떤 장점이 있다고 착각하여 자신이 우월하다고 생각해선 안 된다. 본분에 맞게 겸허한 자세로 다른 사람의 비난을 받아들일 줄 알아야 한다.

유대인 교육자 메시아는 이렇게 말했다.

"행위의 아름다움은 일종의 표현 방식이므로 잘 표현하는 방법을 터득해야 한다. 때로는 다른 사람을 도와주다가도 예의에 어긋나 상대방이나 주변 사람이 불편해질 수도 있다."

유대인들은 예전부터 행위의 아름다움을 중시해 왔다. 아득한 옛날에는 행동을 아름답게 가다듬는 것이 온 사회의 관심사였다. 서양이든 동양이든 모든 민족은 그 민족만의 행동 의식을 지니고 있으며, 전문적인 학교와 체육관에서 사람들의 행동과 몸가짐을 훈련시킨다.

유대민족의 일반 초등학교에서는 학생들의 행동과 예의를 가르치는 데 많은 노력을 기울이고 예절에 대한 책도 많이 구비해 둔다.

유대인 교사는 예절 교육을 받을 때 우선 다음과 같은 교육을 받아야 한다.

"여러분은 생활 속에서 매 순간 아이들을 가르친다. 설사 여러분이 집에 없을 때도 마찬가지다. 여러분이 어떻게 옷을 입고 어떻게 다른 사람과 대화를 나누는지, 또 다른 사람에 대해 어떻게 얘기하는지, 친구와 적을 어떻게 대하는지, 어떻게 웃고 어떻게 신문을 보는지, 이 모두가 아이들에게는 큰 의미가 있다. 아이들은 여러분의 말투와 얼굴의 아주 미세한 변화도 알아차리며, 갖가지 보이지 않는 경로를 통해 여러분의 생각과 감정의 변화를 읽어낸다."

유대인 랍비 엘리야는 이렇게 말했다.

"교육의 어떤 측면도 소홀히 해선 안 된다. 아이에게 청결을 중요시하고, 신체와 복장을 늘 청결하게 유지하며, 행동거지를 조심하고, 사람을 대할 때는 존중하는 태도를 갖추도록 교육하는 동시에 보편적이고 영원한 근원으로서 이 모든 것의 필요성을 설명해 주어야 한다. 이런 필요성은 사회적인 신분과 지위에서 나온 거짓 요구가 아니라 숭고한 인류의 칭호에서 온 것이며, 표면적인 예의범절의 거짓 관념에서 비롯된 것이 아니라 인간의 존엄이라는 영원한 관념에서 온 것이다."

인간의 존엄성, 인도주의, 주변에 대한 관심은 자신의 행동과 품격에 대한 관심의 표현이기도 하며, 이것이 바로 유대인이 행동의 품격을 가늠하는 기준이다.

아이가 하는 행동의 품격은 사회 발전의 정도를 나타내며, 사회가 요구하는 것 중 하나이고, 부모가 직면한 도전이기도 하다.

비록 아이가 무한한 지식과 신비로운 외모를 가졌다고 할지라도, 속된 품성과 거친 행동거지로 인해 일상생활에서 자질구레한 문제에 휘말릴 수 있다. 한 사람의 품격은 어디에서 시작되었느냐와 어떤 선을 따라 앞으로 걸어 나가느냐에 달렸다.

뛰어난 아이는 혼자가 아니다

어떤 일을 하는 사람이든 항상 무리 속에서 성과를 얻는다.
늘 골똘히 생각하는 사상가나 철학가를 제외하고는 무리에서 멀어져야만
비로소 온 정신을 집중해 예리하게 생각할 수 있다.

★ ★ ★

랍비 자포니가 말한 다음 내용은 많은 사람들에게 사랑받았다.

"나는 신의 창조물이고, 내 이웃 역시 신의 창조물이다. 나는 도시에서 일하고, 그는 농촌에서 일한다. 나는 내 일을 위해 일찍 일어나고, 그는 그의 일을 위해 일찍 일어난다. 그가 내 일에 익숙하지 않듯이, 나도 그의 일에 익숙하지 않다. 그러므로 내가 하는 일만 대단하다고 여기고 그의 일을 멸시해선 안 된다. 누구나 자신의 일이 있고, 모든 일에는 저마다의 가치가 있기 때문이다."

잠든 사람들 속에서 깨어 있지 않고, 깨어 있는 자들 사이에서 잠들지 않는다.

환희에 찬 사람들 속에서 홀로 울지 않고, 모두가 눈물을 흘리는 가운데 웃지 않는다.

다른 사람들이 서있을 때 앉지 않고, 다른 사람들이 앉아 있을 때 서있지 않는다.

즉, 사람은 주변 사람들의 행동 상태에서 벗어나선 안 된다.

어떤 일을 하는 사람이든 항상 무리 속에서 성과를 얻는다. 늘 골똘히 생각하는 사상가나 철학가를 제외하고는 무리에서 멀어져야만 비로소 온 정신을 집중해 예리하게 생각할 수 있다.

아이의 긴 일생에서 팀워크는 아이의 운명에 직접적인 영향을 미친다. 부모는 아이가 어릴 때부터 다른 사람과 함께하는 법을 가르쳐야 한다.

아이는 세 살에서 네 살 무렵에는 무리에 섞이고 싶어 한다. 여섯 살에서 일곱 살 무렵에는 한 무리에 섞이는 것이 정신적인 소속감을 주고 자신감을 높인다는 것을 깨닫고, 심지어 그 무리에 충성을 바치기도 한다.

이 무렵 아이들에게 가장 고통스러운 것은 또래에게 따돌림당하는 것이다. 아이들은 친구나 무리에서 배척당하면 매우 속상해하며 자신감에 큰 상처를 입는다.

한 유대인 교육자는 또래 집단에서 배척당하는 아이들에는 두 가지 유형이 있다고 말한다.

한 가지 유형은 특수한 이유로 잠시 거부당하는 것이다. 보통 낯선 곳으로 이사해서 새로운 친구들과 익숙하지 않은 경우다. 이 경우에는 일반적으로 어느 정도 시간이 흐르면 친구를 사귀고 빠르게 무리에 섞여 들어간다.

다른 한 유형은 아이의 성격으로 인한 경우다. 내성적인 아이는 무리와 어울리지 못하고 혼자 지내며 부끄러움을 많이 타고, 지극히 외향적이고 공격적인 아이는 다소 거친 면이 있다. 이런 두 유형의 아이들은 부모들을 걱정시키기도 한다. 이런 경우 적절히 훈육하지 않으면 더 심한 외톨이가 되거나, 폭력과 같은 보복성 행위에 대한 환상에 빠질 수 있다. 심각해지면 범죄자의 길을 걸을 가능성도 있다.

위와 같은 상황을 미연에 방지하기 위해 부모들은 다각적으로 아이를 도울 방법을 찾아볼 수 있다.

아이를 집에만 가두지 말자. 그러면 아이가 더욱 폐쇄적으로 변할 소지가 있다. 부모는 아이가 시야를 넓히고 지식을 쌓을 수 있도록 단체 활동에 참여하도록 장려해야 한다. 아이가 일고여덟 살이 되면 각종 활동과 단체에 참여하게 하고, 만약 아이가 특정 무리에서 거부당한다면 어떤 기술, 취미, 교류 지침 등을 토대로 하는 특정한 단체 활동에 참여시킬 수 있다. 이와 같이 주제가 있는 단체 활동의 구성원들은 개성, 흥미, 사회적인 지능 수준이 비슷해서 어울리기가 수월하다.

만약 아이에게 친구가 없다면 부모는 아이의 편에 서서 위로해 주고, 실패했다는 좌절감과 무력감을 느끼지 않게 해야 한다. 비록 잠시뿐인 위안일지라도 아이에겐 꼭 필요하다.

또 가정에서 아이가 주인공이 되게 하자. 예를 들어 아이가 가족 여행의 플래너가 되어, 여행에 가서 할 일 등을 계획해 보게 한다. 이런 방식으로 아이의 사회적 능력과 기술을 단련할 수 있다.

부모가 어떤 동아리 활동을 시작할 수도 있는데, 이런 부모의 모습은 아이에게도 영향을 미친다. 가정에서 부모가 보여주는 모습은 중요한 자원으로서 아이에게 무한한 도움이 된다.

다른 사람의 고통을 이해하라

만약 어떤 사람이 잘못을 뉘우친다면 그에게
“당신이 과거에 한 일을 기억하라”라고 말해선 안 된다.
만약 어떤 사람이 속죄자의 아들이라면 그에게 “당신 아버지가 한 짓을 기억하라”라고 비난해선 안 된다.

★ ★ ★

어떤 사람이 사랑받는 사람이 될 수 있는지 여부는 그 사람이 남을 동정할 줄 아는지, 남을 배려할 줄 아는지에 달려 있다.

유대인 부모들은 아이가 어릴 적부터 동물을 키우게 하고 이를 통해 아이의 동정심과 책임감을 기른다. 아이와 함께 동물 입양 기관에 가서 유기견 등 갈 곳 없는 동물들을 입양하기도 한다.

아이들 입장에서는 작은 동물을 돌보는 것과 타인을 돌보는 것에 큰 차이가 없다. 다만, 작은 동물을 돌보면서 아이들의 동정심이 조금씩 쌓일 수 있다.

아이는 한 살부터 세 살 사이에 자신과 다른 사람을 구분하고 자신의 아픔과 다른 사람의 아픔을 구분할 수 있다. 한 살 이전의 아이들은 자신과 타인, 자신과 세상을 구분하지 못한다. 자신의 고통과 세상 사이에 어떤 관계가 있는지, 타인의 고통이 자신과 무슨 관계가 있는지를 두고 이 시기의 아이들에게는 무지몽매하다는 말이 딱 어울린다. 그래서 이 시기의 아이들에게서는 우는 모습만 관찰할 수 있다. 다른 아이가 울면 자기도 따라 운다.

그러다가 세 살쯤 되면 타인의 아픔에 대해 본능적으로 동정심을 나타낸다. 관심 있는 표정을 짓거나 동정심을 발휘하기도 하며, 심지어 동정심을 가득 담아 쓰다듬거나 토닥이며 위로하기도 한다.

하지만 이 단계의 아이들은 아직까지 위로의 말이나 높은 수준의 동정과 관심에 어울리는 행동을 하지는 못한다.

다섯 살부터 일곱 살 무렵의 아이들은 동정심과 인지에 대한 피드백 능력을 갖추게 된다. 다시 말해 누가 울면 같이 울거나, 얼른 달려가서 '위로'를 표시하는 단계를 넘어서서 다른 사람의 고통에 대해 위로와 관심을 표시하는 형식을 결정할 수 있게 된다. 함께 울어주거나, 말로 위로하거나 혹은 어른에게 알리는 것처럼 말이다.

열 살쯤 되면 많은 아이가 약하거나 열세에 놓인 사람 혹은 일에 대해 이성적인 태도로 대처하고 적절한 동정심과 관심을 보인다.

이 시기의 아이들은 가족이나 아는 사람이라는 경계를 넘어 약한 사람이나 불리한 상황에 놓인 낯선 사람과 사건에까지 동정심을 갖기 시작한다.

위 아이들의 연령대를 분석해 보면 아이의 동정심을 기르는 최적의 시기는 어릴 때부터임을 알 수 있다. 이 시기의 아이들은 이미 동정심을 형성하기 위한 심리적인 토대를 갖추는 한편으로 모방 능력이 뛰어나므로, 부모의 말과 행동으로 아이의 동정심을 강화할 수 있다.

아이는 천성적으로 동정심을 가지고 있다. 부모는 마땅히 이를 보호하고 길러줘야지 억눌러선 안 된다.

아이가 좋은 일을 하면 더 많이 칭찬해 줘야 한다. 부모의 신뢰와 외부의 피드백은 아이가 좋은 일을 더 많이 하도록 촉진하고, 아이와 부모는 상호 간에 선순환을 형성할 수 있다.

《탈무드》에서는 다음과 같이 말한다.

"만약 어떤 사람이 잘못을 뉘우친다면 그에게 '당신이 과거에 한 일을 기억하라'라고 말해선 안 된다. 만약 어떤 사람이 속죄자의 아들이라면 그에게 '당신 아버지가 한 짓을 기억하라'라고 비난해선 안 된다."

아이의 성장에 주의를 기울이는 부모라면 아이가 냉담하게 구는 것에 대해 경각심을 가져야 한다.

아이가 생활 속에서 타인의 고통을 느끼고 사랑이 뭔지 이해할 수 있게 다양한 사회공헌활동에 참여시켜야 한다.

아이가 열정을 가지고 행동하면 부모는 적절한 때에 칭찬하고, 응원하고, 격려해야 한다. 아이는 부모의 응원 속에서 더욱 사랑스러워지는 것은 물론, 행복을 전파하는 전령이 될 것이다.

다른 사람의 입장에서 고민하라

자기가 하기 싫은 일을 남에게 강요하지 마라.
조화로운 인간관계를 위해서는 다른 사람의 관점에서 문제를
생각하도록 아이를 교육해야 한다.

★ ★ ★

한 유대인 가정에서 개를 키웠다. 온 가족이 이 개를 사랑했는데, 그중에서도 주인의 아들이 가장 극진히 사랑한 나머지 온종일 같이 자고 같이 먹으며 헤어지기 아쉬워했다.

그러니 개가 갑자기 죽는다면 아이는 큰 상처를 받을 게 뻔했다. 아버지는 개가 조만간 죽을 것 같다고 느끼자, 밖에 갖다 버리려고 했다. 하지만 아들은 반드시 집 뒷마당에 묻어야 한다고 우겼다.

결국 부자 사이에는 이로 인한 다툼이 생겼고, 어쩔 수 없이 랍비에게 도움을 청했다. 랍비는 많은 일에 대해 조언해 봤지만 개의 장례에 관해 조언하는 것은 처음이었다. 하지만 아이의 슬픔을 충분히 이해할 수 있었다.

그래서 랍비는 관련 자료를 찾다가《탈무드》에서 다음과 같은 이야기를 찾아냈다.

"옛날에 어느 집에 독사 한 마리가 기어 들어와 우유통 안으로 들어갔다. 이 때문에 우유에 독사의 독이 섞이고 말았다. 그런데 이 모습을 그 집의 개만 보았다. 그날 저녁 식구들이 돌아와 우유통의 우유를 먹으려 하자, 개가 짖기 시작했다. 그러더니 달려와서 우유가 가득 담긴 컵을 엎고는 혼자 핥아먹기 시

작했다. 식구들이 모두 화가 났을 무렵 개는 이미 죽은 뒤였다. 그제야 식구들은 우유 속에 독이 들어 있었다는 걸 알아차리고 충격에 휩싸였다. 그리고 개에게 큰 고마움을 느꼈다."

이 이야기를 들은 아버지는 아들의 의견에 동의했다.

이 이야기는 표면적으로는 그저 개에 대한 이야기지만 사실 시사하는 바가 크다. 모든 일은 타인의 관점에서 고민하고 생각해 볼 필요가 있다. 물론 이 일이 원만히 해결된 데는 랍비의 처세술도 한몫했다. 랍비는 아이의 아버지에게 어떤 강요도 하지 않았다. 그저 개에 관한 이야기를 들려줬을 뿐이다. 이렇게 아이가 원하는 것을 존중해 주는 동시에 아버지의 권위도 살려주었다. 이런 상황에서 아버지가 어찌 그 말을 따르지 않을 수 있겠는가.

자기가 하기 싫은 일은 남에게 강요하지 마라. 조화로운 인간관계를 위해서는 다른 사람의 관점에서 문제를 생각하도록 아이를 가르쳐야 한다.

무리를 떠나는 것은 죄악이다

학문 수준이 아무리 높아도 사회를 떠나는 것 자체가 죄악이다.

★ ★ ★

어느 훌륭한 랍비가 있었다. 그는 상냥하고 인자했으며, 매우 엄격했고, 늘 경건하게 정성을 다해 신을 섬겼다. 그래서 제자들은 당연히 그를 존경했고 충성을 다했다.

여든이 넘자 랍비의 몸은 갑작스럽게 허약해졌고 빠르게 노쇠해 갔다. 그는 자신의 죽음이 임박했음을 알고 제자들을 침대로 불러 모았다.

제자들이 줄지어 서자 랍비는 울기 시작했다. 제자들은 매우 이상히 여겨 랍비에게 물었다.

"스승님, 왜 우시는 겁니까? 책을 읽지 않았던 하루가 생각나서 그러십니까? 아니면 실수로 놓쳐서 가르치지 못한 학생이 생각나서 그러십니까? 선을 행하지 않은 날이 있었기 때문입니까? 스승님은 이 나라에서 가장 존경받는 분이십니다. 가장 독실한 사람도 바로 스승님이시지요. 또, 스승님은 정치판처럼 지저분한 세상에 단 한 번도 손을 대지 않으셨습니다. 그러니 스승님께서는 우실 이유가 전혀 없습니다."

랍비가 말했다.

"바로 그런 이유들 때문에 우는 것이다. 방금 스스로에게 '책을 읽었는가? 기도를 드렸는가? 선행을 행했는가? 정당한 행위를 했는가?'라고 물어보았지. 이 질문들에 대해 나는 모두 그렇다고 대답할 수 있었다. 그러나 평범한 삶을 살아보았느냐는 물음에는 '아니요'라고 밖에 말할 수 없었다. 그래서 이리 우는 것이다."

이후로 랍비들은 사람들에게 이 이야기를 들려주며 '평범한 삶'을 살라고 조언했다. 물론 이 '평범한 삶'이란 일반적인 의미의 의식주나 일반 사람들이 느끼는 삶이 아닌 유대민족의 집단생활을 가리킨다.

《탈무드》에서는 다음과 같이 명확하게 규정하고 있다.

"만약 유대인이 모든 세상사와 단절한 채 10년간 공부에만 매진한다면 10년 후 신께 기도드려도 노여움을 풀 수 없을 것이다. 그의 학문의 수준이 얼마나 높든 사회를 떠나는 것 자체가 죄악이기 때문이다."

좋은 것일지라도 남에게 강요하지 마라

제아무리 좋은 것도 막무가내로 강요한다면 반감만 살 뿐이다.

★ ★ ★

《탈무드》에는 다음과 같은 이야기가 나온다.

황제 안소니는 어느 날 랍비 주딘에게 사자를 보내 "나라의 국고가 곧 바닥날 듯한데, 세수를 늘릴 방법이 있겠는가?"라는 질문을 던졌다.

랍비는 한마디도 답하지 않고 사자를 자신의 마당으로 데리고 간 후 말없이 일을 시작했다. 랍비는 큰 양배추를 뽑고 그 자리에 작은 양배추를 심었다. 무도, 사탕무도 똑같이 반복할 뿐이었다. 랍비에게 답할 뜻이 없자 사자가 말했다.

"귀한 시간을 내어 제게 답을 주십시오."

"당신에게는 아무것도 필요 없으니 어서 황제에게나 가보시오!"

그래서 사자는 황제에게로 돌아갔다.

"랍비 주단이 내게 무슨 말을 전했는가?"

황제가 물었다.

"유감스럽게도 아무 말도 없었습니다."

"그대에게는 무슨 말을 했는가?"

"아무 말도 하지 않았습니다."

"그렇다면 무슨 행동이라도 보였을 게 아닌가?"

"네, 저를 마당에 데려가더니 큰 채소들을 뽑고, 작은 채소들을 심었습니다."

"그의 제안이 무엇인지 알겠구나!"

황제는 흥분해서 말했다. 그러고는 즉시 모든 고관대작들을 물리고, 소수의 성실하고 능력 있는 인재들을 불러들였다. 그러자 얼마 지나지 않아 국고는 차고 넘치게 되었다.

유대인들은 이 이야기를 통해 다른 사람에게 원치 않는 일을 강요하지 말라고 알려준다. 이것이 바로 유대인이 자녀를 가르치는 지혜다.

우리 주변에서도 서로를 기만하는 행위를 자주 볼 수 있다. 그렇지만 유대인들은 다른 사람의 눈과 귀를 가릴 수 없는 만큼 나쁜 일은 결국 밝혀지기 마련이라고 믿는다. 설사 운 좋게 다른 이를 속였다고 할지라도, 나쁜 짓을 하면 마음이 편치 않고, 두려운 마음이 들기 마련이다. 그러므로 다른 사람에게 불리한 조건을 강요해선 안 된다.

어느 날 랍비가 길을 걷다가 우연히 두 남자아이가 다투는 모습을 보았다. 두 남자아이는 얼굴이 시뻘게지도록 누구의 키가 더 큰지를 두고 말다툼을 벌였지만 결론을 내리지 못했다.

결국 한 아이가 다른 아이에게 강제로 물 항아리 안에 서라고 한 뒤 자신과 비교하면서 자신이 좀 더 크다는 것을 증명했다.

이 광경을 본 랍비는 크게 상심하여 제자에게 말했다.

"세상 사람들은 늘 저런 식이더냐? 다른 사람이 자신보다 못하다는 걸 증명하려고 상대를 물 항아리 안에 세우느냐는 말이다. 만약 다른 사람이 내려가지 않으려고 하면 그들은 스스로 의자 위로 올라가 자신이 다른 사람보다 우월한 것을 증명해 보이고 말 것이다."

유대인들은 종종 이 이야기를 인용하며 다른 사람에게 불리한 조건을 강요하는 사람에게 경각심을 심어준다.

제아무리 좋은 것도 남에게 막무가내로 강요한다면 반감만 살 뿐이다.

그래서 유대인들은 아이에게 다른 사람과 경쟁할 때 늘 평등하고 공정한 위치에 서게 하고, 불리한 조건을 강요하지 않게 가르친다.

제 8 장

너무 단순해서도,
너무 복잡해서도 안 된다

유대인의 처세 교육법

자세는 겸손하게, 일은 최고로 해야 한다. 사회는 매우 단순하며, 사람의 마음과 세상을 사로잡는 것이 중요하다.

헛소문이 들리거든 빨리 도망가라

개구리와 두꺼비는 쉬지 않고 운다. 그렇게 입이 마르도록 우는데도
그 존재에 관심을 두는 사람은 없다. 수탉은 시간에 맞춰 운다.
수탉의 울음소리로 사람들은 아침이 밝았음을 안다.
많은 말은 쓸데가 없다. 해야 할 때만 하면 된다.

★ ★ ★

유대인들은 한 번 뱉은 말은 화살과 같아서 주워 담을 수 없다고 여긴다. 그래서 아이들에게 함부로 말하지 말고, 한 마디, 한 마디 신중을 기해야 한다고 가르친다.

유대인들은 긴 혀가 세 개의 손보다 더 골치 아픈 것이라고 생각한다. 거짓말은 오래 전해지면 악담이 되고, 유언비어는 가까운 사람과의 거리를 멀어지게 하므로 입조심을 해야 한다. 유대인들은 '귀신을 만나면 얼른 발을 빼서 도망가고, 헛소

문이 들리면 빠르게 그 자리를 피해야 한다'고 가르친다. 그래서 유대인들은 주변에서 경청의 예술을 이해하는 사람을 존경하고, 끊임없이 말만 늘어놓는 사람은 싫어한다.

랍비 시몬 벤 가말이 하인에게 "시장에 가서 좋은 것을 좀 사오너라"라고 말했다. 시장에 간 하인은 혀를 사들고 왔다. 랍비는 하인에게 다시 말했다.

"시장에 가서 나쁜 것을 좀 사오너라."

하인은 다시 혀를 들고 돌아왔다. 랍비가 하인에게 물었다.

"어째서 '좋은 것'을 말했을 때도 혀를, '나쁜 것'을 말했을 때도 혀를 사온 게냐?"

하인은 답했다.

"혀는 선과 악의 근원이니까요. 좋을 때는 그 무엇보다 좋고, 나쁠 때는 그 무엇보다 나쁘지 않습니까."

《탈무드》에 나온 이 이야기가 전하려는 것은 "말을 지나치게 많이 하지 말고, 경청하는 습관을 길러라"다. 이에 대해《탈무드》에서는 다음과 같이 덧붙였다.

"신은 왜 인간에게 귀는 두 개를 주고, 입은 한 개만 주었을까? 그 이유는 우리가 들어야 할 말이 해야 할 말의 두 배라는 것을 일깨워주기 위해서다. 그래서 그렇게 만든 것이다."

유대인들은 어리숙한 자는 자신의 우매함을 드러내지만 현명한 자는 자신의 지혜를 감춘다고 믿는다. 가령 더 행복하고, 즐겁게 살고 싶다면 신선한 공기를 충분히 들이마시되 입은 꼭 다물어야 한다.

"개구리와 두꺼비는 쉬지 않고 운다. 그렇게 입이 마르도록 우는데도 그 존재에 관심을 두는 사람은 없다. 반면에 수탉은 시간에 맞춰 운다. 수탉의 울음소리로 사람들은 아침이 밝았음을 안다. 많은 말은 쓸데가 없다. 해야 할 때만 하면 된다. 말을 많이 하면 쓸데없을 뿐 아니라 나쁘기까지 하다. 만약 수업 시간에 옆자리 짝꿍과 쉴 새 없이 떠든다면 선생님의 수업을 들을 수 없고 다른 친구에게 피해를 끼치게 된다. 평소 친구와 쉴 새 없이 수다를 떨면 다른 사람에게 '교양 없다'는 느낌을 준다. 하물며 말을 많이 하다 보면 신중을 기하지 못해서 본의 아니게 다른 사람의 미움을 살 수 있다."

마음으로 혀를 조절해야지, 세 치 혀가 마음을 조종하게 둬서는 안 된다.

적게 말하고 많이 듣는 것이 유대인의 처세법 가운데 하나다. 유대인 부모는 자녀에게도 그렇게 교육한다. 유대인들은 세 치 혀를 칼날에 비유하며 조심해서 사용해야 한다고 말한다. 그러지 않으면 다른 사람을 다치게 할 뿐만 아니라 자신을 다치게 할 수도 있다.

허세는 멸시를 부른다

모든 일이 실제와 부합해야만 사람들의 마음을 얻고
타인의 신뢰를 얻을 수 있다. 함부로 허풍을 떨면 반감을 살 뿐이다.
그렇게 오랜 시간이 흐르면 본래 자신을 믿어줬던 친구마저 잃게 된다.

★ ★ ★

실속 없는 허세는 두려워할 필요가 없다. 큰소리치는 자는 멸시만 부를 뿐이다. 유대인들은 아주 일찍부터 이 점을 잘 알았고, 그렇게 아이들을 가르쳤다.

유대인 랍비는 아이들에게 늘 다음과 같은 두 가지 이야기를 들려준다.

옛날에 곤줄박이 한 마리가 해변까지 날아가서 큰 소리로 말했다.

"큰 바다가 타고 있다!"

전 세계가 이 곤줄박이 한 마리의 이상한 행동에 불안해하며 온갖 추측을 쏟아냈다. 도시에는 놀란 주민이 가득했고, 숲속에서는 짐승들이 끊임없이 뛰쳐나왔다. 새들도 무리를 지어 해변을 향해 날아갔다. 모두들 바닷물이 대체 어떻게 타고 열기는 또 얼마나 뜨거울지 궁금해서 안달이 났다.

이 놀라운 소식을 접한 사람들은 모두 뛰쳐나와 무리를 지어 입을 떡 벌린 채 이 희한한 광경을 바라봤다. 모두 묵묵히 바다를 응시했다. 이때 누군가 말했다.

"어서 봐. 어서 보라고! 바다가 끓는다잖아! 바다에 불이 붙었대!"

"말도 안 되는 소리! 어떻게 바다에 불이 나겠어? 바다는 타지 않아. 바다가 뜨거워졌다고? 말도 안 되는 소리!"

곤줄박이의 허풍 한마디에 어떤 결과가 벌어졌는가? 결국 곤줄박이는 부끄러운 나머지 둥지로 돌아갔다. 곤줄박이의 허풍으로 온 동네가 다 시끄러워졌지만 바다는 타지 않았다.

한 늙은 매가 마을의 상공을 선회하며 병아리를 잡으려고 했다. 하지만 불행히도 사냥꾼의 눈에 띄어 이 하늘의 약탈자는 총 한 방에 바로 땅에 떨어져 버렸다. 그러나 매의 깃털은 한참을 상공에서 나부꼈다…. 이때 수탉이 낮은 풀숲에서 바깥을 내다보니, 자신이 가장 두려워하던 녀석이 꼼짝도 안 하는 게 아닌가. 눈은 흐리멍덩하고, 부리도 움직임이 없는 것을 보고 수탉은 돌연 위풍당당해졌다! 수탉 머리 위의 볏이 선혈처럼 붉게 보였다.

"이봐, 새들! 다들 이리 와서 좀 봐!"

수탉은 목청이 찢어질 듯 승리의 환호성을 내질렀다. 새들은 수탉의 발아래 놓인 늙은 매를 보았다.

"수탉 너 정말 대단하구나! 네 힘이 이렇게 센 줄 몰랐는걸!"

이 허풍쟁이는 점점 더 허세를 부리며 대담하게도 승리자의 자세로 사방을 둘러보았다. 그런데 그때 하필이면 한 친구가 가서 매의 얼굴을 돌려 하늘을 향하게 하고는 깃털 속을 부리로 쪼아 총알 하나를 끄집어냈다. 그리고 다시 총알 하나를 끄집어냈다. 결국 진실이 드러났고, 허풍쟁이는 슬그머니 자리를 떠났다.

이 수탉 같은 사람이 종종 있는데, 이들의 장기는 허풍이다.

유대인 부모들은 아이들이 어릴 적부터 사실에 근거해서 옳은 말을 해야지, 절대 과장해선 안 된다고 가르친다. 모든 일이 실제와 부합해야만 사람들의 마음을 얻고 타인의 신뢰를 얻을 수 있다. 함부로 허풍을 떨면 반감을 살 뿐이다. 그렇게 오랜 시간이 흐르면 본래 자신을 믿어줬던 친구마저 잃게 된다.

다른 사람을 칭찬하기에 앞서 자신을 칭찬하지 마라

현명한 사람이라고 할지라도 자신의 지식을 뽐내면
무지함을 수치로 여기는 어리석은 사람만 못하다.

★ ★ ★

세상에는 아름답지 않은 것들이 매우 많다. 그중에서도 으뜸은 '자만'이다.

신성한 일을 하는 한 랍비가 마치 깊은 잠에 빠진 것처럼 보였다. 그의 주변에 앉은 신도들은 이 신성한 사람의 비길 데 없는 미덕에 대해 토론하고 있었다.

"그는 얼마나 경건한가!"

한 신도가 심취한 채 말했다.

"폴란드에서는 결코 그와 같은 인물을 찾을 수 없을 거야!"

"누가 감히 그와 인자함을 비교할 수 있겠어?"

다른 누군가가 열광적으로 외쳤다.

"그는 사심 없이 우리에게 넓고 쉴 수 있는 곳을 마련해 주셨어!"

"얼마나 온화한가! 그가 흥분한 것을 본 사람이 있을까?"

다른 한 신도가 눈을 반짝이며 속삭였다.

"아, 그의 지식은 또 얼마나 깊은지!"

한 신도가 마치 찬송가를 부르듯 말했다.

"그는 두 번째로 위대한 랍비야!"

신도들은 침묵에 휩싸였다. 이때 이 랍비가 천천히 눈을 뜨고는 상처받은 표정으로 그들을 바라보며 말했다.

"어째서 아무도 나의 겸허함에 대해서는 말하지 않는 것입니까?"

유대인 부모들이 아이들에게 자주 들려주는 이 '겸허한 랍비' 이야기는 겸허함이라고는 찾아볼 수 없고, 자만에 빠진 랍비의 어리석음을 풍자한다.

유대인들은 자기만족에 빠진 오만한 사람들은 기본적인 겸손함과 앞으로 발전할 생각이 없는 이들이라고 생각한다. 자만에 빠진 사람은 실수하기 쉽다. 그래서 《탈무드》에서는 자만은 죄는 아니지만 우매하다고 본다. 많은 사람들이 스스로 세상의 중심이라고 여기지만 주변에서 자신을 그렇게 여겨줄 가능성은 높지 않다. 그렇기에 그들은 다른 사람들의 무관심을 탓하고, 동시에 더 높은 목표에 이르지 못하는 스스로에게 화를 내다가 결국 지나친 자기혐오에 빠지고 만다. 유대인들은 이것 역시 일종의 자만으로 본다. 이런 자기혐오와 허영심은 서로 밀접하게 연관되어 있다.

유대인들은 "속마음이 자신에 대한 생각으로 가득 차면 신조차 머무를 수 없다"라는 말을 자주 한다. 그래서 그들은 다른 사람을 칭찬하기에 앞서 결코 자신을 칭찬하지 않는다.

유대인들은 아이들에게 자만해선 안 된다는 것을 가르칠 때 일반적으로《성경》의 〈창세기〉 편을 인용하여 설명한다. 〈창세기〉에는 "신이 어둠과 밝음을 구분하고, 하늘과 땅을 다시 나눴으며, 땅을 바다와 육지로 나눈 후 생물을 만드셨다. 그리고 마지막에 인간을 창조하셨으니, 그가 바로 아담이다"라는 내용이 담겨 있다. 벼룩조차도 인간보다 이 세상에 빨리 왔으니, 인간이 뭐가 그리 대단하겠는가? 인간은 동물 앞에서 잘난 척할 자격이 없다.

유대인들은 아이들에게 겸손해야 한다고 가르친다.《탈무드》에는 겸손에 대해 매우 엄격한 규정이 실려 있다.

"현명한 사람이라고 할지라도 자신의 지식을 뽐내면 무지함을 수치로 여기는 어리석은 사람만 못하다."

또한 법전에서는 자만의 위험에 대해 다음과 같이 경고한다.

"돈은 자만으로 가는 지름길이고, 자만은 죄악으로 가는 지름길이다."

1+1+1은 3보다 크다

사람과 사람이 서로 존중하고 이해하며 각자 자신의 장점을 발휘하고, 공동의 목표를 향해 노력해야만 1+1+1은 3보다 큰 효과를 낼 수 있다. 만약 서로 믿지 못하거나 심지어 공격하며 책임을 미룬다면 1+1+1의 효과는 3보다 작을 수밖에 없다.

★ ★ ★

유대민족은 5,000여 년의 발전 역사 중 2,000여 년 동안 갖은 고생을 하며 떠돌았다. 유대인들은 이 오랜 세월을 방황하며 들르는 곳마다 현지인들과 협력하고, 우호적인 관계를 맺는 것을 중시했다. 그래서 아이들이 어릴 적부터 목표를 더 빨리 달성하기 위해선 협력할 줄 알아야 한다고 가르친다.

부모는 아이가 학습할 때는 물론 일상생활을 통해 모든 협력의 효과가 적절한 협력 전략을 선택하는 데 달려 있다는 것을 알려주기 위해 노력한다. 예를 들어 집 안 청소를 최대한 빨리 끝내야 하는데, 만약 어머니 혼자서 한다면 1시간이 걸리지만 아버지, 어머니, 아이가 함께 협력한다면 30분이면 끝낼 수 있다. 또한 어머니는 몇 가지 분업 방안을 내놓을 수 있으며, 가족들이 다 같이 토론하는 과정에서 아이에게 분업의 합리성과 타당성을 교육하면 협력의 효율성이 높아진다.

카네기는 자신의 성공경험에서 중요한 규칙을 발견했다. 한 사람이 성공하려면 전문적인 지식 15%, 인간관계와 처세술 85%가 필요하다는 것이었다. 소위 말하는 처세술과 인간관계란 바로 협력을 학습하는 것을 의미한다. 오늘날 기업들은 신규 채용을 할 때 채용 인력이 갖춰야 할 관련 지식과 기술로서 직업에 대한 애착과 팀워크를 요구한다. 팀워크란 단결, 협력, 신뢰, 성실, 공헌, 직업 사랑 등 많은 도덕적인 자질을 포함하는데, 그중에서도 협력이 가장 중요하다.

과학기술이 비약적으로 발전하고 있는 21세기에 한 사람의 성공은 어떤 관점에서 보자면 그의 협력 수준에 달렸다고 말할 수 있다. 부모는 아이가 일상에서나 또 공부를 하거나 게임을 할 때, 아무리 능력 있는 사람도 혼자서는 해낼 수 없는 일이 있다는 것을 인식시켜야 한다. 어떤 일은 여럿이서 힘을 모아야만 가능하다. 사람과 사람이 서로 존중하고 이해하며 각자 자신의 장점을 발휘하고, 공동의 목표를 향해 노력해야만 1+1+1이 3보다 큰 효과를 낼 수 있다. 만약 서로 믿지 못하거나 심지어 공격하며 책임을 미룬다면 1+1+1의 효과는 3보다 작을 수밖에 없다.

다른 사람을 돕는 것은 옳다. 하지만 상대를 존중한다는 전제가 있어야 한다. 실생활에서 사람들은 좋은 마음으로 다른 사람과 교류하고 싶어 한다. 그렇지만 때로는 그런 마음과는 다른 결과가 나타나기도 한다. 그 원인을 살펴보면 쌍방이 진심으로 협력할 의지와 효과적인 전략이 부족하기 때문이기도 하지만, 가장 중요한 원인은 서로 상대방 입장에서 생각해 보려는 마음이 부족하기 때문이다. 누군가와 교류하려면 자신의 말과 행동이 어떤 영향을 주고 어떤 심리적인 반응을 끌어내는지 상대방 입장에서 고민해 볼 필요가 있다. 예를 들어 동정은 베푸는 것이 아니며, 누군가를 동정하고 도울 때는 도움을 받는 사람의 존엄성을 지키기 위해 특별히 주의해야 한다.

아이에게 '합(合)'의 의미를 알려주는 목적은 다른 사람과 협력하려는 아이의 의지를 길러주기 위해서다. 한 조사 결과에 따르면 여섯 가지 유형의 아동 인격 요구 가운데 외동아이의 경우 친화에 대한 요구가 가장 강하고 또래와 어울리기를 바라는 것으로 나타났다. 외동아이의 20%가량이 외로움을 느꼈으며, '외롭고 쓸쓸함'을 가장 큰 고민으로 꼽았다. 하지만 아이의 또 다른 인격 성향은 외부 세계에 자신의 존재와 힘을 증명하는 하나의 방식으로서 공격적인 성향을 보였다. 그러나 직접적인 결과를 살펴보면 아이는 이런 행동으로 인해 오히려 또래와 어울리지 못하고 심지어 교류를 파괴하는 모습을 보였다. 이렇게 상반된 두 가지 인격이 한 아이에게서 동시에 나타나는 것은 일종의 모순적인 심리 상태를 나타낸다.

가족 구성원이 서로를 존중하는 것은 그 자체로 일종의 소리 없는 교육이다. 가정에서 부모가 다른 사람을 배려하고 베풀며 서로 도우면, 아이들은 부모의 말과 행동을 통해 다른 사람에게 관심을 기울이고 배려하며, 협력하고 함께 사는 법을 배울 것이다.

부모는 유대인 부모의 양육법을 통해 가정뿐만 아니라 다른 환경에서도 아이의 팀워크를 기르는 방법을 배울 수 있다.

첫째, 학교생활에서 아이의 애정과 책임감을 기르고, 아이를 난폭하게 만드는 심리적 장애물을 없애준다. 예를 들어 밥을 먹고 잠을 잘 때 아이들끼리 서로 돕고, 당번인 날에는 어려운 친구에게 동정심을 느끼고 제때 도와줄 수 있도록 책임을 다한다. 괴팍한 아이의 경우 우선 다른 친구와의 거리를 좁혀 어울릴 수 있게 하면 그 속에서 팀워크를 배울 수 있다.

둘째, 게임을 하면서 팀워크를 키워준다. 게임은 아이에게 중요한 과목이라고 할 수 있다. 게임에서 부모와 교사는 의식적으로 아이가 단결하고 협동하며 집단의 명예를 위해 노력하는 정신을 길러줄 수 있다. 예를 들어 아이들을 몇 개의 소그룹을 나누어 협동해야만 완성할 수 있는 게임을 선택해서 하게 하고, 경기가 끝난 후 승리한 원인과 실패한 원인을 분석하면서 단체의 이익을 위해서라면 자신이 손해를 보더라도 괜찮다는 걸 알게 한다.

셋째, 아이의 올바른 경쟁의식을 확립한다. 경쟁이 날이 갈수록 치열해지는 현대 사회에서 1등을 쟁취하도록 적절히 교육하면 아이가 스스로 높은 기준을 갖게 만들 수 있다. 하지만 이와 동시에 1등은 올바른 마음가짐과 정당한 수단을 통해 쟁취해야 한다는 사실을 명확히 알려줘야 한다. 다양한 활동을 하다 보면 아이들도 자연스럽게 이해하게 된다.

미래는 팀워크가 필요한 시대다. 따라서 모든 부모들은 아이들이 어릴 때부터 팀워크를 키우는 데 많은 관심을 기울여야 한다.

다른 사람을 비웃지 마라

아이는 누군가를 비웃고 놀리면서 그 상대나 상황에서
자신이 우위를 차지한 듯한 쾌감을 느낀다.
많은 아이가 또래를 비웃고 놀리는 것이 재미를 위해서임을 인정한다.
부모라면 유대인 부모처럼 아이가 어릴 때부터 다른 사람을 비웃고
놀리지 않는 훌륭한 인성을 길러줘야 한다.

★ ★ ★

아이가 남을 비웃는 걸 좋아하는 데는 이유가 있다. 아이들은 같은 색깔이나 같은 노래를 좋아한다고 해서 친구가 되지 않는다. 오히려 외모가 비슷하고, 행동이 비슷한 아이들끼리 어울리는 것을 좋아한다. 다른 사람을 비웃는 것은 이 아이들을 더욱 끈끈하게 묶어주며, 아이들은 비웃고 놀리는 것으로 자신들의 경쟁의식을 표출한다.

학교에서 운동이나 수업을 할 때 아이들은 시험을 통해 잘하는 아이와 잘 못하는 아이로 구분되는데, 비웃고 놀리는 것은 자신이 우위에 있다는 걸 보여주는 가장 쉬운 방법이다.

아이들의 언어 능력이 발달하면서 비웃고 놀리는 것에도 탄력이 붙는다. 조금 더 큰 아이들은 좀 더 복잡한 생각을 표현할 수 있을 뿐만 아니라 개인의 가치관을 관찰 대상에 덧붙이기도 한다.

어린아이는 체중이 더 나가는 아이를 보고 통통하다고 천진난만하게 평가하지만, 조금 더 나이가 많은 아이는 '멍청한 뚱보'와 같은 별명을 붙인다. 이 예시는 별명에 이 아이의 동작이

굼뜬 것을 비꼬는 뜻이 있기 때문에 별명을 붙이는 것의 부정적인 면을 보여준다.

유대인 부모는 어린 시절부터 아이에게 다른 사람을 비웃고 놀려선 안 된다고 가르친다.

미국의 9대 대통령인 윌리엄 해리슨은 작은 마을에서 태어났다. 어린 시절 윌리엄은 수줍음이 많고 조용해서 어린 바보로 알려졌다. 작은 마을의 아이들은 어린 윌리엄을 괴롭히며 1다임짜리 동전과 5센트짜리 동전을 동시에 던져두고 하나를 줍도록 했다. 윌리엄은 늘 5센트짜리 동전을 집어 모두의 웃음거리가 되었다. 하루는 한 노부인이 어린 윌리엄이 안쓰러운 나머지 한쪽으로 불러서 물었다.

"윌리엄, 너 정말 1다임이 5센트보다 크다는 걸 모르니?"

윌리엄이 침착하고 태연하게 말했다.

"물론 알아요. 하지만 제가 만약 1다임을 줍는다면, 아이들은 제게 더 이상 돈을 던져주지 않을 거예요."

알고 보니 윌리엄을 놀리던 아이들이 사실은 놀림을 당했던 것이다. 이것은 아마 놀리는 아이들이 원하는 결과는 아니었을 것이다. 놀리는 아이들은 자신들이 놀림을 당하는 것을 모르는데, 이는 깊은 수준의 비애다. 훗날 윌리엄은 대통령이 되었고, 당시 그를 비웃었던 아이는 누군가에게 자신이 어린 윌리엄을 '구제'해 준 적이 있다고 떠들고 다닐지도 모른다. 물론 이 이야기가 전해지는 까닭은 윌리엄이 대통령이 되어서가 아니라, 이야기 자체가 유머러스하기 때문이다.

아이는 누군가를 비웃고 놀리면서 그 상대나 상황에서 자신이 우위를 차지한 듯한 쾌감을 느낀다. 많은 아이가 또래를 비웃고 놀리는 것이 재미를 위해서임을 인정한다. 부모라면 유대인 부모처럼 아이가 어릴 때부터 다른 사람을 비웃고 놀리지 않는 훌륭한 인성을 길러줘야 한다.

거지 옷 속에 진주가 숨겨져 있다

가난하다고 깔봐선 안 된다. 그들은 셔츠 안에 지혜의 진주를 숨기고 있다. 가난한 사람을 업신여기면 안 되는 까닭은 그중 상당수가 학식이 높기 때문이다.

★ ★ ★

《탈무드》에서는 형편이 좋지 않은 사람을 외모로 평가하지 말고, 무시하지 말며, 깔보지 말라고 전한다.

신을 정성껏 섬기던 사람이 많은 재산을 물려받았다. 안식일 전날 밤, 그는 안식일의 해가 지기 전까지 음식을 하기 위해 만반의 준비를 해두었다. 한번은 외부에 급한 일이 있어서 안식일 전 잠시 집을 비운 적이 있었다. 집에 돌아오는 길에 한 거지가 그에게 안식일에 필요한 음식을 구걸했다. 이 건실한 부호는 화가 나서 거지에게 말했다.

"어떻게 마지막 순간까지도 안식일 음식을 사두지 않았던 겁니까? 당신 같은 사람은 없을 거요. 당신은 내 돈을 탐하는 게 분명하오!"

그는 집에 돌아와서 거지를 만난 일을 부인에게 들려줬다.

"당신에게 말하지 않을 수가 없네요. 당신이 잘못했어요."

그의 부인은 말했다.

"당신은 평생 동안 가난을 겪어본 적이 없어요. 그러니 가난에 대해 전혀 모르겠지요. 나는 가난한 집에서 자랐어요. 기억을 되짚어 보면 안식일이 돌아올 때마다 아버지는 하늘이 어두컴컴해질 때까지 가족들을 위해 여기저기 음식을 구하러 다니셨어요. 마른 빵이라도 조금 있으면 되니까요. 당신은 지금 가난한 사람에게 죄를 지은 거라고요!"

건실한 부호는 이 말을 듣자마자 서둘러 길가로 나가 아까 그 거지를 찾았다. 가난뱅이는 여전히 안식일 음식을 얻기 위해 헤매고 있었다. 이 부호는 그 거지에게 안식일에 필요한 빵과 고기, 생선을 주면서 용서를 구했다.

이는 유대인들 사이에서 널리 전해지는 이야기로 외모로 사람을 평가해서도, 가난한 사람을 함부로 무시해서도 안 된다고 가르친다.

일부 유대인 거주지에는 마을마다 거지가 한 명 혹은 몇 명 있다. 그들은 슈노렐(Sunorel)로 불린다. 유대인들은 이 거지들을 무시하지 않는 것은 물론, 유대인들의 종교적 습관에 따라 거지 역시 정당한 직업이고 신의 윤허를 얻었다고 본다. 그래서 거지들은 사람들이 베푸는 대상이다.

유대인에게는 예로부터 학문을 중시하고 존중하는 전통이 있다. 모든 지혜로운 유대인에는 장애인과 거지도 포함되므로, 사람들은 그들에게도 마찬가지로 존중을 표한다. 유대민족 중 일부 슈노렐은 독서를 매우 좋아하는데, 그중에는《탈무드》에 정통한 사람도 많다. 그뿐만 아니라, 그들 역시 유대교 예배당을 자주 방문하며 다른 사람들과 동등하게《유대교칙》과《탈무드》에 대한 토론에 참여한다.

유대인 사회에서 부자와 가난한 자의 격차는 매우 현격하지만 부자라고 해서 반드시 즐겁고, 가난하다고 해서 항상 절망 속에 있다고는 생각하지 않는다. 지금까지 유대인은 가난한 사람들을 존중해 왔다. 하지만 그들은 설사 다른 사람이 베푸는 것에 기대 사는 가난한 사람들도 역시 선행을 베풀어야 한다고 생각한다. 이것이 유대인이 가난한 사람을 대하는 태도다.

유대인들은 가난을 기피하지 않고, 외모로 판단하지 않으며, 가난한 사람들을 존중하고, 그들에게 베푸는 것을 자신의 의무로 삼는다. 이것은 유대인이 우애를 나누고 단결하여 자녀를 키우는 지혜 중 하나다.

유대인들 사이에는 다음과 같은 말이 전해진다.

"가난한 사람을 깔보지 마라. 그들은 셔츠 안에 지혜의 신주를 숨기고 있다."

가난한 사람을 대하는 유대인의 태도에서 그들의 자녀 교육 원칙을 엿볼 수 있다. 그것은 바로 누군가를 외모로 평가하지 않으며, 누구에게나 배울 점이 있다는 것이다.

최선을 다해 도와라

**자신의 이익을 추구하지 않으면 기생충이 되고,
자신의 이익을 추구하면 흡혈귀가 된다. 완벽한 인생은 자신의 이익과
남의 이익을 동시에 추구하는 것이다.**

★ ★ ★

다른 사람의 관심을 바라는 것은 인간의 심리적인 욕구다. 주변 사람들에게 관심을 받을 때 안정감과 편안함을 느끼고 자신감이 샘솟으며 행복해진다. 다른 사람의 관심을 받았으면 그만큼 남을 배려할 줄 알아야 한다. 이렇게 하면 서로 친밀하고 우호적인 관계를 맺을 수 있다.

유대인 랍비는 세상 사람들에게 다음과 같이 가르친다.

"누군가 자신에게 도움을 청할 때 정당한 요구라면 최선을 다해 도와라. 다른 사람에게 어려움이 닥치면 능동적으로 도와라. 그래야만 당신이 그에게 어떤 가치가 있는 존재인지 깨달을 수 있다. 그렇게 다른 사람을 사랑하는 사람은 다른 사람에게 사랑을 받는 필연적인 결과를 가져온다."

유대인 부모는 아이들에게 "자신의 이익을 추구하지 않으면 기생충이 되고, 자신의 이익을 추구하면 흡혈귀가 된다. 완벽한 인생은 자신의 이익과 남의 이익을 동시에 추구하는 것이다"라는 사실을 일깨워 준다.

플레밍은 스코틀랜드의 가난한 농부다. 어느 날 그가 밭에서 일하는데 근처 진흙탕 속에서 누군가 울부짖는 소리가 들렸다. 서둘러 가보니 한 아이가 분변통에 빠져 있었다. 농부는

아이를 죽음의 늪에서 구해 주었다.

이튿날 세련된 마차 한 대가 그의 집 앞에 서더니 한 신사가 우아한 걸음으로 다가와 어제 구해준 아이의 아버지라고 자신을 소개했다. 신사는 진심을 담아 말했다.

"당신이 제 아이의 목숨을 구해 주셨으니 보답하고 싶군요."

농부는 말했다.

"아이를 구한 건 제 양심과 생명의 고귀함을 지키기 위해서였습니다. 당신의 아이를 구했다고 해서 그 대가를 받을 순 없어요."

마침 그때 농부의 아들이 누추한 집에서 걸어 나왔다. 신사는 말했다.

"그럼 제가 제안을 하나 하지요. 제가 아드님을 데려가서 양질의 교육을 시키겠습니다. 아이가 아버지를 닮았다면 분명 사회에 필요한 인재가 될 것입니다."

농부는 그 제안을 수락했다. 이후 농부의 아들은 산타마리아 의학원에 진학했고, 우수한 성적으로 졸업해 세계적으로 이름을 알렸다. 바로 페니실린을 발명해 노벨상을 받은 알렉산더 플레밍이다.

수년 후, 신사의 아들이 안타깝게도 폐렴에 걸렸다. 이전까지만 해도 폐렴은 고칠 수 없는 불치병이었다. 하지만 페니실린이 있었기에 그의 목숨을 구할 수 있었다. 그 신사는 바로 상원 의원인 처칠이었고, 그의 아들이 바로 영국 총리를 지낸 윈

스턴 처칠이다.

진심으로 남을 배려하려면 바라는 게 없어야 한다. 우리 주변에서도 이런 상황을 흔히 볼 수 있다. 어떤 사람들은 처음 만났을 때는 참 좋지만 시간이 갈수록 점점 멀어지고 소원해진다. 그런데 또 어떤 사람들은 이제 막 알게 되었고, 자주 보지는 못하지만 시간이 갈수록 좋아지기도 한다.

왜 이런 상황이 생기는 걸까? 원인은 바로 그들의 '인품'이 달라서다. 전자의 경우 표면적으로는 참 따뜻해 보이지만 실제로는 보상을 바란다. 다른 사람을 돕기는 하지만 긴 줄을 늘어뜨려 큰 고기를 낚듯이 상대에게서 더 많은 이득을 보려는 속셈을 숨기고 있다. 후자의 경우는 정반대로 다른 사람을 도우면서도 내색하지 않고 기억하지도 않으며 어떤 보상도 바라지 않는다. 하지만 도움을 받았을 때는 결코 잊지 않고 가슴속에 새겨두었다가, 보답할 기회를 찾아야만 안심한다.

진심으로 다른 사람을 배려하고 폐를 끼치지 않아야 한다. 어떤 사람들은 자신에게 필요한 것에만 치중하며 상대방이 곤란해지는 건 안중에도 없고, 곤란한 요구를 하기도 한다. 예를 들어 친구끼리 시험을 보면서 시험지를 보여 달라고 하는 경우가 그렇다. 이러면 친구 간에 벽이 생기고 관계가 나빠진다.

유대인 부모들은 아이들에게 처세의 도(道)란 진심으로 한 사람, 한 사람을 대하고, 가슴에서 우러나오는 진심으로 그들을 품는 것이라고 말한다.

서로의 이득을 추구하는 것은 세상의 품격을 높인다. 유대민족이 오랜 세월 강인한 생명력을 유지할 수 있었던 이유도 서로 도움으로써 당사자뿐만 아니라 세상에도 진보와 온기를 가져왔기 때문이다.

어리석은 친구는 적보다 위험하다

다급할 때 도움을 받는 것은 매우 값지다. 하지만 모두가 적절한 도움을 주는 것은 아니다. 우매한 친구는 사귀지 마라. 친절하지만 지나치게 우매한 친구는 그 어떤 적보다 위험하다.

★ ★ ★

만약 아이가 친구를 잃었거나 또래 아이들에게 배척당한다면 나중에 큰 성공을 거두더라도 평생 불만과 불안 속에 살아가게 된다.

이 이야기를 기억하자. 한 농부가 뱀과 친구가 되었다. 농부는 늘 뱀을 훌륭하다고 칭찬하며 추켜세워 주었다. 그런데 농부의 오랜 친구들과 친지들이 언제부턴가 농부의 집에 발길을 끊었다.

"대체 무슨 일이지?"

농부가 오랜 친구에게 물었다.

"왜 아무도 나를 찾지 않는 건가? 이유가 뭐야? 내 아내가 자네들에게 예의에 어긋나게 행동했나? 아니면 내 음식이 너무 별로라서 그런 거야?"

"아닐세."

친구가 답했다.

"그 문제가 아니라네! 우리는 자네와 함께 있고 싶어. 자네 부부 모두 아무런 잘못도 없네. 아무도 자네 부부를 원망하지 않아. 그건 내가 보장하겠네! 하지만 자네와 함께 있으면 자네 친구인 뱀이 언제 기어와 뒤에서 물어뜯을지 몰라 늘 경계해야 하네. 그러니 어찌 편하게 있을 수 있겠는가!"

농부는 뱀이란 친구를 사귀면서 다른 좋은 친구들을 잃었다. 비록 이 뱀이 다른 친구들에게 해를 끼치지는 않았지만 다른 사람들은 농부와 함께 있을 때마다 두려움에 떨었다. 결국 농부 입장에서는 득보다 실이 많아지고 말았다. 이 이야기에서 알 수 있듯 아이가 친구를 사귀도록 격려할 때는 친구를 선택하는 범위를 잘 정하고, 올바른 친구를 사귈 수 있게 해야 한다.

유대인들은 인간관계가 아이의 성격발달에 미치는 영향을 매우 중요시한다. 그들은 아이의 성격 발달과 종합적인 인간관계를 동등하게 본다.

아이의 인간관계는 부모와의 관계에서 가장 먼저 시작되며, 그와 동시에 또래가 아이에게 미치는 영향도 포함한다. 아이는 일고여덟 살이 되면 부모의 영향에서 벗어나 친구와 또래를 좋아하고, 그들이 응원하고 인정해 주는 것에 더 많은 관심을 기울인다. 비록 감정의 영양분은 부모에게서 얻지만 친구에게서도 뜻밖의 심리적이고 정서적인 원천을 얻을 수 있다.

아이의 교우관계 기술은 아동기가 지나면 배우기 쉽지 않다. 이는 수영을 배우는 것과 같아서 느릿느릿 걸음을 걷는 유아는 매우 배우기 쉽지만, 아동기에 기회를 잃고 어른이 되어서 다시 배우기는 쉽지 않다. 물론 유아기에 친구가 없다고 해서 어른이 되어서도 반드시 외롭다고 할 수는 없다. 하지만 일부 감성지수의 발달은 시간과 관계가 있고, 정상적인 시간이 지나고 나면 같은 기능을 배우기 어렵다는 사실은 인정해야 한다. 그래서 아이가 되도록 많은 친구를 사귀도록 응원하되, 친구를 고를 때는 신중해야 한다는 것을 알려줘야 한다.

다급할 때 도움을 받는 것은 매우 값지다. 하지만 모두가 적절한 도움을 주는 것은 아니다. 우매한 친구는 사귀지 마라. 친절하지만 지나치게 우매한 친구는 그 어떤 적보다 위험하기 때문이다.

부모는 아이가 친구를 사귀는 법을 배울 때 유대인 랍비의 교훈을 명심해야 한다.

'좋은 친구'를 사귀는 것은 아이의 성장 과정에서 중요한 임무이며 향후 인간관계에 영향을 미친다.

장유유서의 본을 보여라

집안의 어른을 도와 집안일을 하고, 함께 지내며 기쁨을 나누는 것은 자녀의 응당한 책임이자 의무다. 이렇게 오랜 시간이 흐르면 아이들은 자연스럽게 어른을 공경하고 부모에게 효도하는 좋은 습관을 갖게 된다.

★ ★ ★

연장자를 존중하는 것은 유대인들이 숭상해 온 미덕이다.

한 조사에서는 삼대가 함께 모여 사는 집에서 중간 세대가 어른들에게 효를 다하는 모습을 보이면 아이들도 부모와 조부모에게 어떻게 효를 다해야 하는지 배운다는 결과가 나왔다. 이런 가정에는 장유유서(長幼有序)가 있고, 서로 관심을 갖고 관용을 베풀며 화기애애하게 살아간다. 이는 가족 구성원 모두의 심신 발전에 긍정적인 효과를 미친다. 부모라면 누구나 이러한 이치를 깊이 새기고 부모를 공경하는 것이 미덕이라는 것을 알기에, 자신의 아이도 효심이 가득한 어른으로 자라길 바란다. 하지만 부모들은 아이를 교육하면서 종종 다음과 같은 측면을 놓치곤 한다.

부모를 공경하는 것은 사람이라면 마땅히 해야 하는 일이다. 이는 가정의 행복에도 큰 영향을 미친다. 부모에게 관심도 없고 효도할 줄도 모르는 사람이 어떻게 남을 위해, 또 사회를 위해 공헌할 수 있겠는가?

아이의 효심을 기르려면 반드시 어릴 때부터 시작해야 한다. 다음은 유대인이 아이의 효심을 기르는 몇 가지 원칙이다.

1. 이치를 알려준다

어려서부터 아이에게 효심은 미덕이고, 효심이 없는 아이는 바른 아이가 아님을 알려줘야 한다. 또한 어떻게 하는 것이 효도인지 가르쳐야 한다. 아이들에게 어머니가 열 달 동안 배 속에 아기를 품고 있는 노고를 알려주고, 길러준 은혜에 대한 감사함을 깨닫도록 해야 한다. 이 이치를 알려주기 위해 부모는 아이들에게 예전부터 전해 오는 이야기들을 많이 들려주고 아이가 이미지를 통해 이해할 수 있도록 도와야 한다.

2. 합리적인 장유유서가 있는 가족관계를 형성한다

우선 전체 가족 구성원들끼리 민주적이고 평등해야 한다. 부모는 아이를 독립적인 인격으로 대해야 한다. 특히 아이의 일을 처리할 때는 반드시 아이의 의견을 충분히 듣고, 최대한 합리적으로 아이가 원하는 바에 따라야 한다. 동시에 가족은 하나라서 각자 제멋대로 살 수 없기 때문에 누군가 '어른'이 되어서 가정을 '이끌며' 전체 구성원의 생활을 관리하고 지도해야 한다. 부모는 가족의 부양자이고 풍부한 생산 경험이 있는 만큼 당연히 가정의 핵심이 되어야 하며, 아이들은 부모의 지도와 도움 속에서 생활하고 공부해야 한다.

3. 아이에게 부모가 자신과 가족을 위해 애쓴다는 것을 알려준다

부모는 자신이 나가서 일을 한다는 점과 그 대가로 수입을 얻는 것에 대해 아이에게 의식적으로 알려줘야 한다. 내용은 구체적일수록 더욱 좋다. 그래야 아이가 부모의 돈이 쉽게 얻어지는 게 아니란 걸 알게 된다. 아이는 자연스럽게 자신의 삶에 감사를 느끼고, 마음속 깊은 곳에서부터 부모에 대한 감사함과 존경심을 느낄 수 있다.

4. 부모가 본을 보인다

부모가 자신의 효심에 대해 반성하고 스스로 진심을 다해야만 아이의 마음속에도 효심의 씨앗을 심을 수 있다.

5. 작은 일에서부터 효도하는 법을 가르친다

진정한 효심은 실천을 통해 길러야 한다. 평소 집안일을 아이와 분담하고 그 책임도 아이와 함께 져야 한다. 어려운 상황이 닥치면 일의 전후 사정을 들려주어 아이들도 함께 관심을 갖고 방법을 찾게 해야 한다. 만약 어른의 몸이 편치 않다거나 병이 났을 경우 아이가 해야 할 일들을 일러주어 몸소 실천하게 한다. 이러면 시간이 지나면서 아이에게 효심이 자연스럽게 뿌리를 내린다.

6. 솔선수범한다

부모가 어른에게 효를 다하며 본을 보여야 한다. 아이들이 부모를 대하는 태도는 부모가 어른들을 대하는 태도의 영향을 받기 마련이다. 우리는 우리의 작은 가정도 잘 살펴야 하지만 틈날 때마다 연로한 부모님을 살펴야 한다. 아이가 생겼다고 해서 늙은 부모를 잊어선 안 된다. 평소 거리가 멀거나 일이 바빠서 자주 찾아뵐 수 없다면 휴일에는 최대한 시간을 내서 아이와 함께 어른을 찾아뵙고 집안일을 도우며 함께 즐거운 시간을 보내는 등 자식으로서 마땅히 도리를 다해야 한다. 이렇게 세월이 흐르다 보면 아이도 자기가 본 그대로 영향을 받아 어른을 공경하고, 부모에게 효도하는 좋은 습관을 갖게 될 것이다.

자신이 대접받기 원하는 바대로 상대를 대접해야 한다

다른 사람이 자신을 대해 줬으면 하는 대로 상대를 대해야 한다.

★ ★ ★

농장 주인인 톰슨의 하숙집에는 많은 사람들이 살고 있다. 수잔의 어머니는 매주 그들을 대신해서 빨래를 해주는데 수고비는 고작 5달러다. 어느 토요일 저녁, 수잔은 평소대로 어머니를 대신해 돈을 받으러 갔다가 마구간에서 톰슨을 만났다.

톰슨은 화가 잔뜩 나 있었다. 그와 흥정하던 말 장사꾼이 화를 돋우는 탓에 머리에서 김이 날 지경이었다. 톰슨이 손에 들고 있던 지갑을 열자 그 안에는 지폐가 가득 꽂혀 있었다. 수잔이 돈을 요구하자, 톰슨은 바쁜 사람을 방해하지 말라며 야단치던 예전과 달리 얼른 지폐 한 장을 꺼내 주었다.

수잔은 오늘 하루를 무사히 넘긴 것 같아 속으로 쾌재를 부르며 재빨리 마구간을 빠져나왔다. 집으로 가는 길에 수잔은 멈춰 서서 돈을 조심스럽게 스카프 사이에 끼워 넣었다. 그 순간 그녀는 농장주가 자신에게 지폐를 두 장이나 주었다는 사실을 알아차렸다.

'한 장이 아니었어!'

수잔은 주변을 살폈다. 그녀를 보는 사람은 아무도 없었다. 수잔의 첫 번째 반응은 생각지도 못한 횡재에 기분이 째질 듯 좋아진 것이었다.

'다 내 차지야!'

수잔은 속으로 생각했다.

'새 외투를 사서 어머니에게 드려야지. 그럼 어머니는 낡은 외투를 언니에게 주실 거야. 그럼 내년 겨울에는 언니와 같이 학교에 갈 수 있어. 동생에게도 새 신을 사줄 수 있을지도 몰라.'

잠시 후 수잔은 톰슨이 분명 잘못 준 것이므로 자신에게는 이 돈을 쓸 자격이 없다고 생각했다. 이런 생각이 스칠 때 유혹하는 목소리가 들렸다.

"이건 농장주가 네게 준 거야. 어떻게 알겠어? 선물로 준 걸지도 모르잖아. 그냥 가져. 농장주는 절대 모를 거야. 그리고 어차피 그 아저씨가 잘못한 거라고. 지갑에 돈이 그렇게 많은데 굳이 신경 쓰지 않을 거야."

집으로 향하는 수잔의 머릿속에서 격렬한 싸움이 벌어졌다. 수잔은 걷는 내내 고민했다. 사고 싶은 걸 사는 게 중요할까, 솔직한 게 중요할까?

집 앞의 작은 다리를 건너며 수잔은 어머니가 평소에 하시던 말씀이 생각났다.

"다른 사람이 너를 대해 줬으면 하는 대로 너도 다른 사람을 대해야 한단다."

수잔은 몸을 돌려 돌아왔던 길을 뛰어갔다. 마치 보이지 않는 위험에서 벗어나기라도 하듯, 얼마나 빨리 달렸는지 숨조차 쉬지 못할 지경이었다. 수잔은 톰슨의 하숙집 앞까지 쉬지 않고 달려갔다.

톰슨은 눈앞에선 작은 소녀를 바라보더니 주머니에서 1실링을 꺼내 수잔에게 건넸다.

"감사하지만 사양할게요, 아저씨."

수잔은 말했다.

"저는 일해서 받는 돈이 아니면 받을 수 없어요. 제 유일한 소망은 아저씨가 저를 정직하지 않은 아이로 여기지 않는 거예요. 사실 아까 그 돈은 저한테는 굉장히 큰 유혹이었거든요. 아저씨, 자기가 가장 사랑하는 사람이 꼭 필요한 것조차 못 사는 걸 봤을 때 마음이 어떨지는 아저씨도 아실 거예요. 언제나 상대가 저를 대해 줬으면 하는 대로 상대를 대해야 하는 건 제게는 아주 어려운 일이에요."

《탈무드》에서는 다음과 같이 말한다.

"다른 사람이 자신을 대해 줬으면 하는 대로 상대를 대해야 한다."

위 이야기 속 수잔의 행동은 부모의 교육과 결코 무관하지 않다.

한 번 뱉은 말은 반드시 지켜야 한다

약속은 천금과도 같다. 겉에서 보기에 약속은 그저 삶을 대하는 태도이자 일종의 견고함과 진실일 뿐이지만, 그 안에는 세상에 대한 정중함이 담겨 있으며 그 자체를 넘어서서 빛나는 인류의 이상과 정신 그리고 정기를 포함한다.

★ ★ ★

약속은 천금과도 같다. 겉에서 보기에 약속은 그저 삶을 대하는 태도이자 일종의 견고함과 진실일 뿐이지만, 그 안에는 세상에 대한 정중함이 담겨 있다. 곧고 엄격한 사람은 일을 할 때 자연스럽고 당당하게 자리 잡은 곳에 뿌리를 내리며 한 번 뱉은 말은 지키고야 만다. 그런 준칙의 함의는 그 자체를 넘어서서 빛이 나는 인류의 이상과 정신 그리고 정기를 포함한다.

유대인들은 일찍이 이 점을 깨닫고, '약속은 천금'이라는 말로 신용을 중시하고 책임감 있게 약속을 지켜왔다. 유대인들은 배우는 과정에서든 일상생활에서든 약속을 지키지 않는 법이 없다. 그뿐만 아니라 이런 훌륭한 품성을 아이들에게 전수하며 '군자가 뱉은 말은 주워 담을 수 없다'는 이치를 깨우쳐 준다.

유대인 랍비는 학생들에게 늘 다음과 같은 이야기를 들려준다.

옛날에 툴라크라와 루로네스라는 절친한 친구가 있었다. 두 친구 모두 학식과 인품이 훌륭해 사람들의 칭찬이 자자했고, 누가 더 낫고 부족하고의 차이가 없을 정도였다.

어느 해인가 홍수가 나서 마을의 많은 집과 비옥한 땅이 물에 잠겨 백성들의 울음소리가 끊이지 않았다. 툴라크라와 루로네스의 고향도 예외가 아니었다. 집들은 물에 떠내려갔고, 도적 떼가 그 틈을 타 약탈하며 온갖 나쁜 짓을 저지른 터라 마을의 상황이 좋지 않았다. 툴라크라와 루로네스는 이웃 몇몇과 배를 타고 어쩔 수 없이 마을을 떠나기로 결심했다. 배는 금세 사람과 물건으로 가득 찼고 이제 막 밧줄을 풀고 출발하려는 참이었다. 이때 갑자기 멀리서 한 사람이 나타났다. 등에 보따리를 매고서 숨을 헐떡이며 온몸이 땀에 젖은 채였다. 그는 땀을 닦을 겨를도 없이 배를 향해 손을 흔들며 목청이 터지도록 큰 소리로 외쳤다.

"가지 말아요. 저 좀 기다려 주세요. 제발요!"

이 사람은 가까스로 배 앞까지 와서는 숨을 헐떡이며 말했다.

"다른 배는 다 찼어요. 아무도 저를 받아주지 않았어요. 멀리서 보니 이쪽에 배가 있어서… 이렇게 뛰어왔습니다…. 제발 부탁드립니다…. 저를 좀… 같이 데려가… 주세요…."

이 말은 들은 툴라크라는 미간을 찌푸리며 깊이 생각하고 또 생각했다. 그리고 말했다.

"무척 죄송합니다만 저희 배도 이미 가득 찼습니다. 다른 방법을 찾아보는 게 좋겠군요."

그러자 루로네스가 너무도 대범하게 툴라크라를 탓하며 말했다.

"툴라크라 형, 너무 쩨쩨한 거 아니야? 우리 배에는 아직 여유가 있어. 사람이 죽는 걸 보면서 지나치는 건 도리가 아니지. 같이 태우자."

루로네스가 이렇게 말하니 툴라크라는 더 이상 고집을 피울 수가 없었다. 그는 잠시 생각에 잠겼다가 그 사람을 받아주기로 했다.

무사히 떠난 지 며칠 되지 않아 이들이 탄 배도 도적 떼를 만나고 말았다. 도적 떼는 노를 저어 쫓아와 어느새 바짝 따라붙었다. 배에 탄 사람들은 깜짝 놀라서 필사적으로 노를 저어 그곳을 빠져나가려고 최선을 다했다. 루로네스 역시 너무 두려운 나머지 툴라크라에게 말했다.

"지금 우린 도적 떼를 만나서 매우 급박한 상황이야. 배에 사람이 너무 많아서 더 빨리 갈 수가 없으니, 가장 마지막에 탄 사람을 내리라고 하자. 그러면 조금이라도 무게를 줄일 수 있을 거야."

이 말을 들은 툴라크라는 엄숙하게 답했다.

"출발할 때 나는 아주 여러 번 생각하고, 또 고민을 거듭했어. 사람이 많이 타면 운항이 쉽지 않을 것이고, 그러면 일을 그르칠지도 모르니까. 그래서 그 사람을 거절했던 거야. 하지만 지금은 이미 답을 했는데 어떻게 다시 말을 번복할 수 있겠어? 상황이 급박하다고 그 사람을 또 버리겠다는 거야?"

루로네스는 이 말을 듣고는 부끄러워서 차마 얼굴을 들지 못했다. 툴라크라의 의지 덕분에 그들은 처음 내린 결정대로 마지막 탑승자를 끝까지 포기하지 않았다. 그리고 그들이 탄 배는 모두의 노력 덕분에 도적 떼를 따돌리고 무사히 목적지에 다다랐다.

루로네스는 겉으로는 대범한 척했지만 실제로는 자신의 이익과 무관했기 때문에 베풀 수 있었던 인정(人情)을 보였을 뿐이다. 그래서 막상 자신의 이익과 부딪히자 극단적인 이기심과 배신이라는 민낯을 드러냈다. 반면에 툴라크라는 한 번 한 약속을 천금과 같이 여겨 허투루 깨지 않고 끝까지 지켜냈다. 우리는 이런 툴라크라에게서 신용을 지키고 도리를 중시하는 모습을 배워야 한다. 이와 함께 루로네스의 품성은 마땅히 타산지석으로 삼아야 할 것이다.

끝없이 광활한 세계에 살며 함부로 약속하고서 지키지 않는 사람이 부지기수다. 그런 사람들은 약속을 천금같이 여기는 사람에 비해 쉽게 살아갈지도 모른다. 하지만 이런 모습은 오래가지 못하며 곧 신의를 잃게 된다. 그 사람이 하는 약속 역시 농담처럼 평가 절하될 것이기 때문이다. 그렇게 얼룩지고 나면 그 사람의 광채는 크게 훼손된다.

부모라면 유대인 부모처럼 아이가 자신의 말과 행동에 책임을 지고 한 번 말한 것은 반드시 실천에 옮기도록 교육해야 한다. 이런 사람이야말로 원하는 대로 살아갈 수 있다.

감정적인 행동은 실수를 불러온다

누군가를 너무 쉽게 좋아해서도, 증오해서도 안 된다.
감정적인 행동은 실수를 불러온다.
이성적으로 생각하는 사람이야말로 진정으로 현명한 사람이다.

★ ★ ★

《탈무드》에서는 다음과 같이 말한다.

"고민을 할 때는 감정에서 벗어나야 한다. 당신에게 필요한 것은 이성이다."

유대인 아이와 누나가 장난감을 두고 다투고 있었다. 누나가 양보해 주지 않자, 아이는 울음을 터트렸다. 옆에 있던 부모가 웃으며 말했다.

"웃음은 풍력이고, 울음은 수력이지."

이것이 도대체 무슨 의미일까? 웃는 것은 바람이 불고 지나가듯 사라지고, 울음은 물이 흐르듯 흔적이 남지 않는다는 뜻이다. 부모는 왜 아이를 달래주지 않고 웃으며 이렇게 말했을까? 부모가 보기에는 아이의 눈물이 불쾌한 감정을 분출하는 것으로 보였기 때문이다. 감정을 분출하면 아이에게 어떤 점이 이로울까? 아이가 제멋대로 자신의 감정을 분출하는 것은 도무지 머리를 써서 방법을 생각하려 하지 않는 무능력의 표현일 뿐이다. 유대인은 이렇게 단순하고 감정적인 욕구를 매우 싫어한다. 유대인에게 필요한 것은 일을 원만히 잘 해결하는 것이고, 일을 해결하려면 머리를 써서 방법을 고민해야만 한다.

그렇다면 웃는 것은 어떨까? 마찬가지다. 근거 없는 웃음은 문제를 해결하지 않고 울기만 하는 것처럼 단기적인 감정의 분출일 뿐이다. 둘 다 큰 의미는 없다. 유대인들은 어떤 상황에서든지 이성적인 사고로 방법을 찾아 눈앞에 놓인 문제를 해결하는 것이야말로 진정으로 유용한 방법이라고 믿는다. 문제가 생겼을 때 감정적으로 행동하다 보면 분노하고 화를 내게 되는데, 이는 아무 의미도 없을 뿐 아니라 웃음거리만 될 뿐이다.

따라서 이성적으로 세상을 바라봐야 한다. 맹목적이어선 안 된다. 이것이 바로 유대인의 사고방식이다. 유대인들은 이 세상이 무지의 극한과 맹목적인 조급함 그리고 사람들의 우매함으로 가득 차 있다고 생각한다. 그래서 우매함과 편견을 버리고 이성적으로 이 세상의 본래의 면목을 되돌려 놓아야 한다고 믿는다.

유대인들은 생활 속에서 일어나는 많은 일들이 맹목적이고, 충동적인 감정으로 빚어낸 것이라고 생각한다. 우리는 자신의 감정을 멋대로 사용하여 세상을 황당하고 공포스럽게 만들고 있다. 자신과 다른 사람을 속이는 것보다 더 끔찍한 일은 없다. 유대인들은 생활 속에서 충동적인 감정으로 만들어 낸 편견들을 다음과 같이 늘어놓는다.

"나는 조금도 어머니를 닮지 않았다."

"운동할 시간조차 없을 정도로 바쁘다."

"나는 치료 따윈 필요 없다."

"결혼은 하지 않을 거다." 등등.

또 다른 예로 사람들은 악의적인 행동을 싫어한다. 하지만 유대인들은 오히려 이렇게 말한다.

"악의적인 충동에도 선함이 있을까? 있다. 악의적인 충동 없이 믿음만으로는 집을 짓고, 결혼을 하고, 아이를 낳고, 필사적으로 돈을 벌지 못한다."

근거 없는 증오는 가장 큰 죄악이다. 유대인들은 이렇게 너무 쉽게 사람을 좋아하거나 증오해선 안 된다고 이성적으로 말한다. 유대인들은 감정적인 행동을 결코 좋아하지 않는다. 감정적인 행동이 어리석은 실수의 발단이라고 생각하기 때문이다. 그러므로 이성적인 사고를 하는 사람이야말로 진정으로 현명한 사람이다.

강대함은 모든 것을 의심하는 것에서부터 시작된다

사람은 아무것도 확신할 이유가 없다.
일단 의구심을 갖기 시작하면 점점 더 의심이 많아지고,
의심의 실마리를 따라가면 비교적 쉽게 답을 찾을 수 있다.

★ ★ ★

유대인은 배움을 좋아하는 민족이며 고민에 능한 민족이다. 그들은 냉철한 시선으로 이 사회와 복잡한 세상을 바라보며 그 어떤 우상 숭배도 거부한다. 결코 맹목적으로 조류에 휩쓸

리지 않고 늘 의심의 눈으로 이 세상을 바라본다.

유대인들은 질문을 좋아한다. 사유하는 것을 지식 축적의 시작으로 생각하기 때문이다. 생각하지 않는 사람은 배울 수 없다. 생각한다는 것은 특정한 일을 해야 하는 이유를 분명히 해주고 그 일에 어떤 이점이 있는지를 명확하게 해준다. 유대인들이 탐구하는 것은 한 가지 일의 근본적인 원인이지, 수면 위로 드러난 부분이 아니다. 가장 근본적인 원인을 파악하면 깊은 물 속의 물고기를 잡는 것과 같고, 반면에 표면만 파악하는 것은 물고기가 뱉은 물거품을 잡는 것에 지나지 않는다.

사람들은 쉽게 믿고 맹목적으로 순종하기 때문에 권위를 숭배하는 데 익숙하며, 권위자의 의견이 늘 옳다고 여기고, 이미 정해진 시선으로 문제를 바라보며, 대중의 판단을 따른다. 그러다 보니 돌파구를 찾지 못하고, 성공으로 가는 길은 고생스러울 수밖에 없다.

유대인들은 그들의 지도자를 우상화하지 않았는데, 위대한 지도자인 모세 역시 예외가 아니었다.

모세는 유대인을 이끌고 이집트의 잔혹한 통치에서 벗어난 유대인 역사상 위대한 지도자다. 유대인들의 마음속에 모세가 숭고한 위치에 있는 것은 사실이지만 그들은 모세를 우상으로 여기지도, 절대적인 권위자로 보지도 않는다. 유대인들은 우상이 자신의 운명을 결정짓길 원하지 않는다. 그들은 그저 독립적으로 사고하고 판단하는 것을 숭상할 뿐이다.

유대인들은 모든 것을 의심한다. 아무리 신성해 보일지라도 시시비비를 가리지 않고서 믿는 경우는 결코 없다. 이들은 강해 보이는 그 어떤 것도 믿지 않고 놀라지도 않는다. 유대인들에게는 우상도, 우상을 숭배하는 것도 모두 잘못된 것이고, 그런 우상은 사람들을 놀라게 할 뿐 중요한 것은 아니라고 생각한다. 유대인들이 중요시하는 것은 그들의 머릿속을 채운 생각이다. 스스로 옳다고 여긴다면 이상한 것들이 자신의 판단에 영향을 끼치게 놔두지 않는다.

이처럼 대세를 따르지 않고 모든 것을 의심하는 유대인의 태도에 대해 유대인 심리학자인 프로이트는 다음과 같이 설명했다.

"나는 유대인만의 선천적인 두 가지 특성을 지녔다. 바로 의심과 생각이다. 그래서 나는 내가 편견의 영향을 받지 않는다는 걸 발견했다. 다른 사람들은 지능을 활용할 때 제약을 받는다. 그러나 유대인인 나는 '다수'의 뜻에 부합하는 의견에 반대하고 거부할 준비가 되어 있다."

프로이트의 이 말은 유대인들이 어떻게 수많은 분야에서 일반적이지 않은 성공을 거두는지에 대한 설명으로 충분하다. 유대인은 늘 의심의 눈초리로 모든 사물을 대하기 때문에 여태까지 사회의 편견에 구속되지 않고 자유롭게 그들의 재능과 상상력을 펼칠 수 있었다. 설사 소수의 편에 서 있을지라도 자신들의 생각을 포기하지 않았다. 성공과 관련해 말하자면 성공은 늘 그렇게 독립적으로 생각하는 소수의 몫이기 때문이다.

의심과 문제 제기는 아이들의 창의력을 키우는 최고의 방법이다. 아이들의 창의력은 씨앗과도 같아서 토양, 기후, 관개, 비료와 같이 일정한 환경이 갖춰져야만 싹을 틔우고 뿌리를 내려 꽃을 피운 뒤 비로소 열매를 맺는다. 부모 역시 아이들의 창의력을 키우기 위해 양질의 환경을 조성해 줘야 한다.

유대인 랍비 헤세라는 아이의 창의력을 키우려면 아이가 자유롭게 생각을 발전시켜 나갈 수 있도록 낡은 사고의 틀에서 벗어나서 독립적으로 생각할 수 있는 환경을 만들어 줘야 한다고 말했다. 문제 제기와 의심은 아이의 독립적인 사고능력을 키우는 최선의 방법이다. 문제 제기와 좋은 답안은 모두 중요하다. 아이들은 의외의 질문을 하고, 때로는 심도 있는 답변을 내놓기도 한다.

호기심이 없는 사람은 의심하지 않는다. 의심하지 않는 사람은 생각하지 않고, 생각하지 않는 사람은 답이 없다. 리더십을 갖춘 사람은 사실 의심하는 방법을 아는 사람이다.

사람은 아무것도 확신할 이유가 없다. 일단 의구심을 갖기 시작하면 점점 더 의심이 많아지고, 의심의 실마리를 따라가면 비교적 쉽게 답을 찾을 수 있다.

고대 랍비는 아이가 모든 것을 의심하는 습관을 기르려면 세상 사물에 대한 호기심을 따라야 하며, 호기심은 아이가 세상의 사물을 탐구하는 심리적인 동인이고, 아이의 호기심을 만족시켜주는 것이 아이의 상상력 발전에 이롭다고 말했다. 호기심은 혁신의 원천이며, 아이의 상상력을 키우는 원동력이다.

어떤 것도 생각을 대체할 수는 없다

아이의 지식이 쌓여갈수록 생각도 더 활발해진다.
풍부한 지식과 경험은 아이에게 광범위한 연상 작용을 일으켜
사고를 더욱 유연하고 민첩하게 만든다.

★ ★ ★

사고력은 아이의 지능 활동의 핵심이자 지능 구조의 핵심이다. 사고력은 아이가 인재가 되느냐, 마느냐를 결정짓는 가장 중요한 지적 요소다. 유대인은 어릴 적부터 아이의 사고력을 길러주기 위해 노력한다.

한 유대인 초등학생이 열심히 숙제를 하고 있었다. 더하기, 빼기, 곱하기, 나누기의 사칙연산 응용문제인데 상당히 어려웠다. 특히 몇 문제는 계산을 하려고 했더니 너무 복잡했다. 아이의 이마에는 땀방울이 송골송골 맺혔다. 이때 어디서 왔는지 모르는 미니로봇이 성냥갑 같은 작은 상자를 들고 폴짝 뛰어 아이에게 다가오더니 조그맣게 물었다.

"친구야, 지금 연산 문제를 풀고 있니?"

"응, 맞아…."

아이는 고개를 들어 한 번 쳐다보고는 금세 고개를 숙이고 숙제에 몰두했다. 집중력을 흐트러뜨리기 싫어서였다.

"계산하기 어렵구나?"

미니로봇이 다시 물었다.

"어, 조금…."

아이는 답하기 싫었지만 대답했다.

"그럼…."

작은 소리가 이어서 울렸다.

"내가 계산기를 가져다줄게."

"뭐라고?"

아이의 목소리에 짜증이 묻어났다.

"별거 아니야. 내가 도와주려고."

조용한 목소리는 마치 사과라도 하는 듯 부드러웠다. 아이는 여전히 화가 덜 풀린 어조로 말했다.

"어떻게 도와줄 건데? 뭘 도와줄 건데?"

"너도 알 거야."

작은 소리는 금세 다시 말을 붙였다.

"그렇게 고민해서 뭐 해. 내가 가져온 계산기 몇 번만 누르면 해결될 텐데. 계산기를 쓰면 한방에 모든 문제를 풀 수 있어. 게다가 정확하고 속도도 빠르고 정말 쉬워."

아직 화가 덜 풀린 아이가 거칠게 말했다.

"필요 없어. 난 계산기가 필요 없다고!"

"넌 내 도움이 필요 없니?"

미니로봇은 매우 실망했고, 목소리가 다소 커졌다.

"아니, 아니."

아이는 고개를 저었다.

"나는 필요 없어. 백 개도 필요 없어! 내가 필요한 건 스스로 해내는 거야."

마지막 말은 매우 분명하게 들렸다. 미니로봇은 놀라서 말했다.

"너, 너, 너 스스로 새로운 계산기를 발명하려고?"

"하하하!"

아이가 웃음을 터트렸다.

"계산기는 원래 인간이 발명한 거야. 인간의 도구, 조수로써 인간이 계산기를 사용하는 거지. 그걸 이용해서 일을 하는 거고. 하지만 사람의 생각을 대신할 순 없어. 알겠니?"

미니로봇의 목소리는 더욱 작아졌고 힘이 빠졌다.

"그럼, 그, 그 계산기는 아무 쓸모도 없어?"

"사람은 생각할 수 있어. 독립적이고 자주적으로 모든 걸 생각한다고."

아이는 이렇게 말하며 자신의 머리를 가리켰다.

"나는 내 '계산기'를 사용할 거야. 그래야만 네가 가져다준 계산기를 쓸 수 있어. 그렇지 않아? 네가 나를 돕는 게 아니라, 내가 널 사용하는 거라고!"

미니로봇을 덮고 있던 신비한 베일이 벗겨지며 로봇의 모습이 드러났다.

"오. 그런 거였구나! 나와 계산기는 인간이 정한 프로세스에 따라 동작하는 거였어. 어쩐지 주인이 내게 시키는 대로만 할 수 있더라고. 나는 그냥 명령을 따르는 거였구나!"

"이제 이해했다니 다행이다. 나는 스스로 생각하려고 계속해서 노력해야만 산수 문제를 풀 수 있다고 생각해. 그래야 앞으로 새로운 로봇과 계산기도 발명할 수 있다고 믿어."

아이는 큰 소리로 말하면서도 예의 바르게 또박또박 말했다.

"내 친구 로봇아, 다음에 또 보자!"

지나친 도움은 오히려 아이에게 의존하는 나쁜 습관을 들이고 타성에 젖게 할 우려가 있다.

이 아이는 비록 어리지만 이러한 이치를 잘 알고 있었다. 스스로 생각할 줄 아는 것은 배울 만한 점이다.

아이의 사고력을 기르는 것은 교사만의 일이 아니다. 부모도 제 역할을 해야 하며 언제 어디서나 할 수 있다. 사고는 일정한 규칙을 따라야 하는 높은 단계의 지능 활동이며 실제로 많이 활용된다.

그렇다면 어떻게 아이의 사고력을 길러줄 수 있을까? 유대인 부모들은 다음과 같이 노력한다.

1. 아이를 문제 상황에 놓아둔다

사고는 문제 제기에서 시작되어 그 뒤로 쭉 이어지는 문제의 해결 과정이다. 그래서 문제를 말하는 것이 생각의 시작점이라고 할 수 있다. 문제에 직면하면 뇌가 활발하게 움직인다. 아이가 다양한 질문하는 걸 좋아한다면 부모는 함께 토론하며 이 문제들을 설명해 줘야 한다. 부모의 적극적이고 능동적인 노력은 아이에게 매우 큰 영향을 준다. 만약 자신이 알지 못하는 문제라면 다른 사람에게 도움을 청하거나 자료를 찾아보고, 또 반복적으로 사고해 답을 찾을 수 있다. 이 과정은 아이들의 사고력을 키우는 데 최고다.

2. 상상력을 통해 사고영역을 확장시킨다

상상력은 지적 활동의 날개이며 생각을 비약적으로 펼치는 데 강력한 추진력을 제공한다. 따라서 문제 제기를 잘하는 아이들에게 추측하도록 유도하여 생각을 확장시켜야 한다. 뉴턴은 나무에서 떨어지는 사과를 보며 상상했고, 그 결과 만유인력의 법칙을 발견했다. 아이가 상상력을 발휘하는 것은 어렵지 않다. 핵심은 부모가 언제 어디서든 그 부분을 자극해 줘야 한다는 점이다. 예를 들어 아이가 자전거의 동그란 바퀴를 보고 있다면 아이에게 동그란 바퀴를 또 어떤 부분에 쓸 수 있을지 상상해 보게 한다. 수시로 아이의 상상력이 필요한 문제들을 제시한다면 아이들은 기상천외한 답으로 당신을 놀라게 할 것이다. 그렇다고 해서 아이의 생각을 비웃는다면 아이의 적극성에 타격을 줄 수 있다.

3. 풍부한 지식과 경험을 갖추게 한다

아이의 지식이 쌓여갈수록 생각도 더 활발해진다. 풍부한 지식과 경험은 아이에게 광범위한 연상 작용을 일으켜 사고를 더욱 유연하고 민첩하게 만든다. 유명한 화학자인 멘델레예프는 원소주기율표를 만들어 화학 연구 발전에 지대한 공을 세웠다. 그는 화학만 깊이 연구한 것이 아니라 물리, 기상 등 과학영역을 두루 꿰뚫고 있었기에 원소주기율표를 만들어 낼 수 있었다.

아이의 독서 능력에는 한계가 있다. 따라서 부모는 아이에게 동화책이나 만화책 등을 사주고 아이와 함께 고민할 거리가 있는 이야기를 읽어볼 수 있다. 예를 들어 우화나 과학 관련 간행물 등을 보며 아이와 함께 토론할 수 있다.

4. 아이가 독립적으로 사고하는 습관을 길러준다

어떤 아이가 어려운 문제에 직면하면 부모는 어떻게 해서든 빨리 답을 찾아주려고 애쓴다. 그러면 당장은 문제를 해결할 수 있겠지만 장기적으로 봤을 때 아이의 지능발달에는 조금도 도움이 되지 않는다. 이런 상황이 반복되면 아이들은 부모에게 의존해서만 답을 찾으려 하고, 스스로 찾아보려고 하지 않는다. 그러면 독립적인 사고 습관을 기르는 것은 물 건너가고 만다. 현명한 부모라면 아이가 문제에 직면했을 때 답을 찾는 방법을 알려줘야 한다. 즉, 이 문제를 풀기 위해 자신이 배운 지식과 경험을 어떻게 분석하고, 운용할지, 또 책을 보고 자료를 찾는 방법 등을 아이에게 일깨워 줘야 한다. 이런 경로로 답을 찾은 아이라면 큰 성취감을 느끼고 사고력을 높일 수 있을 뿐 아니라 새로운 동기를 찾을 것이다.

5. 문제 해결을 위한 생각을 토론하고 방향을 설계한다

아이가 생활하고 공부하는 동안 가정에서도 해결해야 할 많은 문제들이 나타난다. 부모는 아이와 함께 고민하며 문제 해결방안을 강구하고, 그 내용을 실천에 옮길 수 있도록 유도해야 한다. 이 과정에서 문제를 분석하고 귀납하는 데는 추리가 필요하고, 문제를 해결하는 방법과 절차가 필요하다. 이는 아이의 사고력과 문제해결 능력을 기르는 데 큰 도움이 된다.

제 9 장

불평하지 마라,
인생을 시작하기에 너무 늦은 때란 없다

유대인의 생존 학습 교육법

목표를 이루지 못하면 미련만 남을 뿐이다! 가장 힘든 시기를 지나고 나면 가장 아름다운 결과가 찾아온다. 스스로에게 조금만 더 엄격해진다면 성공은 조금 더 가까워질 것이다.

좋은 술은 평범한 단지에 담아라

진귀하고 소중한 물건을 때로는 평범하고 소박한 용기에 담기도 한다. 그래야만 그 가치를 보존할 수 있기 때문이다.

★ ★ ★

많은 유대인 학교에는 다음과 같은 표어가 붙어 있다.

"좋은 술은 평범한 단지에 담아라."

이 말은 다음과 같은 이야기에서 유래했다.

행색은 초라하지만 지혜로운 한 랍비가 로마의 공주를 접견했다. 공주는 랍비의 면전에 대고는 조롱하듯 말했다.

"이렇게 초라한 사람의 머릿속에 어떻게 그런 대단한 지혜가 들어 있지?"

랍비는 이런 치욕을 당하고도 화를 내기는커녕 활짝 웃으며 공주에게 물었다.

"궁에도 술이 있습니까?"

공주가 고개를 끄덕였다.

랍비가 다시 물었다.

"그 술은 어떤 용기에 담겨 있습니까?"

공주는 단지에 담겨 있다고 말했다.

랍비는 놀라며 말했다.

"로마제국의 공주님께서 왜 이 화려한 궁의 금이나 은으로 만든 용기에 술을 담지 않고, 초라한 단지에 술을 담으신 겁니까?"

공주는 랍비의 말이 일리 있다고 생각하여, 신하를 시켜 금으로 만든 용기를 가져와 술을 담고, 원래 단지에는 물을 채웠다. 그랬더니 얼마 지나지 않아 술맛이 옅어져 아무런 맛도 나지 않았다.

황제는 술맛이 변했다는 이야기를 듣고는 크게 화를 내며 누가 한 짓인지 찾으라고 명했다. 공주는 서둘러 황제 앞에 나가 자신이 신하를 시켜서 한 일이며, 더욱 맛이 좋아질 줄 알았지 이렇게 될 줄은 몰랐다고 이실직고했다.

공주는 이 모든 게 랍비가 꾸민 짓이라고 생각하고는 그를 불러들였다.

"랍비, 어째서 내게 이렇게 하라고 한 거지?"

랍비는 웃으며 온화하게 말했다.

"저는 그저 진귀하고 소중한 것도 때로는 초라하고 소박한 용기에 담아야 그 가치를 지킬 수 있다는 것을 알려드리려고 했을 뿐입니다."

공주는 크게 당황했고 이후로 다시는 이 초라한 행색의 랍비를 업신여기지 못했다.

사람을 존중하고 외모로 판단하지 않는 것은 유대인의 가장 중요한 처세술 중 하나다.

원하는 책을 읽게 하라

책을 두려워하지 않고 원하는 책을 마음대로 읽게 하는 것이 독서의 가장 중요한 원칙이다. 그래야만 아이가 일상생활에서 독서가 주는 무한한 희열을 맛볼 수 있다.

★ ★ ★

유대인 가정교육에서는 매우 의미 있는 경험을 할 수 있다. 유대인들은 아이가 자유롭게 책을 읽을 수 있도록 분위기를 만들어주고 이를 통해 학습의 공백을 메운다.

유대인 부모는 아이의 독서 방식이 그리 중요하다고 생각하지 않는다. 유아 잡지, 어린이 잡지도 비록 소설처럼 '실질적인 내용'은 없지만 아이들이 즐겨 보는 읽을거리가 될 수 있고, 아이가 훌륭한 공부 습관을 들이는 데 도움을 줄 수 있다.

동화나 탐험류의 소설들을 가볍게 읽도록 권하면 아이들은 이런 책들에 쉽게 빠져든다. 하지만 이런 책들도 부모가 분석하고 판단해 볼 필요가 있다는 사실은 유념해야 한다.

이스라엘의 사회심리학자 코흐는 아이들의 독서 향상을 위해 여섯 가지 방법을 제시했다. 이는 아이들의 학습능력을 배가할 뿐만 아니라 독서습관도 길러준다. 이 여섯 가지 방법은 다음과 같다.

너무 오랜 시간 독서하지 않게 한다. 매일 일정한 시간에 꾸준히 읽는 것이 오랜 시간 읽는 것보다 효과적이다.

밥을 먹은 후에 독서를 권하지 않는다. 밥을 먹고 나면 혈액이 위쪽으로 흘러가 소화를 돕기 때문에 뇌 부분의 혈액이 상대적으로 감소한다. 만약 이 시간에 억지로 독서를 하면 아이가 현기증을 느낄 수도 있다.

아이의 '생체리듬'을 파악한다. 어떤 아이는 아침에 정신이 맑고, 또 어떤 아이는 저녁에 집중력을 발휘한다. 부모는 아이에게 적합한 시간을 골라 공부할 수 있도록 도와야 한다.

아이가 독서를 할 때 소란스러운 장소에서 하거나 음악을 들으며 하지 않게 한다. 최대한 조용한 곳에서 책을 읽어야 잡념에 빠지지 않고 학습 효과가 증대된다.

아이가 새로운 장을 공부한다면 최대한 아이의 언어로 그 안의 지식이나 이론을 추리한다. 우선 전문용어를 알아보고, 완전히 이해하고 익숙해진 뒤에 용어를 암기하도록 한다.

아이가 한 장씩 배우거나 복습하게 하고, 시를 암송할 때는 한 구절이나 한 단락보다는 전체를 암송하는 게 좋다.

책을 잘 읽지 않는 사람들 대부분은 지식에 대한 욕망은 있지만, 독서하는 요령을 몰라서 마음 가는 대로 책을 읽지 못한다. 그들은 손에 책이 있으면 늘 제일 첫 페이지 첫 줄의 첫 글자부터 하나하나 읽는다. 안타깝게도 적지 않은 책들의 앞부분은 대개 단조롭고 지루하다. 그래서 이런 독서는 늘 실망만 안기곤 한다.

부모는 다음과 같이 아이의 독서를 지도해야 한다.

아이가 책의 앞부분에서 흥미를 느끼지 못하는데도 처음부터 끝까지 읽으라고 강요해선 안 된다. 독서는 온전히 아이가 마음속으로 원해야만 가능하다. 설사 아이가 좋아하는 책이라고 해도 처음부터 끝까지 아이의 기호에 맞지 않을 수도 있다. 물론 필독서는 제외다.

일부 심도 있는 문장이나 시는 반드시 한 글자씩, 한 문장씩 읽어야 한다.

어떤 문제나 논평 성격의 글을 읽을 때 아이가 흥미를 느끼지 못한다면 억지로 읽으라고 강요하지 않는다. 어떤 책들은 두께가 수백 페이지에 달하지만 정작 필요한 부분은 몇십 페이지에 불과할 때도 있다. 또 20~30페이지만 읽어도 작가의 논점을 이해할 수 있다면 굳이 길고 따분한 내용을 다 읽을 필요는 없다.

어떤 책들은 서언만 읽어도 전체 주제와 작가의 의도를 파악할 수 있다. 이 경우에도 역시 굳이 전문을 다 읽을 필요는 없다.

어떤 책은 목차를 살펴보고 흥미 있는 부분만 읽을 수도 있다.

진정한 독서는 순서대로 모든 활자를 읽는 게 아니라 필요한 부분은 읽고, 불필요한 부분은 건너뛰는 것이다. 아이에게 “책을 읽었으면 기억해야 하고, 기억하지 못하면 읽은 게 아니다”라는 인식을 심어줘선 안 된다. 이런 생각은 독서를 두려워하게 할 수 있다. 아이들이 마음으로 읽은 책은 설사 기억하지 못하더라도 아이의 정신세계에 도움을 줄 수 있다. 독서가 따분하다고 생각하는 아이는 자신이 원하는 책을 발견하지 못했거나, 사회의 비판을 맹목적으로 따랐거나 혹은 서점의 광고를 믿은 경우일 것이다.

책을 두려워하지 않고 원하는 책을 마음대로 읽게 하는 것이 독서의 가장 중요한 원칙이다. 그래야만 아이가 일상생활에서 독서가 주는 무한한 희열을 맛볼 수 있다.

아이에게 노동 시간표를 짜줘라

집안일을 하는 진정한 목적과 시간이 아이의 연령에 맞아야 하고,
아이에게 충분한 자율성을 주어야 한다.
만약 일이 너무 많으면 아이가 해내는 데 무리가 따를 수 있다.

★ ★ ★

유대인 가정에서는 아이가 해낼 수 있을 만한 집안일을 시킨다. 일반적으로 초등학교에 다니는 아이들이 할 만한 일은 다음과 같다.

바닥에 늘어놓은 장난감을 선반에 정리하기, 쓰레기통 비우기, 애완동물 먹이 주기 등이다. 이런 일들은 아이들도 충분히 할 수 있다. 유대인들은 어떻게 아이에게 이런 일을 맡기는 것일까?

많은 교육학자들은 부모와 아이가 함께 노동 시간표를 짜야 한다고 말한다. 부모와 아이는 민주적으로 의견을 제시하고 내용을 정한다. 내용은 각 시간에 아이가 해야 할 집안일들과 시간 내에 해내야 할 임무다.

시간표는 임무를 완성한 날의 수, 정확한 시간까지 포함해야 한다. 그리고 이 시간표를 벽이나 온 가족이 볼 수 있는 곳에 붙이고, 아이가 일할 때마다 기록을 남길 수 있게 빈칸을 남겨둔다. 이렇게 효과적인 집안일 계획표가 있다면 아이도 순서에 맞게 꾸준히 집안일을 해나갈 수 있을 것이다.

이때 집안일을 하는 진정한 목적과 시간이 아이의 연령에 맞아야 하고, 아이에게 충분한 자율성을 주어야 한다. 만약 일이 너무 많으면 아이가 해내는 데 무리가 따를 수 있다. 일이 너무 적은 것도 좋지 않다. 아이에게 아무런 영향도 줄 수 없기 때문이다.

아이들에게 집안일을 맡길 때 가장 이상적인 것은 계획표의 한두 가지 항목을 아이가 반드시 완수하게 하는 것이다. 부모 가운데 한 사람이 같이 있을 때라면 아이가 하는 일을 살펴볼 수도 있다.

아이에게 집안일을 맡기는 목적은 아이가 노동을 통해 생활을 이해하게 하는 데 있다.

결코 아이를 대신해 일하지 마라

아이가 일할 때 부모는 절대 대신 해줘선 안 된다.

부모가 대신 해주면 아이의 버릇만 나빠질 뿐이다.

★ ★ ★

유대인 랍비 유디나는 "열심히 일하는 것이 《율법서》를 공부하는 것과 같은 효과를 내는 이유는 둘 다 잡념을 떨쳐버릴 수 있기 때문이다"라고 말했다.

부모와 아이가 함께 집안일을 하면 가족 간의 정도 깊어지고, 일하면서 아이와 교류할 수 있어 정서적 유대감도 더욱 공고히 할 수 있다.

부모는 아이에게 집안일을 맡길 때 아이가 최대한 독립적으로 해낼 수 있게 하고, 그게 어렵다면 한두 가지 정도 아이와 함께 일한다.

아이에게 집안일을 맡기기 전에 우선 의견을 물어보고 아이가 원하는 일을 하게 한다. 되도록 아이의 자발적인 모습에 칭찬을 아끼지 않는다.

만약 아이가 어떤 일을 하고 싶어 하는데 그 일이 아이의 능력 밖이라고 생각한다면, 그 일을 몇 부분으로 나누고 그중 한 부분을 아이가 완성하게 할 수 있다. 아이의 일솜씨가 전보다 나아진다면 아이에게 모두 맡길 수도 있다.

아이가 일할 때 부모는 절대 대신 해줘선 안 된다. 부모가 대신 해주면 아이의 버릇만 나빠질 뿐이다. 예컨대 만약 아이가 쓰레기봉투를 들어서 버릴 수 없다면 쓰레기통에 쓰레기봉투를 잘 걸어두고 쓰레기를 깨끗하게 잘 버리게 하면 된다.

랍비 유디나는 다음과 같이 말했다.

"장인들은 밤낮으로 정성을 다해 보석을 디자인한다. 그들은 밤을 새우며 마치 살아 숨 쉬는 듯한 조각상을 만드는데 이것이 노동이다. 이 세상을 아름답게 만드는 것은 바로 노동이다."

다들 알다시피 노동은 정신노동과 육체노동으로 나뉜다. 이 두 가지는 상호 작용한다. 그렇다면 어떻게 아이가 육체를 훈련하면서 정신도 훈련할 수 있을까? 어떻게 하면 아이를 전방위적으로 발달시킬 수 있을까?

이는 많은 부모들이 직면한 문제다. 생활 속에서 다른 것에는 두려움이 없는 아이가 유독 공부만 두려워하는 경우가 있다. 싫증이 난 것이다. 이것은 정신노동의 습관을 길러주지 못한 탓이다.

아이들이 공부에 싫증을 느끼는 원인은 다양하다. 그중에서도 가장 주요한 원인은 가정에서 찾을 수 있다. 가정에서 아이가 잠재력을 발휘할 수 있을 만큼 충분한 공간을 주지 않는 한 아이들이 공부를 좋아하는 건 사실 불가능하다.

공부에 대한 아이의 거부감을 개선하는 방법에는 여러 가지가 있는데 그중에서 가장 많이 활용되는 방법은 아이의 흥미를 자극하는 것이다. 아이가 잘하는 것이나 우수한 점을 인정해 주고 그런 면을 발휘할 수 있도록 충분히 응원해 준다면, 아이는 더욱 흥미를 느끼고 자신의 능력을 발견하며 공부에 자신감을 보일 것이다.

학습에 흥미가 생겨야 비로소 능동적이고 지속적으로 공부할 수 있다.

흥미는 지식을 탐구하는 원동력이고 아이의 지식욕을 발전시키는 토대다. 지식을 탐구하는 것은 복잡한 심리 과정인 만큼 민감하게 관찰하고 느껴야 하며, 풍부한 상상력과 유연하면서도 공고한 기억력이 필요하다. 더불어 강인한 의지도 필요하며 노동을 통해 이러한 능력을 기르고 발전시켜야 한다.

천재는 가장 경계해야 할 단어다

아이가 어릴 때 흥미로웠던 놀이나 취미를 꾸준히 유지하는 것은 향후 직업을 선택하는 데 기초가 될 수 있다.

★ ★ ★

천재적인 아이들은 흥미를 느끼는 분야가 광범위해서 수많은 분야의 지식에 대해 끊임없는 욕구를 지니고 있다.

단람이라는 천재 아이는 이렇게 말했다.

"난 똑똑하지도 않고, 위대하지도 않아요. 그저 제 마음속에 공부하고 싶은 열정이 활활 타오르는 것뿐이에요."

한 교육학자가 이 꼬마 천재에게 학교생활 중 가장 재미있는 게 무엇인지 묻자, 이 네다섯 살밖에 되지 않은 아이는 이렇게 답했다.

"전 공부가 좋아요!"

천재 아이는 늘 에너지가 넘친다. 뭐든 알고 싶어 하고 끝까지 알아내고 만다. 시간과 기회만 있다면 이 아이들은 모든 영역을 망라해 공부할 것이고 손에 닿는 것이라면 무엇이든 모두 읽을 것이다.

이런 아이들은 관심 있는 모든 일에 아주 능수능란하기 때문에 어른이 된 뒤 특정한 분야에 관심을 두기가 쉽지 않다. 따라서 이들 가운데 상당수가 두 가지 직업을 갖는다. 하나는 생계를 위한 직업이고, 다른 하나는 인생에 즐거움을 더하기 위한 직업이다. 의사이면서 작가이거나, 교사이면서 전문 아티스트이거나, 또는 사업가이면서 교사인 사람들이 바로 여기에 해당한다.

이러한 천재들의 소중한 특징은 천재 아이들이 다양한 분야의 지식을 이해하고 대응하는 것을 도울 수 있다는 점이다. 현실적인 측면을 고려하여 부모는 이런 현상을 대수롭지 않게 여겨선 안 된다. 그랬다가는 천재 아이들이 흥미롭게 느끼는 수많은 분야를 수박 겉핥기식으로 훑고 넘어갈 우려가 있다. 따라서 부모들은 천재 아이의 광범위한 관심을 늘 응원하는 동시에, 일생 동안 이뤄나갈 특정한 한두 분야에 집중할 수 있도록 도와야 한다.

이 목적을 이루기 위한 최선의 방법은 향후 아이가 직업을 선택할 때 기초가 될 수 있도록 아이가 어릴 적에 흥미로워했던 놀이나 취미를 오랫동안 꾸준히 유지하도록 장려하는 것이다. 만약 아이가 일찍부터 흥미를 느끼는 분야가 있다면 일찍 그 분야를 선택하는 것도 마찬가지로 중요한 가치가 있다.

많은 유명 인사들의 직업을 살펴보면 어린 시절의 흥미가 토대가 된 경우가 많다. 네 살 꼬마였던 베토벤은 네 곡의 소나타를 완성했다. 피카소가 어린 시절 회화에서 천재성을 드러내자, 그의 아버지는 일도 포기하고 아이의 그림 실력을 키워주기 위해 동분서주했다. 에디슨은 일곱 살 때 왕성한 호기심 때문에 교사를 크게 화나게 했다. 그의 어머니는 미련 없이 학교를 그만두게 하고 집에서 직접 에디슨을 가르쳤다. 덕분에 꼬마 에디슨의 호기심은 엄청난 발전의 여지를 얻었고, 결국 세계 최고의 발명가가 되었다.

유대인 교육자가 말한 대로 부모는 아이의 요람이다. 아이가 이 요람에서 어떻게 발전하고 인정받느냐는 상당히 중요하다.

놀이를 하면서 아이의 재능을 발견하라

부모는 아이에게 다양한 사물을 보여주고 각양각색의 활동을 접하게 할 책임이 있으며, 이런 활동을 하면서 아이의 재능을 발견할 수 있다.

★ ★ ★

부모는 아이에게 다양한 사물을 보여주고, 각양각색의 활동을 접하게 할 책임이 있다. 이런 활동을 하면서 아이의 재능을 발견하는 가장 간단하면서도 재밌는 방법은 가정에서 아이가 할 수 있는 놀이를 하는 것이다.

유대인 가정에서 사랑받는 놀이는 어른과 아이가 함께 참여해 즐거움을 느낄 수 있는 놀이다.

예를 들어, 몸으로 표현하는 것을 알아맞히는 놀이는 아름다움을 표현하는 '연기자'를 접하는 기회가 될 수 있다. 전략 관리에 능한 아이라면 '다이아몬드 게임(중국판 체스)'이나 '전함놀이' 등의 놀이를 통해 성공의 기쁨을 맛볼 수 있다. 언어 천재라면 '글자 퍼즐'과 같은 게임을 통해 즐거움을 누릴 수 있고, 운에 따라 승패가 결정되는 걸 좋아하는 아이라면 '도미노 게임' 등을 해볼 수 있다.

물론 여기서 열거한 놀이들은 가정에서 할 수 있는 놀이의 일부분일 뿐이다. 놀이의 목적은 아이가 놀이에 참여하고 그 속에서 재미를 찾는 데 있다. 아이가 잘하는 분야가 아니어도 놀이에서 승리할 기회는 늘 존재한다.

멀티미디어가 발전함에 따라 아이들의 놀이는 손을 쓰는 것에서 눈으로 보는 것으로 발전했다. 어떤 놀이는 전략이 필요하고 또 어떤 놀이는 순수한 지능이 필요하지만 목적은 동일하다.

바로 아이가 게임을 통해 다양한 느낌을 경험하고, 그 속에서 자신감을 얻는 것이다.

아이에게 자유를 주어라

아이를 당신의 지식 안에 가두지 마라.

아이는 다른 시대에 태어났으니.

★ ★ ★

한 유대인은 아이를 키우는 것을 다음과 같이 묘사했다.

어느 따뜻한 여름날, 하늘이 귀한 선물인 아기를 그녀에게 안겨주었다.

그 선물은 너무 연약해 보여서 그녀를 감동시키고 전율하게 했다. 하늘이 준 예사롭지 않은 이 선물은 언젠가는 이 세상의 구성원이 될 것이다. 하늘은 그전까지 그녀에게 이 선물을 살뜰히 아끼고 보호하라고 계시했다. 어머니는 알았다고 말하고, 경건하게 선물을 집으로 가져왔다. 그리고 하늘과 한 약속을 지키겠다고 결심했다.

처음에 어머니는 온 마음과 정성을 다해 보살피고 보호하며 아이를 위험으로부터 지켜주었다. 어머니는 아이가 자신이 만든 은밀한 세계에서 이리저리 두리번거리는 모습을 보면서 두렵고 불안했다. 하지만 아이를 영원히 자기 품에 끼고만 있을 수는 없다는 사실을 곧 깨달았다. 아이가 성장하려면 반드시 험난한 환경을 견뎌내야 한다. 그래서 어머니는 아이가 더 자유롭게 자라도록 더 넓은 공간을 마련했다.

조용한 밤이면 어머니는 침대에 누워 종종 자신의 부족을 자책하면서 자신에게 양육의 중책을 맡을 만한 능력이 있는지를 물었다. 그러자 신선이 나타나 그녀의 귓가에 나지막하게 속삭였다. 그녀가 아주 잘하고 있음을 하늘이 안다는 걸 자신이 보장한다고 말이다. 어머니는 그제야 편안히 잠자리에 들었다.

세월이 흐르며 어머니는 점점 자신의 책임에 적응하며 편안해졌다. 그 선물은 어머니가 그전의 삶을 돌아볼 생각조차 들지 않을 만큼 풍요로운 삶을 선사해 주었다. 만약 이러한 선물이 없었다면 어머니는 인생의 후반기를 살아낼 수 없었을 것이고, 감히 상상할 수도 없었을 것이다. 어머니는 하마터면 하늘과 맺은 약속을 까맣게 잊을 뻔했다.

어느 날, 어머니는 이 선물에 변화가 나타났다는 걸 깨달았다. 선물은 더 이상 연약하지 않고, 건장하고, 꼿꼿하며, 생기가 넘쳐흐르는 아이로 성장해 있었다. 하루하루 지날수록 어머니는 아이가 그만큼 더 강해지고 있음을 알았다. 그녀는 하늘과 한 약속을 떠올리며, 마음속으로 이 선물과 함께할 시간이 이제 얼마 남지 않았음을 느꼈다.

피할 수 없는 그날이 결국 오고야 말았다. 신선의 문하생들이 이 선물을 가지러 인간계로 내려왔다. 그는 이미 다 큰 어른이 되었고 세상 곳곳을 둘러보고 싶어 했다. 어머니는 아들과 더 이상 함께할 수 없다는 사실이 애석했지만 이토록 사랑스러운 선물과 오랜 시간 함께할 수 있게 해준 하늘의 은혜에 깊은 감사를 드렸다. 어머니는 두 어깨를 펴고, 꼿꼿하게 서서 마음속으로 아주 특별한 선물인 아들이 세상과 많은 사람들에게 아름다움과 진실함을 더해줄 수 있을 거라고 확신했다. 그리고 아이가 자유롭게 날 수 있도록 놓아주었다.

이야기 속 어머니는 다른 방식의 사랑으로 자신의 책임과 사명을 다했다. 이는 유대인 법학박사가 남긴 말을 증명한다.

"아이를 당신의 지식 안에 가두지 마라. 아이는 다른 시대에 태어났으니."

아는 게 너무 많아도 탈이다

부모는 자만하지 않고 학교 관계자의 제안을 용기 있게 들어야 한다. 부모의 적절하지 못한 태도가 아이가 실패하는 주요인이 될 수 있다.

★ ★ ★

《성경》에서는 이렇게 말한다.

"지혜를 드러내지 않는 것은 땅속에 보물을 숨겨두는 것과 같다. 이 두 가지는 모두 쓸모가 없다. 하지만 자신의 어리석음을 감출 줄 아는 사람은 지혜를 드러내지 않으려는 사람보다 더 지혜롭다."

지혜로운 유대인은 다음과 같이 말한다.

"천재 아이, 그중에서도 나이가 어린 아이의 심각한 문제는 나이에 비해 아는 게 너무 많다는 점이다."

학교에서 다른 아이들이 이제 막 읽기와 연산을 배우려고 할 때 천재 아이는 이미 이 단계를 넘어선 뒤다. 교사가 아이들에게 '우주여행'에 관한 책을 소개하려고 하는데 이 아이에게는 이미 이 책이 필요 없다. 그 책의 내용보다 더 많은 걸 알고 있기 때문이다.

실제로 너무 많이 아는 게 탈이 될 수 있다. 천재 아이는 제일 먼저 싫증을 느끼고, 그 모습을 본 반 친구들과 교사로부터 배척당하는 결과를 초래할 수 있다. 이렇게 친절하지 않은 세상에서 너무 많은 걸 아는 것은 꼭 장점이 아닐 수도 있다.

부모라면 아이에게 다른 공간을 제시해서 아이에게 너무 많이 아는 것이 잘못된 것은 아니라는 것을 알려주고, 올바른 방식으로 지도하여 아이의 고충을 조금이라도 해소하려고 노력할 필요가 있다.

만약 아이가 천재라면 다음과 같이 시도해 볼 수 있다.

1. 학교 수업이 지루하다는 것을 용기 있게 인정한다. 학교 수업이 아이에게 큰 도전정신을 불러일으키지 못한다면 아이는 지루할 수밖에 없다.

2. 아이가 수준에 맞는 스터디그룹에서 공부할 수 있게 한다.

3. 교사와 이 문제를 의논한다. 만약 이해심이 많고 도전정신이 있으며 아이의 학습계획에 최선을 다해줄 교사를 찾을 수 있다면 그건 행운이다.

4. 최대한 아이에게 맞는 교육 방법을 정한다. 빠르면 빠를수록 좋으며, 진도가 나가기 전이라면 조정하여 주도적으로 학습할 수 있게 한다.

5. 학교 측이 협력하지 않는다면, 학교에서 느낄 아이의 고충을 최대한 이해하려고 노력해야 한다. 아이와 이 문제를 진지하게 의논하

고, 아이에게 학교의 기본적인 수칙을 따라야 하는 이유를 설명해 준다. 그와 동시에 아이를 응원한다고 솔직하게 알려주고 학교 밖에서 다양한 활동 기회를 제공하여 아이의 흥미를 유발하고, 뜻이 맞는 친구를 만들 수 있는 환경을 만들어준다.

6. 아이에게 학교 교과서와 동일한 내용을 가르치지 않는다. 아이가 다양한 책을 볼 수 있도록 공공도서관을 활용한다. 수준에 맞는 책을 읽는 것은 아이에게 상당히 매력적으로 다가올 것이다. 이런 책들은 그 자체로 걸작들이다.

7. 나이가 많은 아이의 경우 예절 교육도 큰 도움이 된다. 아이들이 많은 교실에서 교사의 실수를 지적하는 것은 교사를 곤란하게 하고, 예의에 어긋나는 태도라는 걸 알려줘야 한다.

8. 아이가 학교에서 느끼는 스트레스를 줄여줄 방법을 찾지 못할 수도 있다. 하지만 아이에게 실제 상황을 설명해 줌으로써 아이가 대응하도록 도울 수 있다.

9. 아이들과 부딪히지 않는 방법을 알아야만 아이들로 가득한 학교에서 생활할 수 있다는 점을 되도록 빨리 알려준다.

10. 아이가 생활 속에서 동기를 부여해 주는 원동력과 올바른 방향을 찾도록 도와준다. 아이들은 목표를 명확히 한 이후에는 복잡하고 번거로운 일도 마다하지 않는다.

11. 아이의 특기와 장점에 대해 학교 내의 적절한 기관과 의견을 나눈다. 가장 중요한 것은 아이가 학교 관계자의 화를 사지 않게 하는 것이다. 학교 관계자는 아이가 겪는 어려움을 동정하지 않기 때문이다.

12. 부모는 자만하지 않고 학교 관계자의 제안을 용기 있게 받아들여야 한다. 부모의 적절하지 못한 태도가 아이가 실패하는 주요인이 될 수 있다.

제 10 장

생각의 벽을 허물고 최강의 뇌를 만들어라

유대인의 지능 향상 교육법

큰일을 하는 사람은 꼬이지 않고, 대뇌는 항상 젊음을 유지하며, 되도록 굽은 길로 돌아가지 않는다. 총명한 사람은 뇌를 활용해 사고한다. 당신의 대뇌가 유연할수록 잠재력을 충분히 발휘할 수 있다.

안구 훈련은 지능 개발의 첫걸음이다

아기의 여린 눈은 색에 매우 민감하다. 아이의 눈을 효과적으로 훈련하는 것은 지능 개발의 첫걸음이다.

★ ★ ★

유대인 교육자인 레비아단의 외동아들은 '천재'였다. 그는 천재 아들을 키운 경험을 얘기하면서 다음과 같이 말했다.

"아기의 여린 눈은 색에 매우 민감합니다. 아이의 눈을 효과적으로 훈련하는 것은 지능 발달의 첫걸음이지요. 제가 처음 아들을 안았을 때 아들은 저는 보지 않고 측면만 열심히 보더군요. 이상하게 여겨서 아이의 시선을 따라가 봤더니 이제 막 새로 산 알록달록한 유모차를 보고 있더군요. 그때 저는 아이가 색에 민감하다는 사실을 알아차렸습니다. 이후 저는 아내에게 우선 색을 알려주자고 얘기했습니다. 저희는 아이에게 풍선이나 헝겊인형, 알람시계와 같은 색깔 있는 물건들을 보여줬습니다. 그리고 TV 화면을 보여주고, 자주 밖으로 데리고 나가 대자연을 느끼며 세상의 다채로운 색상을 접하게 했답니다. 우유병도 여러 가지 색으로 준비했는데 매우 재밌는 현상을 발견했습니다. 아이가 유난히 특정한 색을 좋아하고, 그 색상의 병으로 우유를 먹이면 신이 나서 병을 꼭 쥔 채 여느 때보다 더 맛있게 먹는다는 것이었지요. 그래서 저희는 아이가 좋아하는 우유병으로 우유를 먹이고 다양한 색깔의 작은 방울을 사서 손목에 달아주었습니다. 손을 움직일 때마다 소리가 나니 아이는 매우 즐거워했어요. 저희는 아이가 색을 구분할 수 있도록 매주 방울의 색을 바꿔주었고, 색에 대해 반복적으로 설명해 주었습니다. 이후 아이는 이 방울을 잡아보려고 했고, 저희는 방울을 잡을 수 있도록 도와주었습니다. 이런 방법을 활용한 지 얼마 되지 않아 아이는 다양한 색을 기억했지요. 아이가 조금 큰 뒤에는 그림과 카드를 보여주었습니다. 지금은 아이가 이 그림과 카드를 통해 무언가를 배우기를 기대하고 있답니다. 이러한 색들이 아이의 마음속에 들어가서 아이의 지능 개발에 도움이 될 것이라고 생각합니다. 처음에는 색에만 관심을 보였던 아이가 차츰 그것이 무엇인지 알아가자 저희는 무척 기뻤습니다. 점차 그림의 수준을 높였더니 아이의 발전 속도가 매우 빠르다는 걸 알게 되었습니다. 아이는 이렇게 세상과 교류하고 있습니다. 눈을 통해 아이의 마음속에는 풍요로운 세상이 하나하나 그려지고 있지요. 이런 교육 방식은 가장 직관적이면서도 가장 효과적입니다."

유대인 가정의 아이들은 행복하다. 부모들은 아이들을 깨우치는 교사가 되어 아이들에게 늘 다채로운 색의 작은 공이나 블록을 골라준다. 아이들이 좋아하는 이 놀잇감은 아이의 색감을 빠르게 향상시킨다.

색에 대한 감각을 키워주기 위해 많은 어머니들은 아이에게 색맹 검사에 필요한 검사도구를 놀잇감으로 사준다. 아이는 이런 놀잇감으로 다양한 게임을 하면서 색감을 키울 수 있다. 여자아이들과 달리 남자아이들의 경우 촉각은 예민한 반면 색감은 더딘 편이다. 그래서 남자아이는 어릴 때부터 색감을 키워주지 않으면 어른이 돼서도 색에 무감각해질 수 있다.

모든 유대인 가정에서는 아이들을 위해 늘 크레용을 준비해 둔다. 크레용은 아이들의 색감을 키우는 데 최고의 도구다. 부모들은 아이에게 색을 알려주고, 그림을 그리는 법을 가르치며, 아이와의 감정 교류를 심화하여 아이의 지능 발달을 촉진하는 데 크레용을 사용할 수 있다.

누구에게든 배울 게 있다

최고의 환경도, 최고의 스승도 따로 정해져 있지 않다.
끊임없이 변화하는 환경이 가장 훌륭한 환경이고,
새로운 사람에게 새로운 점을 꾸준히 배우는 것이 가장 훌륭한 배움이다.

★ ★ ★

성공하는 방법을 그대로 따라할 수는 없다. 저마다 성장 환경과 주어진 기회가 다르기 때문이다. 하지만 대다수의 성공한 사람들은 주변에서 본받을 사람을 찾아서 그의 경험을 배우고 본받는다는 공통점을 지니고 있다. 한 랍비가 다음과 같은 이야기를 들려주었다.

제퍼슨은 열일곱 살에 대학에 다니기 시작했는데, 성적이 상당히 우수했고 특히 역사와 언어 부분에서 두각을 나타냈다. 농업, 수학, 건축학 등에도 큰 흥미를 보였다. 이후 그가 혼자 힘으로 설계한 몬티첼로 저택은 고전적인 건축양식에 독특한 특색을 입혀 당시 미국 최고의 건축물로 평가받았고, 지금까지도 미국에서 가장 훌륭한 저택 가운데 하나로 손꼽히고 있다.

귀족 출신인 제퍼슨의 아버지는 군대에서 대장이었고 어머니는 명문가 출신이었다. 당시 귀족들은 명령을 내릴 때를 제외하고는 평민들과 교류가 거의 없었다. 하지만 제퍼슨은 귀족 계급의 악습을 무시하고, 각 계층 사람들과 능동적으로 교류했다. 제퍼슨의 친구 중에는 유명인사도 있었지만 평범한 하인, 정원사, 농민, 가난한 수공업자 등이 더 많았다. 그의 장점은 다양한 사람들에게서 배운다는 점이었다. 이는 그가 모든 사람에게는 자신만의 장점이 있고, 모두 황금처럼 빛나는 뭔가를 갖고 있다고 생각했기 때문이다.

당당한 풍채에 생동감 있는 말투를 가진 제퍼슨은 늘 패기가 넘쳤고 사람 사귀기를 좋아했다. 바이올린 연주 실력이 수준급이었던 그는 기회가 있으면 총독부에서 자신보다 나이가 많은 사회 명사들과 함께 클래식을 연주하기도 했다. 제퍼슨은 그들과 대화를 나누며 많은 걸 배울 수 있었다.

한번은 프랑스의 유명인사인 질베르 뒤 모티에 드 라파예트에게 이렇게 말했다.

"당신은 저처럼 일반 민중의 집에 가서 그들이 먹는 빵을 먹고, 그들의 밥그릇에 시선을 돌려야 합니다. 그래야만 그들의 불만이 무엇인지 알고, 지금 일어나고 있는 프랑스 대혁명의 의미를 이해할 수 있을 것입니다."

아랫사람에게 묻는 걸 부끄러워하지 않고 배우는 것을 좋아했던 제퍼슨은 다른 분야의 지도자들보다 민중의 생각과 요구를 더 정확히 짚어낼 수 있었고, 이것 역시 그가 위대한 인물이 될 수 있었던 이유 가운데 하나였다.

지식을 쌓든 인간 됨됨이를 다듬든 우선 그 분야의 전문가에게 배워야 하고, 진정하고 명철한 내용이 담겨 있다면 책을 비롯한 어떤 견해든 배워야 한다. '주변 사람들보다 내가 더 똑똑하니 뭐라고 하든 상관없어'라는 생각은 큰 오산이다. 배움이란 매우 광범위하고 종합적이다. 모든 사람은 자신만의 장점과 약점을 갖고 있다. 당신 역시 모든 사람에게 많은 걸 배울 수 있으며, 그들의 장단점을 보면서 장점은 배우고 단점은 보완해 나가야 한다.

링컨은 미국인들이 마음 깊이 존경하는 대통령이다. 링컨에 대한 이야기 중 그의 아버지가 지극히 평범하며 낫 놓고 기역 자도 모르는 목수였고, 어머니 역시 평범한 가정주부였다는 것은 널리 알려진 사실이다. 그런데 링컨은 어떻게 그토록 탁월한 리더십과 인재관리 능력을 가지게 된 것일까? 사람들은 링컨이 틀림없이 양질의 교육을 받았을 것이라고 생각한다. 하지만 이는 사실이 아니다. 많은 미국인이 알다시피 링컨이 받은 교육이라고는 평생 동안 학교를 며칠 다닌 게 전부였다. 링컨은 국회의원으로 당선된 뒤 직접 대중에게 이 사실을 밝힌 바 있다. 그렇다면 링컨의 스승은 누구일까? 정답은 바로 켄터키주 삼림지대를 둘러보던 연구자들이었다. 이들은 그 지역 삼림지대를 돌며 무심코 링컨을 도와주었다.

링컨의 스승은 또 있었다. 바로 일리노이주 제8 사법구역의 많은 사람들이었다. 링컨은 매일 수많은 농부, 변호사, 상인과 국가의 중대사를 비롯해 세계에서 벌어지는 일들에 대해 토론하면서 많은 지식과 이치를 배웠다. 링컨의 성공비결은 모든 사람을 자신의 스승으로 삼은 것이었다.

유대인 부모는 아이들에게 교사와 친구들, 주변의 사람들 하나하나가 배움의 대상이 될 수 있고, 좋은 환경이란 특별히 정해진 게 아니며, 좋은 스승도 꼭 특정한 사람이 아니라고 가르친다. 최고의 환경도, 최고의 스승도 따로 정해져 있지 않다. 끊임없이 변화하는 환경이 가장 훌륭한 환경이고, 새로운 사람에게 꾸준히 새로운 점을 배우는 것이 가장 훌륭한 배움이다.

출신보다 지혜가 더 중요하다

물질적인 부(富)는 언제든 사라질 수 있지만 지식과 지혜는 영원히 머릿속에 남아 있다. 지식과 지혜만 있다면 돈이 없는 건 두렵지 않다.

★ ★ ★

세상 부러울 것 없이 부유한 자들과 가난하기 짝이 없는 랍비가 탄 배가 바다를 항해하고 있었다. 대화를 나누던 부자들이 각자 자신의 재산을 자랑하며 실랑이를 시작했다. 이때 가난한 랍비가 자신의 의견을 내놓았다.

"부유함을 논하자면 내가 가장 부자입니다. 다만, 그것을 증명할 길이 없을 뿐이지요."

어둠 속에서 마치 하늘의 계시라도 있었던 양, 이 배는 항해 도중 무자비한 해적 떼를 만나 모든 것을 빼앗기고 말았다. 재산을 자랑하던 부자들은 해적 떼에게 모든 것을 빼앗기고 누구 하나 예외 없이 알거지가 되었다. 해적 떼가 떠난 뒤 항해할 자금조차 바닥난 배는 어쩔 수 없이 한 항구에 정박했다. 승객들은 모두 배에서 내려 각자 살길을 찾았다. 랍비는 지혜를 가진 덕분에 사람들에게 인정받고 존중받으며 현지 사람들의 스승이 되었다. 현지인들은 고상한 사람만이 스승이 될 수 있다고 여겼기 때문이다. 반면 부(富)를 비교하며 다투던 부자들은 하루하루 팍팍한 나날을 보내야 했다.

훗날 부자들은 랍비에게 진심으로 말했다.

"당신 말이 맞았소. 부를 가진 사람은 한순간에 모든 걸 잃을 수도 있지만, 학식이 있는 사람은 영원히 부자로군요. 당신은 지혜를 가졌으니 모든 걸 다 가진 것이나 다름없소."

유대인 부모들은 아이들에게 이 이야기를 종종 들려주며 지혜의 중요성을 일깨워 준다. 이들은 학문을 중시하지만 지혜에 비하면 학문 역시 한 단계 아래로 본다. 그래서 지식만 있고 지혜가 없는 사람을 '많은 책을 짊어진 나귀'에 비유한다. 이런 사람은 지식이 많아도 조금도 활용할 줄 모른다고 생각하기 때문이다. 또한 지식을 선하게 활용하지 않고 나쁜 일에 이용하면 도리어 해(害)가 되기 때문에 유대인들은 지식은 지혜를 닦기 위해 존재한다고 말한다. 가령 단순히 지식을 수집만 한 채 소화하지 못한다면 책을 한 무더기 쌓아두고 읽지 않는 것과 같다.

유대인들은 개인이 가진 지혜의 힘을 중시할 뿐 가문 등 출신에는 크게 관심을 두지 않는다. 귀족이거나 명문가 출신이라고 해서 꼭 학식을 갖췄다고 볼 수는 없다. 그래서 가난한 사람이 부유한 집안의 자제를 만나도 열등감을 갖거나 두려워하지 않지만, 가난하건 부자건 지혜를 갖춘 사람을 만나면 존중한다.

다음과 같은 유대인 이야기가 전해진다. 이스라엘의 한 부자에게 두 아들이 있었다. 한 아들은 부를 쫓고 다른 아들은 학식을 쫓았다. 훗날 한 명은 큰 부자가 되었고, 다른 한 명은 당대의 박사가 되었다. 남부러울 것 없이 부를 쌓은 아들이 공부만 한 다른 형제를 무시하며 말했다.

"난 전쟁을 해도 남을 만큼 부를 쌓았어. 너는 여전히 빈털터리구나."

그러자 박사가 답했다.

"나는 내게 이런 은혜를 베풀어주신 존귀하신 신께 감사를 드릴 따름이야. 내가 얻은 것은 선조들의 유산인 지혜니까."

유대인들은 아이들에게 출신이란 선택할 수도 없고 굳이 다시 선택할 필요도 없다고 가르친다. 출신이 그리 중요한 것도 아닌 데다 본인의 능력을 나타내지도 않기 때문이다. 그와 더불어 우리가 해야 할 일은 열심히 공부해서 지식을 쌓아 자신의 지혜로 만드는 것임을 깨우쳐 준다.

실제로 많은 유명한 유대인들의 출신을 살펴보면 석공, 목수, 양치기 등으로 매우 비천하다. 랍비 힐렐은 목수였고, 아키바는 양치기였다. 그들이 유대인 가운데 걸출한 인물이 될 수 있었던 까닭은 자신의 능력이 막강했고, 유대인 사회에 '지혜가 출신보다 중요하다'는 인식이 깔려 있었기 때문이다.

지혜를 중시하고 출신을 보지 않는 유대인들의 관념은 인간관계에서도 잘 드러난다. 유대민족은 평상시 출신에 대한 이야기를 거의 하지 않는다. 사람과 사람이 교류할 때 권세 있는 자에게 아첨하지 않는 것은 물론, 명문가 출신이라고 해도 자신의 배경을 이용해 사회적 지위나 다른 혜택을 얻기는 쉽지 않다. 사람들은 모두 지혜와 성실한 노동으로 자신의 자리를 얻는다. '지혜가 출신보다 중요하다'는 것은 유대인의 처세술에서 중요한 이념이며, 출신은 비천하지만 능력을 갖춘 사람들이 진취적인 자세로 공정한 경쟁의 원칙을 구현하는 데 뒷받침이 되었다.

유대인은 오랜 세월 나라 없이 이곳저곳을 떠돌아다녔다. 그들에게 유일한 버팀목은 머릿속에 든 지식뿐이었다. 그들은 지식으로 부(富)를 만들고, 스스로 삶의 길을 개척하여 생존할 공간을 만들었다.

물질적인 부는 언제든 사라질 수 있지만 지식과 지혜는 영원히 머릿속에 남아 있다. 지식과 지혜만 있다면 돈이 없는 건 두렵지 않다. 이것이 바로 유대인들이 수천 년간 방랑하면서도 살아남은 이유다.

외국어 교육은 빠를수록 좋다

유대인들은 비즈니스 세계에서 상대를 더 잘 이해하기 위해 외국어를 활용해 사고할 것을 특히 강조한다. 이런 기조를 바탕으로 유대인 부모들은 조기교육을 할 때 아이들의 언어 능력에 많은 관심을 기울인다.

★ ★ ★

사회가 발전하고 과학 기술이 끊임없이 혁신을 이루면서 생산성도 나날이 향상되고 있다. 이를 바탕으로 국가 간의 교류도 심화되고, 정보에 대한 인류의 욕구도 점차 높아지고 있다. 이런 발전과 변화는 세계인들의 접촉과 유동성을 확대해 지구촌을 점점 더 가깝게 만들고 있다. 그 과정에서 다른 민족과 국민이 서로 교류하고 접촉하는 데 필요한 첫 번째 조건은 바로 언어다.

유대인 사업가들은 언어의 천재로 불린다. 그들은 최소한 두 가지 이상의 언어를 구사하고, 외국인과 거래할 때도 자신감 있고 여유로우며 정확하게 반응한다. 유대인들은 비즈니스 세계에서 상대를 더 잘 이해하기 위해 외국어를 활용해 사고할 것을 특히 강조한다. 이런 기조를 바탕으로 유대인 부모들은 조기교육을 할 때 아이들의 언어 능력에 많은 관심을 기울인다.

사실 외국어 교육에 대한 관심은 유대인 부모뿐만 아니라 세상의 지식 있는 부모라면 누구나 관심을 갖는 부분이다.

현대 생리심리학, 뇌과학 연구에 따르면 태어나서부터 여섯 살 사이가 모국어 습득에 가장 중요한 시기일 뿐 아니라 제2외국어를 배우는 데도 최적의 시기인 것으로 나타났다. 이 시기를 지나고 나면 외국어를 배우는 것이 상대적으로 어려워진다. 연구자 레이테와 램지 등이 제2외국어를 접해 본 여섯 살 집단과 열세 살 집단을 대상으로 실험을 진행한 결과, 여섯 살 집단에서는 68%의 억양이 '현지인과 흡사'했지만, 열세 살 집단에서는 그 비율이 단 7%에 그쳤다.

그렇다면 미취학 아동을 대상으로 어떻게 언어교육을 해야 할까? 유대인 부모들은 자연스러운 방식으로 외국어에 대한 아이들의 흥미를 자극하며 언어를 배울 수 있는 분위기를 조성한다. 유대인 부모들은 다음과 같은 세 가지 방법을 통해 의식적으로 아이의 이중 언어 학습에 참여한다.

1. 자연스럽게 습득하게 한다

많은 아이들이 삶에서 흥미를 보이는 것들이 있다. 부모는 이렇게 일상에서 아이들의 흥미를 자극하는 재료를 의도적으로 선택해야 한다.

예를 들어 쇼핑몰에 갔을 때 부모는 아이의 시선을 주의 깊게 살펴보며, 적절한 때에 이중 언어로 아이의 어휘량을 늘려준다. 놀이를 할 때는 아이가 자연스럽게 인사말을 사용하도록 외국인 친구에게 영어로 인사를 건넨다. 또 다른 예로, 아이가 만화를 좋아하면 부모는 영어로 된 만화를 선택해서 아이가 편안하게 영어를 습득하도록 도울 수 있다.

2. 놀이로 흥미를 끌어올린다

아이들은 직관적으로 사고하는데, 이런 사고방식의 주요한 특징은 실제로 행동하며 직접 느끼고 사고한다는 것이다. 따라서 아이들이 생각의 흐름을 따라 놀이를 하면서 기억하고 직접 느끼는 방식으로 영어 학습에 대한 흥미와 적극성을 끌어낼 수 있다. 영어를 예로 들면 부모는 아이가 기억하는 동물 단어를 몇 개 활용한 노래를 만들어 아이와 함께 놀 수 있다.

"I can walk like duck, I can run like horse, I can swim like fish, I can jump like frog(나는 오리처럼 걸을 수 있고, 말처럼 뛸 수 있고, 물고기처럼 헤엄칠 수 있고, 개구리처럼 뛰어오를 수 있어)."

3. 분위기를 조성한다

외국어를 공부할 수 있는 환경을 만들고 아이와 친밀하게 감정을 나눌 수 있도록 분위기를 조성한다. 아이들과 함께 게임을 하며 이야기를 들려주면 아이가 자연스럽게 외국어의 내용을 배울 수 있다. 또한 아이에게 보고 들은 내용을 충분히 복창할 기회를 준다.

예를 들어 아이가 배운 단어를 집안의 해당 물건에 붙여 언제 어디서든 언어를 학습하는 분위기를 만들고, 아이에게 보고 말하고 연습할 기회를 늘려줄 수도 있다. 아이가 며칠 전 '병아리'란 단어를 배웠다면 부모가 의식적으로 병아리 동작을 보여주면서 병아리에 관한 이야기를 들려주고, 병아리와 관련된 책을 보여줄 수도 있다. 이렇듯 다양한 방법으로 아이가 이미 배운 영어를 연습하고 활용할 수 있도록 한다.

좋은 문제와 좋은 답, 둘 다 중요하다

어떤 일을 무조건 확신하며 의심하지 않을 이유는 없다.
일단 의심이 시작되면 의문점이 점점 늘어나고, 의심의 실마리를
따라가며 찾은 답은 대부분 정확하다.

★ ★ ★

의심은 지식의 문을 열어주는 배움의 열쇠다. 그래서 질문은 사람을 발전시킨다.

모든 사람은 태어날 때부터 질문가이고 특히 아이에게 세상은 의문투성이다. 부모로서 해야 할 일은 아이가 의심하고 용기 내어 질문하게 만드는 것이다. 어떤 일을 무조건 확신하며 의심하지 않을 이유는 없다. 일단 의심이 시작되면 의문점이 점점 늘어나고, 의심의 실마리를 따라가며 찾은 답은 대부분 정확하다.

《탈무드》에는 다음과 같은 문장이 나온다.

"좋은 질문은 늘 좋은 답을 끌어낸다."

좋은 문제는 좋은 답안과 마찬가지로 중요하다. 뜻밖의 질문에 대한 답에는 깊이가 있다. 생각은 의심과 답으로 구성된다. 호기심이 없는 사람은 의심도 없다. 지혜로운 사람은 사실 의심하고 질문할 줄 아는 사람이다.

유대인들은 지식보다 재능을 더 중요시한다. 그들은 아이들에게 일반적인 학습은 모방일 뿐 혁신적인 요소가 결여되어 있다고 가르친다. 공부는 생각이 기초가 되어야 하고, 생각은 의심과 문제로 구성되어야 한다. 공부란 늘 의심하고 수시로

질문을 던지는 것이고, 의심은 지혜의 문이다. 아는 게 많아질수록 더욱 의심이 생기고 문제 역시 늘어난다.

모든 의심과 유혹은 행동을 통해 마침표를 찍을 수 있다. 그래서 의심의 크기와 상관없이 답안을 찾아 해결해야 한다. 모든 천재는 진정한 '문제 사냥꾼'이므로 모든 일에 대해 '왜'라고 묻는 습관을 길러줘야 한다. 아주 평범하고 작은 일에 대해서도 지속적으로 '왜'라고 묻는다면 '황금 광산'을 찾을 수 있을지도 모른다.

뉴턴의 학교 성적은 썩 좋지 않았다. 그는 그저 골똘히 생각하며 각종 모형을 만드는 일에만 심취하곤 했다. 어느 날 그는 물레방아를 모방해 만든 작은 모형을 학교에 가져가 우쭐대며 친구들 앞에서 실험을 했다. 실험은 매우 성공적이었다. 그런데 반에서 꽤 똑똑한 친구가 뉴턴에게 그가 만든 모형이 어떻게 밀을 잘게 부수는지에 관해 설명해 달라고 요구했다. 하지만 뉴턴은 설명할 수 없었다. 그러자 그 친구는 조롱 섞인 말투로 말했다.

"설명할 수 없다면 손가락만 유연한 멍청이 아니겠어?"

주변의 친구들도 함께 뉴턴을 비웃었고, 치욕을 당한 뉴턴이 그 자리에서 덤벼들어 싸움을 벌였지만 숨도 못 쉴 정도로 얻어맞았다. 하지만 그날 이후 뉴턴은 무슨 일에든 '왜'라는 질문을 던지게 되었고, 결국 위대한 과학자가 될 수 있었다.

아이들이 질문을 좋아하는 것은 지식에 대한 욕구의 표현이다. 하지만 많은 경우 아이들의 문제는 어른들이 보기에 별로 시답지 않을 때가 많다. 그래서 어른들은 "얘야, 그게 무슨 문젯거리가 되니?"라고 말하곤 한다. 하지만 부모라면 반드시 알아둬야 할 게 있다. 아이의 '질문'은 아이가 생각하고 있다는 증거다. 만약 그 질문에 적절한 '답'을 해준다면 아이의 지식에 대한 욕구를 더욱 자극해 지혜의 불꽃을 피울 수 있다.

어떤 창의적인 활동이든 적극적인 사유 활동이 선행되어야 한다. 사유는 늘 문제에서 시작된다. 따라서 부모는 아이가 문제를 제기할 수 있도록 격려하고, 아이가 제기하는 문제에 열의와 인내심을 가지고 귀를 기울여야 한다. 동시에 아이의 질문에 대해 조급하게 답을 찾으려 하지 말고, 서로 생각할 시간과 공간을 마련해 아이와 스스로 진지하게 생각할 수 있게 해야 한다. 아이가 생각을 마치기 전에는 분명하고 이해하기 쉬운 답을 주지 말아야 한다. 부모가 아이의 문제에 대답한 뒤 아이가 제시한 문제와 연관된 새로운 문제를 다시 제기한다면 아이의 사고력 향상에 큰 도움이 될 것이다.

긍정적으로 생각하고 능동적으로 문제를 제기하는 것은 아이의 사고 발달에 상당히 중요하다. 혹시 어떤 부모들이 이렇게 물을지도 모르겠다. 어떻게 해야 아이가 질문하고 싶어 하고, 묻게 할 수 있느냐고. 그 방법을 알고 싶다면 유대인들의 방법을 배워 볼 만하다.

아이가 질문하고 싶어 할 만큼 흥미로운 상황을 만들면 된다.

첫째, 아이의 호기심을 자극한다. 퀴즈를 내고 암시를 주거나, 이야기를 반절만 들려주고 아이에게 결과가 어떻게 되었을지 추측하게 한다. 그리고 아이가 정확하게 질문할 수 있도록 유도하면서 예의 있게 질문하도록 가르친다.

둘째, 아이가 적극적으로 생각하고 능동적으로 질문하도록 격려한다. 아이에게는 천성적으로 알고 싶어 하는 욕구가 있다. 아이의 마음속에는 무수한 '왜'가 들어있으며, 이 기묘한 세상의 본래 모습을 이해하고 싶어 한다. 어른의 대수롭지 않게 여기는 말투나 태도는 아이의 알고 싶어 하는 충동을 억누르기 일쑤다. 그러므로 부모가 의식적으로 아이의 호기심을 보호하고 이끌어주고, 긍정적으로 생각하도록 격려하고 그와 더불어 아이가 제기한 문제에 대해 흥미를 보이며 함께 고민하고 미지의 답을 찾는다면, 아이에게는 질문하고 싶은 욕구가 끝없이 샘솟을 것이다.

질문이 사람을 발전시키는 만큼, 모든 부모는 아이가 질문을 많이 하도록 격려할수록 아이의 사고력을 향상시킬 수 있다는 사실을 명심해야 한다.

가난하든 부유하든 교육을 받아야 한다

교육의 정원에는 일찍 열매를 맺는 나무도 있고, 늦게 열매를 맺는 나무도 있다. 공부의 목적은 지혜와 생각을 여는 것이다.

★ ★ ★

유대인들은 지혜와 지식이 가장 달콤하다고 생각한다.

유대교에선 성실히 공부하는 것을 신을 섬기는 생활의 일부로 본다. 그 어떤 종교도 이와 같이 배움을 중시하지 않는다. 《탈무드》에는 "《토라》를 연구하기 위해 노력한 자라면 갖가지 상을 받을 수 있다. 그뿐 아니라 전 세계가 그의 도움을 받을 것이다. 그는 친구이자, 사랑하는 이이자, 신의 가호를 받은 자다. 그는 공정하고 경건하며 정직하고 신앙심이 깊어져 죄악과 멀어지고 미덕과 가까워질 것이다. 배움을 통해 그는 세상의 지혜와 지식을 아는 힘을 누릴 수 있을 것이다"라고 적혀 있다.

12세기의 유대인 철학자인 마이모니데스도 다음과 같이 선포했다.

"모든 유대인은 나이가 많든 적든, 건강하든 허약하든 반드시 《토라》를 연구해야 한다. 구걸하는 자조차 반드시 밤낮으로 연구해야 한다."

유대인들은 가난한 자는 없고 다만 무식한 자만 있을 뿐이라고 생각한다. 지식을 가진 자는 모든 것을 가진 것과 같다.

《탈무드》에는 이런 격언이 등장한다.

"누군가에게 지식이 없다면 무엇이 있겠는가? 일단 지식만 갖추고 나면 그에게 부족한 것은 없다."

바로 이런 이유로 유대인들은 온 국민이 배움을 실천하고, 지식을 믿는 유구한 문화와 역사적 전통을 보존할 수 있었다. 이는 유대인이 성공한 첫 번째 황금률이다. 물론 유전학적인 관점에서 유대인들은 천성적으로 머리가 좋고 천재를 많이 배출하는 민족이다.

전형적인 유대인 가정에서는 아이가 글자를 배우기 시작하면《성경》에 꿀을 발라두어 아이가 지식의 '달콤함'을 맛보게 한다. 이런 의식은 이후 유대인 초등학교에서 1학년이 첫 번째로 받는 수업이 되었다. 학교에 가는 첫날 아이는 옷을 단정하게 차려입고 부모나 학식이 있는 사람과 함께 교실로 간다. 그곳에서 아이는 깨끗한 돌판을 받는데, 그 돌판 위에는 꿀로 쓰인 히브리어 글자와 간단한《성경》문구가 있다. 아이들은 이 글자들을 낭독하면서 돌판 위의 꿀을 핥아 먹는다. 그런 다음 랍비들은 아이들에게 꿀떡과 호두, 사과를 나눠 주는데 이는 아이들에게 배움의 신성함과 지식의 '달콤함'을 일깨워주는 역할을 한다.

《탈무드》한 권을 떼는 것은 모든 아이에게 매우 큰 일이며 가까운 친구와 지인의 축하를 받을 만한 일이다. 아이는 평생 동안《탈무드》속에 담긴 많은 격언들을 기억하며 살아갈 것이다.

모든 사람이 교육을 받아야 한다. 어리석은 사람은 교육을 통해 타고난 우매함을 벗어던질 수 있다. 총명한 사람은 더 많이 교육받아야 한다. 총명한 사람은 날카로운 칼과도 같아서 그 총명함을 교육받지 않고 아무 곳에서나 휘둘렀다가는 파괴력이 더 크다. 넘치는 에너지로 바쁘게 이로운 일을 하지 않으면 오히려 해로운 일을 벌일 수 있다. 마치 비옥한 토지에 작물을 심지 않으면 잡초만 무성하듯 말이다.

부유하든 가난하든 교육을 받아야 한다.

부유한 사람에게 지혜가 없다면 배부른 돼지나 나귀처럼 무지할 수밖에 없다.

가난한 자에게 배움이 없다면 무거운 짐을 진 나귀와 같고, 얕은 지식과 우둔함으로 세상에 도전할 줄만 안다면 결과는 여지없이 참패하거나 비웃음을 살 수밖에 없다.

아름다운 미모를 가진 자에게 지혜가 없다면 날개를 활짝 편 공작새나 무딘 칼을 담은 칼집처럼 빛 좋은 개살구일 뿐이다.

길잡이는 눈이 밝아야 하고, 나팔은 소리를 내야 하며, 보검은 날카로워야 하듯이 권력이 있는 사람일수록 더 배워야 한다.

지위가 낮은 사람은 더욱 열심히 배워야 한다. 지식만이 운명을 바꿀 수 있다.

가르칠 수 없을 만큼 지능이 낮은 사람은 극히 드물다. 체에 계속해서 물을 뿌린다면 비록 한 방울도 남진 않겠지만 점점 깨끗해지긴 할 것이다. 굼뜨고 생각이 부족한 사람은 비록 독창적이지는 못해도 어느 정도 자신의 기질을 바꿔 몽매하고 저속한 상태에서 벗어날 수 있다.

사람의 지능은 몸과 같다. 어떤 사람은 어려서는 튼튼했더라도 어른이 되어서는 허약하고 병을 달고 산다. 결론적으로 많이 단련해야 건강해진다. 교육의 정원에는 일찍 열매를 맺는 나무가 있고, 늦게 열매를 맺는 나무도 있다. 배움의 목적은 지혜와 생각을 여는 것이다.

학자가 국왕보다 높다

학자의 지위가 왕보다 높다. 학자가 죽고 나면 아무도 그를 대신할 수 없지만, 국왕이 죽고 나면 유능한 인재가 그 자리를 채울 수 있기 때문이다.

★ ★ ★

유대인은 책을 읽고, 사고, 쓰는 걸 좋아한다.

이스라엘에서는 거리에서든, 정류장에서든 또 광장에서든 독서에 집중하는 사람들을 쉽게 볼 수 있다. 또 서재가 없는 집이 없을 정도다.

안식일에는 모든 상점, 식당, 유흥업소가 문을 닫고 대중교통도 모두 정지된다. 모두가 집에서 '안식(安息)'과 기도를 해야 하며 친구를 만나는 것은 엄격히 금지된다. 그럼에도 불구하고 조금 '봐주는' 경우가 있는데 바로 책을 읽고 사는 것이다. 베란다에서 아래를 내려다보면 해변가에도 대로변에도 지나가는 이 하나 없이 거리가 텅 빈 모습을 볼 수 있다. 서점만 문을 열고 서점마다 사람들이 가득하다. 그렇다고 해서 큰 소리를 내는 사람은 없다. 모두들 조용히 책을 보거나 살 뿐이다.

서점마다 문전성시를 이루는 건 사람들이 돈보다 책을 더 사랑하기 때문이다. 서점에는 다양한 관점들의 책들이 가득하다. 심오한 철학서부터 아주 통속적인 잡지까지 모두 저마다 독자를 확보하고 있다.

거리의 가판대에서는 전날 나온 서양의 〈뉴욕타임스〉, 〈르몽드〉 같은 다양한 신문을 살 수 있다.

이스라엘에서는 대다수가 모국어인 히브리어 외에도 유창

하게 영어를 구사한다. 전국적으로 30종에 가까운 신문이 각각 15가지 언어로 발행되며, 출판사와 도서관의 수는 전 세계 1위다. 인구가 500만 명밖에 되지 않는 나라에 900가지에 달하는 간행물이 쏟아져 나오며 모든 간행물의 가격은 매우 비싸다. 그럼에도 불구하고 가장 검소한 유대인 가정에서도 여러 종류의 간행물이나 잡지를 정기 구독한다. 이런 정기 구독료는 일반적인 유대인 가정의 주요 지출 내역에서 중요한 위치를 차지한다.

열네 살 무렵이 되면 유대인 아이들은 매달 한 권꼴로 책을 읽어야 하며, 도서관도 전국 평균 4,000명당 한 곳꼴로 있다.

유대민족이 사는 나라에선 학자의 지위가 왕보다 높다. 학자가 죽고 나면 아무도 그를 대신할 수 없지만, 국왕이 죽고 나면 유능한 인재가 그 자리를 채울 수 있다고 생각하기 때문이다.

교육이 늦어질수록
아이의 지능은 낮아진다

일반적인 아이도 잘 가르치면 비범한 인재가 될 수 있다.
만약 모든 아이가 동일한 교육을 받는다면 그들의 운명은
타고난 재능에 의해 갈린다.

★ ★ ★

한 유대인 랍비가 이렇게 말했다.

"사람이 막 태어났을 때는 별다를 게 없다. 하지만 환경, 특

히 유아기의 다른 환경으로 인해 어떤 사람은 천재나 영재가 되고 또 어떤 사람은 평범하거나 심지어 우둔한 사람이 되어 버린다. 결국 일반적인 아이도 잘 가르치면 비범한 인재가 될 수 있다. 만약 모든 아이가 동일한 교육을 받는다면 그들의 운명은 타고난 재능에 의해 갈린다."

다수의 유대인 교육자들은 영유아에게는 어머니의 얼굴과 목소리를 식별하는 능력이 있는데, 이는 오늘날 그 어떤 대단한 로봇도 다다를 수 없는 부분이라고 말한다. 로봇은 잠수도 할 수 있고 체스도 둘 수 있지만 사람의 얼굴을 인식하지는 못한다. 영아의 이런 기억력은 타고나는 것이며 상당히 높은 수준의 지적 능력이다. 그러나 조기교육이 정확하게 이루어지지 않는다면 영아의 이런 탁월한 능력을 허비하게 될 수도 있다.

교육자들은 모든 아이들에게 잠재력이 있지만 교육조건에 따라 발휘되는 정도가 다르다고 말한다. 경험이 풍부한 유대인 교육학자 호세 보일은 다음과 같이 말했다.

"어떤 나무가 이상적인 상태에서 30미터까지 자란다고 알려져 있다면 이 나무는 30미터까지 자랄 가능성이 있다고 할 수 있다. 마찬가지로 한 아이가 이상적인 상태로 성장해서 유능한 인재로 자랄 가능성이 있다면 이 아이에게는 매우 높은 잠재력이 있다고 말할 수 있다."

이런 잠재력이 바로 천재(天才), 하늘이 내려준 재능이다. 천재는 우리가 일반적으로 아는 아주 소수의 인재들만이 타고나는 능력이 아니라 개개인의 내면에 잠재되어 있다.

교육만 제대로 이루어진다면 50을 가지고 태어난 일반적인 아이가 100을 가지고 태어났지만 제대로 교육받지 못한 아이보다 나을 수 있다.

교육의 목표는 아이의 잠재력을 최고치로 끌어올려 충분히 발휘하게 하는 것이다. 이런 잠재력을 충분히 발휘하기만 한다면 아이는 특별한 일을 할 수 있고, 평생 풍족하고 화려한 삶을 살 수 있다.

현실에서 안타까운 것은 많은 아이들이 제대로 교육받지 못하거나 교육을 아예 받지 못해서 잠재력을 충분히 발휘하지 못한다는 점이다. 이것이 바로 사람들이 궁금해하는 "왜 천재는 이토록 적을 수밖에 없는가?"에 대한 답이다.

그러면 어떻게 천재를 만들고 발굴할까? 가장 중요한 것은 생활 속에서, 특히 가정에서 아이의 잠재력을 최대한 발굴하는 것이다.

생활 속 천재는 신비롭다. 사업적인 천재는 더 신비롭다. 이는 우리가 천재가 어떻게 등장하는지 이해하지 못하기 때문이다. 천재는 신비롭지도 않고 다다를 수 없는 것도 아니라 태어날 때부터 가진 잠재력이다. 누구에게나 있지만 후천적으로 잘못 배양되어 개발되지 않았을 뿐이다.

많은 사람이 모든 이에게 잠재력이 있다고 말한다. 하지만 사람의 잠재력은 영원한 것도, 고정불변의 것도 아니다. 잠재력에는 체감법칙이 적용된다. 이 규칙을 발견한 유대인 노교육학자는 이렇게 말했다.

"아이에게는 잠재력이 있지만 여기에는 체감법칙이 적용된다. 갓 태어난 영아가 100의 잠재력을 가지고 있어도 부모가 조기에 교육하거나 개발하지 않다가 다섯 살이 되어서야 교육을 시작하면 설사 최고로 교육한다고 하더라도 80 정도의 능력밖에 발휘할 수 없게 된다. 또 열 살부터 교육을 시작하면 아무리 훌륭하게 교육해도 60 정도의 능력밖에 발휘하지 못한다. 결론적으로 아이의 교육이 늦어질수록 아이의 발달 가치는 떨어지게 된다.

아이에게 크레용을 쥐여주어라

남자아이는 여자아이에 비해 촉각은 민감하고 색감은 둔하다. 따라서 남자아이들은 어릴 때 색에 대한 감각을 키우지 않으면 이러한 감각이 매우 떨어진다.

★ ★ ★

유대인 가정의 아이들은 대부분 행복하지만, 만약 그림에 소질이 있는 어머니 밑에서 자란다면 더 행복할 것이다. 그림을 그릴 수 있는 어머니는 아이와 교류한 내용을 그림으로 그려 아이의 지식을 늘려줄 수 있다. 물론 많은 신문이나 잡지에도 만화가 실린다. 하지만 화풍이 매우 퇴폐적이어서 아이들의 품성 교육이나 흥미 유발에는 그리 이롭지 않기 때문에 접하지 않게 하는 게 좋다. 만약 아이에게 이런 만화를 이해시키고자 한다면 부모의 지도가 필요하다.

유대인 가정에서는 아이의 색감을 키우기 위해 색맹 검사에 사용하는 '색맹 테스트'를 아이의 놀잇감으로 활용해 다양한 게임을 하며, 어머니들은 이런 경험을 서로 추천하고 공유한다.

한 유대인 교육자는 남자아이는 여자아이에 비해 촉각은 민감하고 색감은 둔하기 때문에 남자아이들은 어릴 때 색에 대한 감각을 키우지 않으면 색에 대한 감각이 매우 떨어질 것이라고 말했다.

유대인 가정에서 부모는 아이를 깨우치는 교사로서 아이들에게 늘 다양한 색상의 작은 공이나 블록을 골라준다. 이는 아이들이 좋아하는 장난감이며 이런 놀잇감은 아이의 색감을 빠르게 향상시킨다.

아이가 있는 유대인 가정에서는 아이를 위해 항상 크레용을 사둔다. 크레용은 아이가 색을 알 수 있는 최고의 도구다. 부모는 이 다양한 색싱의 크레용으로 아이와 함께 '미술놀이'를 한다.

우선 아이가 마음껏 칠할 수 있는 큰 종이를 준비한다. 어머니가 빨간색 크레용으로 원을 그리면 아이가 따라 그린다. 동일한 색깔로 동일한 원을 그리는 것이다. 어머니가 아주 많은 색상을 골라 원을 그리면 아이 역시 따라 그린다. 이 놀이는 아이가 어머니와 다른 색깔을 쓰면 비로소 끝난다. 아이가 부모와 동일한 색으로 동일한 원을 그린다면 이 아이는 이미 색을 구별하는 능력을 가진 것이다.

이런 놀이 외에도 부모는 아이들을 데리고 종종 야외로 나간다. 야외에는 아이들이 알고 이해해야 할 많은 색이 있기 때문이다. 예를 들어 하늘, 구름, 나무, 건물 등의 색은 아이들이 알아야 할 대상이며 색에 대한 아이들의 감각을 더해 준다.

양보다 질이다

교육에 대한 투자는 장기적인 투자다.

교육은 이스라엘 민족을 새롭게 만들 수 있는 희망이다.

★ ★ ★

유대인은《탈무드》의 가르침에 따라 아이들을 교육한다. 유대인이 성공할 수 있었던 핵심은 교육을 중요시한 것이다.

유대인 남자아이는 열세 살이 되면 '바르 미쯔바(Bar Mitzvah)'라는 성인식을 치르고, 스스로《성경》의 한 구절을 선택한 후 사람들 앞에서 낭독하고 그 구절에 대한 자신의 설명을 덧붙인다. 비록 열세 살이지만 이미 독립적인 견해를 요구받는 것이다.

'이스라엘의 아버지'로 불리는 다비드 벤구리온은 다음과 같이 말했다.

"유대인 역사를 한마디로 표현한다면 '양보다 질'이라고 말하겠다."

사실 이스라엘의 부강함은 유대인의 높은 소양과 유대인 이민이 가져온 선진 문화, 교육을 중시하는 전통, 전 세계 유대인이 호쾌하게 주머니를 여는 기부 문화 등과 무관하지 않다. 과학 교육의 목적은 민족의 지적 소양을 높이는 것이다. 지적 소양이 높아지면 국가는 자연히 강대해진다.

일찍이 이스라엘을 건국하기 전부터 유대인들은 교육을 국가 재건의 중요한 수단으로 삼았다. 당시 사용된 표현이 바로 '시오니즘(유대인들의 민족 국가 건설을 위한 민족주의 운동)'이다. 시오니즘에 따라 이스라엘에는 건국 전부터 이미 두 개 대학과 몇몇 중소 학교가 생겨났고, 이후 이스라엘 역대 정부는 교육입국과 과학기술 입국을 국가 흥망의 근본으로 삼았다.

다비드 벤구리온은 "교육이 없으면 미래도 없다"라고 말했고, 마이어 부인은 "교육에 대한 투자는 장기적인 투자다"라고 말했으며, 메이어 부인은 "교육은 이스라엘 민족을 새롭게 만드는 희망이다"라고 말했다. 샤잘 역시 "이스라엘의 새로운 민족을 창조하는 희망은 교육에 있다"라고 말했다.

대통령을 하다가 물러난 뒤 교육부 장관을 맡은 나본은 "교육에 투자하는 것이야말로 경제적인 투자다"라고 단도직입적으로 말했다.

이스라엘의 초대 대통령은 유명한 물리학자인 와이즈먼이다. 이스라엘 건국 초기, 대포 소리가 가득한 곳에서 초대 교육부 장관 게일이 비서 아들러를 불렀다.

"아들러, 우리 함께 교육법 초안을 만들어보세. 반드시 세 살부터 열다섯 살까지 아이들이 무료로 교육받을 수 있도록 해보자고."

"무료라고요?"

아들러는 경악을 금치 못했다. 건국 초기 이스라엘은 전쟁 중이었고, 그 경비 역시 미국이 대고 있었다. 따라서 당시 전체 교육부 구성원은 게일과 아들러 단 둘뿐이었고 자산이라고는 낡은 타자기 한 대가 전부였다.

"그렇다네. 무료로!"

게일이 단호하게 말했다.

"우리는 지금 적군에게 포위되었고, 지중해를 등지고 있네. 수준 높은 인재를 길러내야 해. 그래야만 몇십 배에 달하는 적군과 싸울 수 있다네."

게일은 흥분해서 말했다.

"역사박물관을 지어서 아이들이 3000년 전 로마인에 의해 성전이 불탔던 비극을 기억하고, 제2차 세계대전 당시 우리 유대인들이 처참히 학살당한 사실을 알도록 교육해야 하네. 또 가스실, 해골, 피, 히틀러를 잊게 해선 안 돼."

제1차 중동 전쟁이 끝나고 게일과 아들러는 이스라엘의 의무교육법을 내놓았다.

그 이듬해 이 법률은 이스라엘 의회에서 만장일치로 통과되었다.

이스라엘을 많은 분야에서 세계 선두에 올려놓은 것은 바로 이렇듯 뜨거운 유대인의 교육열이었다.

제 11 장

사소한 일에 흥분하지 마라, 정리는 모든 것의 시작이다

유대인의 좋은 습관 교육법

습관이 성격을 만들고, 성격이 운명을 결정짓는다. 몇 년간의 짧은 청소년기에 괜한 반항심으로 시간을 허비할 수도 있고, 올바른 습관을 기르며 미래를 만들어갈 수도 있다. 어릴 적부터 효율적인 습관을 길러 준비된 인생을 살자!

책을 뇌에 새겨라

뇌의 기억 용량이 커지면
대뇌가 끊임없이 새로운 정보를 저장할 수 있다.

★ ★ ★

《탈무드》를 연구하는 학생들 가운데 많은 수가 이른 아침부터 저녁 늦게까지 공부한다. 이들이 책을 들고 무언가를 읽는 모습을 어렵지 않게 볼 수 있는데, 이런 학구열을 보면 그저 감탄만 나올 따름이다.

유대인의 학습방법은 '몰입학습법'이라고 할 수 있다. 유대인들은 공부할 때 몸의 모든 기관을 활용한다. 우리는 대개 소리 내지 않고 눈으로만 텍스트를 읽고 중요한 부분에 빨간색이나 파란색으로 표시하거나 컴퓨터에 정리해 둔다. 이렇게 하면 시험을 보기 전에 효과적으로 외울 수 있지만, 시험이 끝나고 나면 기억의 절반 이상이 사라지고 만다.

앞서 말한 것처럼 유대인들은 눈으로 보고, 입으로 읽고, 귀로 듣는 다양한 방식을 종합적으로 활용한다. 단순히 읽기만 하는 게 아니다. 텍스트가 단조롭더라도 유대인들은 선율에 따라 낭송한다. 이런 선율은 찬송가를 개조한 곡(예배를 드릴 때 읊조리는 것)의 분위기와 같다. 유대인들은 《성경》이든 《탈무드》든 이런 선율에 따라 낭송한다.

유대인들은 낭독할 때를 제외하고는 책을 읽을 때 보통 톤을 낮춰서 일정한 리듬과 규칙에 따라 고개를 좌우로 흔든다. 오른손은 책을 들고 생각이 닿는 모든 신체 기관을 활용하여 문장의 의미에 완전히 몰입한다.

유대인들이 아침예배 때 읊조리는 기도문은 150페이지가량 되는데 매일 새벽마다 반복해서 낭독하다 보면 누구든 외울 수 있다. 뇌의 기억 용량이 커지면 대뇌가 끊임없이 새로운 정보를 저장할 수 있기 때문이다.

유대인들 가운데 소수는 히브리어로 《성경》의 〈구약〉 전체를 암송하기도 한다. 《성경》 말씀의 전체 내용을 기억하는 일부 《탈무드》 연구가들은 리듬에 맞춰서 낭송하는 방식으로 《탈무드》를 머릿속에 새긴다.

유대인들은 문장의 실마리를 기억할 때 특정한 계시 성격의 문장을 먼저 암송한다. 그러고 나서 암기한 문구들이 눈앞에 아른거릴 때까지《탈무드》를 반복하여 통독한다. 이렇게 하다 보면 손에 책이 없어도《탈무드》의 가르침을 정확히 전달할 수 있다.

매일 한 시간은 아이와 함께 보내라

부모로서 칭찬에 인색해선 안 된다. 설사 아이가 아주 사소한 일을 했고 그 일이 완벽하지 않더라도 격려해 줘야 한다. 그래야만 아이가 자신감과 힘을 얻을 수 있다.

★ ★ ★

만약 아이가 부모 말을 존중하고 실천에 옮기기를 바란다면 우선 아이를 존중해야 한다.

《탈무드》에서는 다음과 같이 말한다.

아이를 과하게 사랑하는 부모는 미세한 부분까지도 살뜰히 챙긴다.

관리되지 않은 말은 다루기 어렵고 제약을 받지 않은 아이는 제멋대로 군다.

방임한 아이는 당신을 당혹스럽게 할 것이다.

아이가 어릴 때 분별없이 자유를 주거나 아이의 잘못을 무시하면 안 된다.

아이를 관리하고 교육할 때 인내심을 갖고 임한다면, 아이는 불명예스러운 일로 당신을 곤란에 빠뜨리지 않을 것이다….

부모의 역할은 고되다. 아이를 교육하려면 수많은 희생과 지속적인 노력이 필요하다. 부모는 자신이 쏟아부은 노력에 대한 보답이 있을 때 기쁨을 느끼며, 아이들이 성장하고 발전하는 기적을 보고 성공했다는 자부심과 따스함, 사랑을 느낄 수 있다. 하지만 부모들에게 이런 기쁨을 안겨주지 못하는 아이들도 많다.

부모가 어떻게 하면 아이와 함께하며 서로를 온전히 느낄 수 있을까? 이는 진지하게 고민해 봐야 할 부분이다.

예루살렘의 한 대학 가정교육회에서 빌라도의 아버지가 말했다.

"저는 매일 한 시간씩 아이와 숙제를 합니다. 그러면 아이의 숙제 속도가 빨라지고 집중력도 올라갑니다."

많은 부모들이 아이가 가장 좋아하는 것이 장난감이라고 생각한다. 하지만 아이들이 사실 정말로 좋아하는 것은 부모와 대화를 나누며 소통하는 것이다.

많은 유대인 교육자들이 아이에게 필요한 것은 부모의 관심과 품, 그리고 경청이며 가장 중요한 것은 부모와 감정적으로 소통하는 거라고 입을 모은다. 그러므로 부모가 일정한 시간을 내서 아이와 함께 시간을 보내는 것이 아이와 교류하는 가장 훌륭한 방법이다.

함께 밥을 먹고 산책하는 시간을 활용하여 아이와 소통하며 아이의 질문에 답해 준다면 더할 나위 없이 좋다. 이때 아이의 수용 능력이 더욱 강해지므로 아이를 교육하는 데만큼은 이 시간이 최고의 골든타임이라고 할 수 있다.

아이와 함께 있을 때 부모는 아이와 어떻게 교류해야 할지, 또 아이와 어떤 대화를 나눠야 할지 잘 모를 수도 있다. 만약 그렇다면 유대인 부모들이 어떻게 하는지 살펴보자.

경청은 매우 중요하다. 부모는 일하느라 매우 바쁠 수도 있다. 이들은 생계를 위해서 어쩔 수 없이 아이들을 어린이집이나 다른 사람에게 맡긴다. 하루 종일 부모와 떨어져 지낸 아이들은 분명 그날 새롭게 등장한 대상들에 대해 부모에게 말하고 싶을 것이다. 이럴 때 부모는 시간을 쪼개서 아이가 하루 동안 있었던 일을 이야기하는 것을 들어줘야 한다. 만약 아이가 능동적으로 얘기하려 하지 않는다면 부모가 적극적으로 대화를 시도해야 한다. 이는 아이의 언어 교류 능력을 키울 수 있는 좋은 기회이기도 하다.

아이를 자주 칭찬해 준다. 아이는 칭찬과 응원의 말을 듣고 싶어 한다. 이는 가장 기본적인 심리 욕구다. 부모로서 칭찬에 인색해선 안 된다. 설사 아이가 아주 사소한 일을 했고 그 일이 완벽하지 않더라도 격려해 줘야 한다. 그래야만 아이가 자신감과 힘을 얻을 수 있다.

부모는 감정에 휘둘리지 말고 냉철한 태도를 유지해야 한다. 많은 부모가 하루 종일 일하느라 피곤하고 지쳐서 기분이 좋지 않을 때 아이에게 짜증을 쏟아내곤 한다. 아이가 자신을 화나게 했다고 해서 아이에게 무작정 화내는 건 옳지 않을 뿐 아니라 과학적이지도 않다. 이는 그저 아이에 대한 공격일 뿐이다. 작은 일로 아이를 탓해선 안 된다. 그러지 않으면 아이는 앞으로 부모와 교류하는 것을 원치 않을 수도 있다.

부모는 아이를 이해하고 있다는 것을 표현해야 한다. 아이가 좌절하거나 의지를 잃을 만한 일이 있었다고 털어놓을 때, 예를 들어 누군가 아이의 물건을 가져갔다든지, 어린이집에서 점심을 먹을 때 아이가 좋아하는 식판을 교사가 다른 아이에게 줬다든지 하는 것처럼 부모가 보기에는 별일이 아닐 수 있다. 그렇더라도 충분히 이해하는 모습과 동정심을 보여줘야 한다. 그래야 아이는 불편했던 마음을 해소하고 위안을 얻을 수 있으며, 이후에도 부모와 소통하면서 마음속 이야기를 기꺼이 털어놓을 것이다.

아이에게 선생님 역할을 맡겨라

아이가 가정에서 '선생님' 역할을 하면 아이는 배운 내용을 더 빠르게 소화할 수 있다. 자신만의 방법을 찾아서 자신의 가치를 발견할 것이다.

* * *

베르니니는 공부를 싫어하는 아이였다. 글자를 모르는 어머니는 아이에게 공부의 재미를 알려주기 위해 펜을 들고서 자신의 선생님이 되어달라고 부탁했다. 아이는 이렇게 큰 어른인 어머니의 선생님이 된다고 생각하니 신이 났다. 어머니의 선생님이 되기 위해 아이는 열심히 공부해야 했다. 매일 저녁 이웃들은 아이가 중년 여인에게 수업하는 모습을 볼 수 있었다.

그렇게 어머니의 선생님이 된 아이는 자기도 모르는 사이 학업 성적이 크게 올랐고 이스라엘에서 가장 좋은 중학교에 수석으로 들어갔다.

지혜는 어디에 있을까? 두뇌 테스트 결과에 따르면 아이들은 교사의 수업 내용 가운데 10%만 흡수하는 것으로 나타났다. 그런데 아이가 관련 자료를 읽으면 흡수율은 70%까지 급격하게 올라갔다. 또 아이가 선생님 역할을 하거나 조별로 공부하는 환경에서 배운 내용을 다른 사람에게 가르쳐 주면 관련 내용의 90%를 파악할 수 있는 것으로 드러났다.

따라서 가정에서 부모가 아이에게 선생님 역할을 맡긴다면 아이는 더 많은 것을 배울 수 있다.

여러 해 동안 교직에 몸담은 교사 빌라즈는 다음과 같이 말했다.

"누군가 내게 복잡한 문법 규칙들을 어떻게 기억하느냐고 물으면 '다른 사람에게 가르치면서 더 자세하고 깊이 있게 배웠기 때문이다'라고 말합니다."

이 교사는 이제 막 철학과를 졸업한 사람이라면 아리스토텔레스, 칸트, 헤겔 등의 철학자들의 이론을 가슴 깊이 새기기 어렵겠지만, 학생들을 가르치다 보면 자기도 모르는 사이에 그들의 이론에 손금 보듯 훤해질 것이라고 말했다.

위의 사실들을 근거로 아이가 가정에서 '선생님 역할'을 할 수 있도록 유도한다면, 아이는 주도적으로 관련 기술을 개발해 낼 것이다. 이 기술들은 앞으로 아이가 반에서 지도자 역할을 하는데 뒷받침이 될 것이고, 나아가 책임의식을 갖는 데도 도움이 될 것이다.

많은 교육자들은 아이가 가정에서 '선생님 역할'을 하면 배운 지식을 매우 빠른 속도로 습득할 수 있다고 여긴다.

가정에서 부모는 다음과 같이 아이에게 선생님 역할을 맡길 수 있다.

아이가 부모에게 문제를 설명하게 하고 부모는 학생처럼 겸허하게 아이가 파악해야 할 문제와 지식을 가르쳐 달라고 한다. 많은 교육자들은 부모가 아이의 교육에 적극적으로 참여해야 한다고 생각한다. 이런 참여는 매우 가치 있을 뿐 아니라 부모가 아이와 함께 밀도 있는 시간을 보내게 돕는다.

이런 활동이 간단하다고 해서 그 가치를 평가절하해서는 안 된다. 이 활동을 아이가 가정에서 해야 할 숙제 중에 이해하기 어려운 개념에 적용해도 좋고, 요즘 학교에서 일어나는 일에 적용해도 괜찮다.

아이가 강의할 때 부모는 최대한 '모르는' 척해야 한다. 그래야 아이가 더욱 자세하게 설명할 수 있다. 그러니 교실에서 학생들에게 질문하는 선생님처럼, 아이가 그 문제에서만큼은 우위에 있다는 느낌을 갖도록 해줘야 한다.

물론 처음에는 부모와 아이 모두에게 이런 활동이 다소 지루할 수도 있다. 하지만 꾸준히 하다 보면 금세 좋은 습관으로 자리 잡는다. 이런 습관이 들면 저녁 식사 자리에서도 가치 있는 내용에 대해 대화를 나눌 수 있으며 대화 내용 역시 점점 더 성숙해진다. 그러다 보면 어느 날엔가 아이가 부모인 자신보다 더 많은 것을 안다는 사실을 발견하게 될 것이다.

이 밖에도 가정에서 선생님이 되어 보는 활동을 통해 아이는 이전에 해결할 수 없었던 문제들에 대해 별안간 답을 찾고, 해결의 실마리를 찾을 수도 있다.

아이에게 작은 인형을 사주고 그 인형에게 공부를 가르쳐주게 해보자. 이는 가정에서 가장 재밌는 일이 될 수 있다.

요약하면, 아이에게 '선생님 역할'을 해보도록 격려하는 건 상당히 효과적이다. 이런 활동을 하면서 아이들은 자신만의 방법을 찾을 수 있을 뿐 아니라 자신의 가치도 발견할 수 있다.

상상력이 지식보다 중요하다

**상상력은 세상의 모든 것을 품고 발전시키며 지식이 진화하는 원천이 된다.
상상하지 않는다면 새로운 발명도, 창조도 없을 것이고
생산과 생활 속에서 나타나는 새로운 문제들을 해결할 수 없을 것이며,
인류 사회도 더는 발전할 수 없을 것이다.**

★ ★ ★

다음은 유대인의 가정교육과 관련된 아주 대표적인 이야기다.

한 아이의 아버지는 융통성이라고는 찾아볼 수 없고 엄격하기만 해서 날마다 틀에 박힌 생활을 했다. 반면 장난꾸러기 아

들은 늘 에너지가 넘쳐서 하루 종일 가만있지 못하고 무언가를 망가뜨리곤 했다. 그래서 늘 얻어맞기 일쑤였다.

한번은 아이가 아버지의 시계를 분해했다. 아이는 단지 시계 안이 어떻게 생겼는지 궁금했을 뿐이었고 다시 조립해 놓을 심산이었다. 하지만 결과적으로 실패했다. 아이의 아버지는 이 광경을 보고는 벼락같이 화를 내며 몽둥이로 아이의 살점이 찢어지도록 사정없이 때렸다. 그러고 나서야 상황의 전말을 파악했지만, 아버지는 체면을 구기기 싫어 아이 앞에서 잘못을 인정하지 않았다.

이제 겨우 여덟 살밖에 되지 않았던 가여운 아이는 매일 우울하게 지내며 아버지에 대한 원망을 키워갔다. 그러던 어느 날, 아이는 곡예단을 따라 집을 나가버렸다.

자유가 규율의 구속에서 완전히 벗어날 수 없듯이 규율과 제도로 아이의 행동을 지나치게 제한할 수는 없다.

유대인 교육자인 사비네스는 규율을 아이의 자유로운 천성이나 활발한 영혼과 비교할 수는 없다고 말한다. 교육자는 아이의 이런 소질을 억압할 게 아니라 키워줘야 한다는 것이다. 규율은 아이의 자유로운 발전을 촉진하고 아이의 호기심을 채워주기 위해 존재하는 것이지, 해묵은 규율로 아이의 아름다운 천성을 억눌러서는 안 된다.

교육자들은 위 이야기 속 아버지가 가출한 아들을 잘 타일렀다면 기계 분야에서 큰 성공을 거두어서 발명가나 과학자가 되었을지도 모르지만, 불합리한 가정교육 때문에 결국 방랑자의 자유로운 삶을 선택할 수밖에 없었다고 생각한다.

만약 아버지가 호기심 가득한 이 아이의 손을 잡고 시계 가게로 가서 시계 내부를 충분히 보여주며 작동 원리를 설명해 주었더라면 해결될 일이었다.

이 부족한 아버지의 잘못은 아이의 호기심에 대한 관심이 부족했고, 아이의 자유로운 천성을 꿰뚫어보지 못했다는 것이었다.

호기심은 아이들이 미지의 세상을 탐구하게 하는 심리적인 동인이며, 아이의 상상력을 키우는 데 긍정적인 작용을 한다. 호기심은 창조 정신의 원천이고 상상의 원동력이다. 아이는 무궁무진한 호기심을 가졌기에 끊임없이 질문하고, 생각하고, 상상한다. 부모는 이런 아이의 호기심을 보호하고, 이 생각들이 영원히 활발한 상태를 유지하도록 도울 책임이 있다. 모든 아이가 세상을 탐구할 권리를 누려야 한다. 그러지 않으면 아이는 무조건 순종하고, 기계적으로 모방하며, 창의력이나 줏대라고는 없이 틀에 박힌 생각만 하는 사람이 될 수밖에 없다.

대부분의 아이들이 가정에서 받는 교육은 틀에 박힌 구시대적인 교육뿐이다. 이런 교육 환경에서 자란 아이들은 부모의 바람대로 어느 정도의 성공을 거둘 수는 있겠지만, 가정과 부모의 영향을 받아 늘 무뚝뚝한 표정으로 공부만 하며 재미라고는 모르게 될 것이다.

유대인 교육자 사빈은 게임을 통해 아이의 상상력을 키우는 것을 가리켜 꽤 효과적인 방법인 동시에 흔치 않은 방법이라고 말했다. 그 이유는 대다수의 아이들이 게임을 좋아하기 때문이다. 특히 롤플레잉 게임과 모델링 게임은 역할과 게임의 스토리가 변화하면서 아이의 무한한 상상력을 자극한다.

유대인인 아인슈타인은 다음과 같이 말했다.

"상상력은 지식보다 중요하다. 지식은 한계가 있지만, 상상력은 세상의 모든 걸 품고 발전시키며 지식이 진화하는 원천이 되기도 한다. 엄밀히 말하면 상상력은 과학 연구에서 중요한 요소다. 상상하지 않는다면 새로운 발명도, 창조도 없을 것이며, 생산과 생활 속에서 나타나는 새로운 문제들을 해결할 수 없을 것이고, 인류 사회도 더는 발전할 수 없을 것이다."

부모는 다음 내용을 기억해야 한다.

상상은 아이의 자유로운 사고의 표현이고, 상상력을 보호하는 것은 자유를 사랑하는 아이로 키우기 위한 중요한 방법이며, 아이의 창의력을 키우는 효과적인 방법이기도 하다. 아이의 상상력을 키우기 위해서는 호기심만 보호할 게 아니라 아이가 자연과 생활을 더욱 많이 누리고 독립적인 개성을 유지해 상상의 즐거움을 맛볼 수 있도록 해야 한다.

유대인 교육자들은 번잡하고 불합리한 규율로 아이를 속박하며 구시대적 사고를 강요해선 안 된다고 강조한다. 그들은 아직 옳고 그름을 잘 구별하지 못하는 아이들에게 무슨 교리, 신조, 신의 벌, 지옥의 괴로움과 같은 허무맹랑한 것들을 세뇌하고 아무런 근거 없이 아이에게 절대복종을 요구하는 것에 반대한다. 머릿속에 이런 것들이 가득 차버리면 아이들은 더 이상 자유롭게 지식을 탐구하지 못하고 결국 미신과 공포 속에 살아가야 하기 때문이다.

유대인 교육자들은 또한 아이의 천진난만한 모습을 비웃거나 풍자하는 것을 반대한다. 부모는 아이의 탐색 정신을 주의 깊게 바라보며 보호하고, 아이의 질문에 인내심 있게 답해 줘야 한다.

좋은 성적은 좋은 습관에서 나온다

학업에 충실한 사람들은 대개 인생의 모든 영역에서 최선을 다한다.
아이들의 놀이 방식은 아이들의 학습 방식을 반영한다.
학습과 놀이로 얻은 성적은 아이들에게 큰 행복을 안겨준다.

★ ★ ★

유명한 유대인 교사인 박타는 다음과 같이 말했다.

수학에 상당한 재능을 타고나는 아이들이 꽤 있다. 만약 이런 아이들에게 공식을 하나 알려주면 어떤 난제도 풀어내지만 작문 수준은 그저 그렇다. 가진 능력에 비해 큰 노력을 기울이지 않기 때문이다. 문제는 가정에서 하는 숙제다. 이런 학생들은 숙제의 3분의 2 정도만 한다. 반면에 다른 아이의 상황은 확연히 다르다. 이 아이는 교사가 내준 숙제를 95%까지 해낼 뿐더러 저녁마다 최소 30분 이상씩 책을 읽는다.

두 아이의 성적 문제의 핵심은 공부 습관에 있을 뿐 타고난 재능과는 상관이 없다.

아이들은 학교에 가면서부터 가정에서 숙제하는 습관을 길러야 한다. 부모는 저마다 다른 교육 방식을 지니고 있고, 아이에게 가장 적합한 공부 시간이 언제인지 알고 있다. 어떤 부모는 아이가 학교에서 돌아오면 바로 공부하길 바란다. 아이의 뇌가 아직 학습적으로 사고하기 때문이다. 숙제를 하고 나서 남는 시간은 아이의 놀이 시간이다. 이것은 일종의 보상이다. 어떤 부모는 먼저 쉬는 시간을 주고 나서 숙제를 시킨다. 그래야 숙제를 더 잘할 수 있다고 생각하기 때문이다.

어떤 방식을 택하든 아이가 공부를 잘할 수 있다면 좋은 방법이다. 어떤 아이는 음악을 들으면서 숙제하고 공부도 잘한다. 또 어떤 아이는 절대 정숙인 상황에서만 공부할 수 있다. 또 다른 아이는 밥을 다 먹고 난 후에야 공부를 할 수 있고, 먹으면서 공부하는 습관을 가진 아이도 있다.

아이가 어떤 유형이든 부모는 관심을 갖고 아이의 공부 습관을 길러줄 수 있는 환경을 하루빨리 만들어줘야 한다.

아이가 초등학교 때 몸에 밴 습관에 따라 미래의 성공이 결정된다.

가정에서 공부할 때 아이에게 시간을 잘 활용하도록 가르치는 것은 매우 중요하다. 시간 관리는 수학의 기하정리 응용에 뒤지지 않을 만큼 중요한 학습 기능이다. 공부하려면 자기 의지와 절제가 필요하다. 따라서 부모는 아이가 되도록 빨리 공부 습관을 들일 수 있도록 도와야 한다.

물론 부모는 아이가 생활을 즐기도록 격려하는 것도 잊어선 안 된다. 아주 소수지만 더러 다중인격을 가진 아이들도 있기 때문이다. 학업에 충실한 사람들은 대개 인생의 모든 영역에서도 최선을 다한다. 아이들의 놀이 방식은 학습 방식을 반영한다. 학습과 놀이로 얻은 성적은 아이들에게 큰 행복을 안겨준다.

지식 사랑은 책 사랑에서 시작된다

부모가 아이의 독서 습관을 길러주는 가장 좋은 방법은
눈에 보이지 않게 하는 것이다.
이것은 아이의 잠재력 개발에 영향을 주는 가장 좋은 방법이다.

★ ★ ★

영아들은 태어난 지 6개월부터 소리에 익숙해지고, 종이에 쓰인 것들에 대해 흥미를 갖기 시작한다. 영아에게 글을 읽어주면, 비록 내용을 이해할 수는 없지만 부모의 목소리에 익숙해지고 좋아하게 된다. 이는 아이들의 미래의 교육 토대를 마련할 수 있는 좋은 기회다.

많은 교육자들은 어린아이들이 동화를 듣는 것을 매우 좋아해서, 외할머니가 열 번이 넘게 옛날이야기를 들려줬는데도 여전히 듣고 싶어 한다는 것을 발견했다. 교육심리학자들은 아이들이 동화를 좋아하는 것은 방관자가 되고 싶지 않다는 것을 의미하며, 아이들은 어른들이 들려주는 이야기를 듣거나 자기가 읽으면서 상상력을 발휘할 수 있고 자신의 방식대로 스토리에 참여해 꾸려나가며 그 속에서 꿈과 즐거움을 찾는다고 말한다.

한 유대인 어머니는 자신의 교육경험을 소개하며 다음과 같이 말했다.

"저는 딸이 태어난 지 얼마 되지 않았을 무렵부터 이야기를 읽어주기 시작했어요. 처음에는 아이는 책 표지를 물고 책에 침을 흘렸지요. 하지만 저는 개의치 않고 오히려 아이가 책을 안고 자도록 내버려뒀어요. 아이는 돌이 채 되기 전부터 책을 좋아했어요. 제 품에 안겨서 동화 이야기를 듣는 걸 참 좋아했답니다. 아이는 걷기 시작한 후부터 강아지 옆에 앉아 강아지에게 책을 읽어주었어요. 아이가 유치원에 갔더니, 선생님이 아이가 다른 아이들보다 이해력이 2년 정도 빠를 뿐 아니라 힘든 줄 모르고 책을 본다고 했지요."

큰 소리로 책을 읽어주는 것은 아이에게 감정을 전달하는 방법 중 하나다. 아이는 크면서 높은 톤으로 책을 읽어주는 소리를 편안하고 안전한 목소리로 여기고, 이 소리를 사랑받는 아름다운 이미지와 연결한다. 부모는 이야기의 줄거리에 따라 완급을 조절하며 리듬에 맞춰 읽어줘야 한다. 그래야만 아이가 읽기에 대한 흥미를 느낀다.

부모는 생동감 있게 읽어주며 아이의 호기심과 흥미를 자극해야 한다. 새로운 책을 읽기 전에 아이에게 먼저 책 표지를 보여 주고 무엇이 보이는지, 어떤 내용이 담겨 있을 것 같은지 물어본다. 그러고 나서 아이에게 책 속의 그림을 보여준다.

이스라엘 전 대통령의 부인 바버라 여사는 자녀 교육에 대해 이렇게 말했다.

"저는 아이에게 이야기를 들려줄 때 앉아서만 듣게 하지 않아요. 때로는 일부러 멈추고 '이제 무슨 일이 벌어질 것 같니?'라고 묻지요. 아이들에게 익숙하지 않은 글자가 있으면 하나하나 설명하며 읽어준답니다."

가정교육을 하면서 많은 부모들이 아이에게 책을 사주고는 책을 더럽히거나 찢을까 봐 마음을 졸이고, 아이가 다 읽은 책은 아이 손이 닿지 않는 곳으로 얼른 치운다. 심지어 어떤 부모는 아이가 집중해서 책을 읽는 도중에 이것저것 하라며 끊임없이 요구하는데, 이는 바람직하지 않다. 부모가 아이의 독서 습관을 길러주는 가장 좋은 방법은 눈에 보이지 않게 하는 것이다. 이것이 아이의 잠재력을 개발하는 데 영향을 미치는 가장 훌륭한 방법이다.

유대인 교육자들은 아이들에게 필요한 것은 어떤 개념이 아니라 재밌고 흥미로운 책이라고 말한다. 물론 아이들 역시 입맛을 바꿔보고 싶을 것이다. 부모는 색다른 장소나 물건으로 아이를 가르칠 수도 있다. 예를 들어 신문, 잡지, 우편엽서에 쓴 편지 심지어 상품 포장지 위에 쓰인 설명 문구 등 곳곳에 아이가 배울 만한 것들이 있다. 이를 통해 생활 속 여러 방면에서 문자와 지식이 중요하게 활용되고 있다는 것을 아이에게 알려줄 수 있다.

아이는 하루하루 자라며 어느 순간 스스로 읽는 법을 배운다. 그렇다고 할지라도 부모는 아이가 중학교에 갈 때까지는 계속해서 책을 읽어 줘야 한다. 많은 교육 자료들은 다수 아이들의 듣기 능력이 독해 능력보다 높고, 책 '듣기'를 통해 아이가 얻는 효과가 훨씬 뚜렷하다는 점을 보여주고 있다.

어쩔 수 없는 상황이 아니라면 책을 읽어라

어느 누구도 지식만큼은 빼앗을 수 없다. 살아있는 한 지식은 당신과 영원히 함께하며 어디를 가든 결코 사라지지 않는다.

★ ★ ★

유대인의 관습 중에는 상황이 어려워져서 갖고 있던 물건을 팔아 생계를 유지해야 한다면 가장 먼저 금과 보석, 땅과 집을 팔되 책만큼은 벼랑 끝에 서지 않는 한 팔아선 안 된다는 것이 있다.

1736년 유대인들은 책과 관련된 법률을 제정했다. 누군가 책을 빌리고자 하는데 책을 소유한 사람이 이를 거부한다면 위법이므로 무거운 벌금을 물려야 한다는 법률이었다. 이것은 아마도 인류 역사상 책과 관련된 첫 번째 법률일 것이다. 고대 유대인들은 심지어 자신에게 양서(良書)가 있다면 설령 적이 빌려달라고 할지라도 빌려줘야 하며, 그러지 않는다면 스스로의 적이 될 것이라고 말했다.

이는 목숨처럼 책을 아끼고 사랑하는 유대인의 특성을 잘 나타낸다. 줄곧 떠돌면서 모든 것을 포기해도 유대인들은 지식의 원천인 책과 독서 습관만큼은 버리지 않았다. 이런 민족은 아마도 유일무이할 것이다.

유대인들이 이렇게 책을 사랑하고 교육에 대한 의지를 다지는 목적은 물론 생존이었다. 이곳저곳을 떠돌던 유대민족은 언제든 모든 것을 빼앗길 위험에 노출되었지만 머릿속 지식만큼은 뺏기지 않을 수 있었다. 모든 것을 잃어도, 배운 지식만큼은 잃지 않았기 때문이다. 한 유대인 어머니가 아이에게 물었다.

"어느 날 우리 집이 불에 타버려서 모든 재산이 사라진다면 너는 뭘 제일 먼저 챙길 거니?"

아이는 아직 어렸기에 어머니의 의중을 파악하지 못하고 답했다.

"당연히 돈과 보석이죠."

어머니가 다시 물었다.

"형태도 없고, 색깔도 없고, 냄새도 없는 것이 있단다. 뭔지 알겠니?"

아이가 답했다.

"공기인가요?"

어머니는 또다시 물었다.

"공기도 물론 중요하지. 그런데 공기는 어디에나 있어서 굳이 가지고 다니지 않아도 돼. 얘야, 만약 그런 경우가 생긴다면 네가 챙겨야 할 것은 돈도, 보석도 아니라 지식이란다. 지식만큼은 아무도 빼앗을 수 없거든. 지식은 네가 살아있는 한 언제나 너와 함께하며 어딜 가든 사라지지 않는단다."

이것이 바로 유대인 어머니가 아이를 깨우치는 교육이다.

흥미는 성공의 첫 번째 교사다

세상에는 우리가 탐구해야 할 것들이 무수히 많다. 그러니 어느 날 우리가 모든 것에 대한 탐색을 끝내서 더 이상 우리를 자극할 만한 것이 없을 거란 걱정은 하지 않아도 된다. 자극이 있어야 반응이 있고, 강렬한 자극일수록 강렬한 반응을 불러온다.

★ ★ ★

흥미는 성공의 첫 번째 교사다. 유대인들은 어릴 적에 흥미 교육을 상당히 중시하기 때문에 인구가 적은데도 천재를 끊임없이 배출한다.

아인슈타인의 부모, 물리학자 보어의 아버지, 영화감독 스필버그의 아버지는 아이를 인재로 키우는 데 호기심이 큰 영향을 미친다는 사실을 일찌감치 깨달았다. 그래서 아이가 아주 어릴 때부터 호기심을 자극하기 위해 많은 노력을 기울였고 결국 천재로 키워냈다. 피카소의 아버지 역시 아주 일찍부터 아들의 흥미가 무엇인지를 알아차리고 이를 바탕으로 아이를 진정한 천재로 키워냈다.

생각해 보자. 이제 막 태어난 아기는 이 미지의 세계가 얼마나 궁금할까? 아기는 이 세상을 알고 싶어 하며, 계속해서 새로운 정보를 빨아들일 것이다. 이때 아기에게 음악을 들려주고, 그림을 보여주며 지능을 훈련하면 하얀 도화지 같은 아기에게 어떤 색이든 입힐 수 있다. 이렇게 제때 교육한다면 우수한 인재로 키울 수 있지만 열 살, 스무 살이 되도록 기다린다면 너무 늦을 수도 있다.

아이들은 태어날 때부터 호기심을 가득 안고 있다. 그런데 시간이 지날수록 주변의 사물과 환경에 익숙해지면서 호기심이 예전만큼 강하지 않게 될 뿐만 아니라 지능발달 역시 더뎌진다. 우리는 지능발달을 위해선 호기심이 중요하다는 걸 잘 안다. 이는 철학자들이 세심하게 세상 만물을 탐구하는 것만 봐도 알 수 있다.

사실 세상에는 우리가 탐구할 만한 가치를 가진 것들이 무수히 많다. 그러니 어느 날 우리가 모든 것에 대한 탐색을 끝내서 더 이상 우리를 자극할 만한 것이 없을 거란 걱정은 하지 않아도 된다. 자극이 있어야 반응이 있고, 강렬한 자극일수록 강렬한 반응을 가져온다.

하드웨어보다 소프트웨어의 힘이 더 세다

아이의 자기 기대감은 가정에서 시작된다.

★ ★ ★

부모는 아이가 학습의 중요성을 자연스럽게 이해할 수 있도록 공부할 수 있는 환경을 만들어 주어야 한다. 하드웨어적인 환경뿐만이 아니라 '소프트웨어적인 환경'을 만들어주는 것도 중요하다.

유대인 교육자들은 아이들의 자기 기대감이 가정에서 시작된다는 사실을 발견했다. 그래서 공부가 아이에게 정말로 중요하다는 생각이 들면 부모의 말로써 아이에게 표현해야 한다. 지혜가 성공을 가져다준다는 사실을 아이에게 장기간 반복적으로 알려주면 아이도 그렇게 생각하게 된다.

아이가 올바른 공부습관을 들여 스스로 공부할 수 있도록 유대인 부모들은 다음과 같은 방법을 활용한다.

매일 저녁 온 가족이 함께 책을 읽는 습관을 기른다. 저녁마다 모두 조용히 앉아 좋아하는 책을 읽는다.

아이에게 신문이나 잡지를 권하고 아이가 스스로 읽을 수 있게 도와준다.

일주일에 하루 정도는 함께 신문을 읽고 관심 있는 화제에 대해 이야기를 나눈다.

일주일에 이틀은 하루에 한 시간씩 아이와 놀아주거나, 아이가 언어능력을 향상시킬 수 있는 바둑이나 장기 같은 게임에 참여시킨다.

아이가 이해하지 못한 부분이 있다면 저녁에 토론을 통해 해결한다.

일주일에 한 번은 아이와 함께 박물관, 도서관, 역사 유적지 등을 찾아 견학한다.

100번 읽는 것보다 101번 읽는 게 낫다

많은 사람들이 생각을 기피하는 이유는 '머리를 써야' 하기 때문이다. 생각하는 것은 분명 고된 일이다. 하지만 천재들이 천재가 될 수 있었던 이유는 생각을 기피하지 않고 즐기겠다는 '생각의 전환'을 용기 있게 해냈기 때문이다.

★ ★ ★

기억은 매우 중요하다. 기억이 없다면 생각을 통째로 잃어버리게 된다. 기억은 인지활동의 창고다. 지능 발달에 가장 중요한 시기인 유아기의 기억이 더 중요한 이유가 바로 여기에 있다.

구소련의 심리학자인 레프 비고츠키는 미취학 아동 심리활동의 각 분야에서 기억이 우위를 차지하고 의식의 중심에 있다고 보았다. 만약 기억이 없다면 유아는 이미 봤던 사물을 매번 재차 인식해야 하므로 생활 속에서 어떤 지식과 경험도 얻을 수 없다. 기억이 있어야 전후의 경험을 연결할 수 있다. 기억을 통해 사람들은 자신의 지식을 풍부하게 하고 각자 심리적 특징을 형성한다. 그래서 유아기의 기억 발달은 문화와 과학 지식을 학습하는 데 직접적인 영향을 미친다.

이런 측면에서 암송과 기억은 고대 히브리 교육에서 가장 많이 통용되던 방식이었다. 고대 이스라엘에는 100번 읽는 것보다 101번 읽는 게 낫다는 말이 있었다. 학자들은 《성경》을 한 글자도 빼놓지 않고 암송하는 것을 매우 가치 있는 일로 여겼다. 히브리 랍비는 성공한 학자라면 손과 머리를 함께 활용하고, 속독과 기억을 통해 생각한다고 말했다.

기원전 3세기 고대 히브리에서 막 문을 연 학교의 젊은이들은 고대 율법을 공부하는 대신 민족의 흥망성쇠에 관한 문제들을 이해하는 쪽으로 방향을 전환하여 인생의 진리를 탐구하고, 실제 사물과 관련된 지식을 공부했다. 교사는 학생들에게 우선 내용이 익숙해질 때까지 외우게 한 후 단락별로, 구문별로 설명하도록 요구했는데, 그 목적은 학생들이 내용을 한 부분도 놓치지 않고 숙지하게 하기 위해서였다.

이 밖에도 히브리 사람들은 기계적인 기억을 강조하면서 꾸준히 생각해야 한다고 주장했다. 학생들이 배운 내용을 암기하면 교사는 학생들에게 다양한 문제를 던지고 토론하도록 안내했다. 학생들은 이 토론 과정에서 배운 지식을 좀 더 깊이 이해할 수 있었다.

많은 사람들이 생각을 기피하는 이유는 '머리를 써야' 하기 때문이다. 생각하는 것은 분명 고된 일이다. 하지만 천재들이 천재가 될 수 있었던 이유는 생각을 기피하지 않고 즐기겠다는 '생각의 전환'을 용기 있게 해냈기 때문이다.

유대인들은 기억할 때의 의식 상태를 구분하여 기억을 무의식적 기억과 의식적 기억으로 나눈다. 아이가 어릴수록 무의식적 기억이 차지하는 비중이 높다. 아이가 어릴 때는 부모가 시킨 내용을 자주 잊는다. 따라서 부모는 그런 아이에게 '기억력이 없다'고 함부로 말해선 안 된다. 단지 아이가 별로 흥미를 못 느꼈을 뿐이기 때문이다. 아이가 커갈수록 의식적인 기억이 점점 발달하면서 지배적인 위치를 차지한다. 가령 여섯 살이나 일곱 살인 아이들은 부모가 자신에게 한 말을 반복할 수 있고, 잠시 동안 이해하지 못한 일이 있다면 다시 물어볼 수 있다.

기억은 기계적 기억과 의식적 기억의 두 가지로 나눌 수 있다. 아이는 지식 경험이 적고 사물의 내재적인 연결에 대한 인식이 부족하기 때문에 나이가 어릴수록 사물의 외부적인 연결을 통해 기계적으로 기억한다. 초등학교에 다니는 아이는 어떤 문장이나 사건을 기억할 때 더 이상 한 글자, 한 글자 원문을 외우지 않고 이해를 바탕으로 기억할 수 있다. 아이가 공부할 때는 의식적인 기억의 효과가 훨씬 좋다. 그러나 알파벳 외우기 같은 활동에는 기계적인 기억이 반드시 필요하다.

사람은 기억하고 암송한 것을 영원히 잊지 않기를 바란다. 하지만 현실에선 종종 잊곤 한다. 공부하고 나서 보름이 지난 후의 기억에 대해 실험한 결과는 매우 놀라웠다. 대학생은 물리 지식의 85%, 중학생은 생물 지식의 60%, 초등학생은 지리 지식의 55%나 잊어버렸다.

유대인들은 아이들에게 잊는 것이 문제가 아니고, 잊었다는 것을 인식하는 것이 핵심이라고 가르친다.

첫째, 잊는 것은 매우 당연하다. 일정한 범위를 넘어서지 않는다면 매우 정상적이다. 기억을 잊는 것은 인식을 여과하는 역할을 한다. 중요하지 않고 사회와 개인에게 불필요한 것들은 걸러내고 매우 중요한 것들만 보존한다. 기억할 수 있다고 해서 다 좋은 일이라고 생각해선 안 된다. 때로는 기억 속에 전혀 필요치 않은 잡다한 것들이 상당히 많을 때도 있고, 얼른 잊고 싶은데도 여전히 기억 속에 남아서 기억의 효과에 영향을 미치기도 하기 때문이다.

주변에서 보면 수업이나 강연을 들을 때 교사나 강연자가 했던 쓸데없는 말만 기억하고 정작 중요한 내용은 잊는 사람들도 있다. 이는 일상생활과 학습에 모두 좋지 않다.

둘째, 잊는 것과 싸워야 한다. 잊고 싶지 않은 것들을 조금만 잊거나 잊지 않기 위해선 복습만이 답이다. 복습을 통해 기억을 강화하면 잊는 것을 줄일 수 있다.

유대인 부모의 방법은 충분히 배울 가치가 있다. 아이가 무언가를 배울 때는 기억과 생각을 결합하여 학습 효율을 높임으로써 최적의 학습 효과를 거둬야 한다.

천재는 집중력에서 시작된다

집중력은 지식의 세계로 향하는 창이다. 이게 없다면 아무리 많은 지식도 아이의 마음속에 들어갈 수 없다.

★ ★ ★

유대인 랍비는 천재는 집중력에서 시작된다고 말했다. 집중하지 못하고 쉽게 마음이 흐트러지는 것은 모든 아이들의 공통된 특성이다. 나이가 어릴수록 집중할 수 있는 시간이 짧다. 초등학교 1학년 아이가 한 번에 집중할 수 있는 시간은 고작

15분이고, 한 살 또는 두 살인 아이들은 더 짧아서 최대 3분을 넘기지 못한다.

역사적으로 큰 성공을 거둔 사람들은 일이나 공부를 할 때 고도의 집중력을 발휘해 몰입 수준에 다다른다. 유명한 화학자이자 물리학자인 퀴리 부인은 비범한 집중력을 갖고 있었다. 그녀는 어렸을 때 온 정신을 집중해 책을 읽느라 주변에서 일어나는 일을 까맣게 몰랐다. 친구가 그녀를 보고 웃고, 참을 수 없을 정도로 일부러 소음을 만들어도 책에서 눈을 떼지 않았다. 한번은 그녀의 몇몇 자매가 작당하고서 그녀의 뒤에 여섯 개의 의자로 불안정한 삼각대를 쌓았다. 그녀는 열심히 책을 보느라 그런 상황을 조금도 인지하지 못했다. 의자로 쌓은 탑이 갑자기 우르르 무너지자 주변 아이들은 깔깔대며 웃었다.

아인슈타인은 책에 빠진 나머지 1,500달러에 달하는 수표를 책갈피로 알고 내버렸고, 위대한 과학자인 뉴턴은 회중시계를 달걀인 줄 알고 삶기도 했으며, 헤겔은 한 문제에 빠지면 그 자리에서 하룻밤을 꼬박 새웠다. 이런 일화들은 위대한 인물들의 집중력이 얼마나 대단한지를 보여준다.

하지만 어떤 아이들의 경우 상황이 매우 심각하다. 이 아이들은 일분일초도 가만히 있지 못하고 아주 작은 사물에도 주의력이 흐트러진다. 설사 흥미가 있더라도 능동적으로 집중력을 발휘하지 못한다. 이런 아이들은 주의가 산만한 기질적 특성이 있으므로 되도록 빨리 도움을 주어야 하며, 그러지 않으면 취학 연령이 되었을 때 ADHD 증상이 나타나 규율과 학습에 영향을 미친다.

이스라엘의 한 교육자는 "주의력은 마음의 유일한 문이고, 의식한 모든 것이 이 문을 통해 들어간다"라고 말했다.

외부의 방해요소를 제거하는 것도 주의력을 높이는 중요한 방법이다.

어떤 사람이 에디슨에게 이렇게 질문했다.

"성공의 첫 번째 요소는 무엇인가요?"

에디슨은 답했다.

"성공의 첫 번째 요소는 자신의 몸과 마음의 에너지를 한 가지 문제에 쏟아부으면서도 힘든 줄 모르는 것입니다. 당신도 하루 종일 일하겠지요? 모두가 그렇습니다. 만약 매일 아침 6시에 일어나 11시에 잠이 든다면 당신은 17시간을 꼬박 일하는 셈입니다. 대부분의 사람들이 그 시간 동안 꾸준히 어떤 일을 하는데, 유일한 차이는 그들은 아주 많은 일을 하지만 저는 단 한 가지 일만 한다는 것입니다. 만약 그 시간을 한 가지 목적과 한 가지 방향에만 쏟아붓는다면 성공할 수 있을 것입니다."

한 가지에 집중하느냐, 그러지 않느냐는 하루에도 큰 차이를 만들어낸다. 그러니 한 달, 일 년, 십 년이면 어떻게 될까? 말할 필요도 없이 그 차이는 어마어마하게 클 것이다. 그래서 토머스 칼라일은 다음과 같이 말했다.

"가장 약한 사람이 한 가지 목표에만 매진하면 성공을 거둘 수 있다. 반면에 강한 사람은 너무 많은 일에 마음을 쓰다 보니 한 가지도 제대로 해내지 못할 수도 있다."

고도의 집중력을 발휘하는 필요조건 가운데 하나는 자극을 주어 흥분시키는 것이다.

부모는 집중력은 사람의 심리 현상이고, 무의식적 집중과 의식적 집중의 두 가지가 있다는 걸 알아둘 필요가 있다. 사람이 무의식적인 집중에서 의식적인 집중으로 전환하려면 발전 과정이 필요하다. 사람은 태어난 직후에는 무의식적인 집중만 할 수 있다. 그러다가 교육을 받고 언어가 발달하고 일상의 경험이 쌓이면서 의식적인 집중을 할 수 있게 되고 이를 발전시켜 나갈 수 있다. 미취학 아동과 취학 초기 아이들의 경우 무의식적 집중의 비중이 크다. 주의력은 외부 세계의 변화에 따라 쉽게 변화한다. 일부 부모는 무의식적 집중의 비중이 크다는 심리적인 특징을 간과한 채 아이에게 성실히 앉아서 미리 글자를 배우고 지루한 연산문제를 풀라고 한다. 그러니 아이는 늘 힘들기만 하다. 유대인은 절대다수 아이의 집중력 발달이 정상적인 수준인 만큼 부모가 크게 걱정할 필요가 없다고 생각한다. 하지만 심리 발달 단계에 따라 아이의 의식적 집중에 관심을 갖고 집중력을 길러줘야만 향후 건강한 성장과 효과적인 학습을 위한 토대를 마련할 수 있다.

1. 아이의 뇌 영양에 관심을 가진다

활동을 통해 영양물질을 소모시켜야 한다. 긴장하며 학습해야 하는 시기에 부모는 아이에게 소화가 쉬운 고단백 음식을 먹여야 한다. 매번 식사는 80% 정도만 먹는 것이 좋다. 이 밖에도 매일 아이가 물을 1.5리터 이상 마시게 하고, 생수나 따뜻한 물을 많이 마시게 해야 한다. 자극적이거나 흥분시키는 음료는 되도록 피해야 한다.

2. 아이의 자신감을 키워준다

아이들은 부모의 긍정적인 지도와 응원이 있어야만, 자신감을 가지고 안정적으로 앉아서 공부에 집중할 수 있다고 생각한다. 따라서 부모들은 아이에게 친절한 말투와 온화한 태도로 "나는 네가 계속해서 발전할 것이고 전보다 훨씬 더 잘하고 있다고 믿는다"라고 말해 줘야 한다. 이런 심리적인 암시는 아이의 자신감을 키우는 데 큰 도움이 된다.

3. 충분한 수면을 보장한다

수면은 신경세포의 쇠약을 막는 데 매우 중요하다. 따라서 부모는 아이가 취하는 수면의 질과 양에 각별히 관심을 가져야 한다. 학령기 아이라면 매일 10시 전에는 잠자리에 들어야 한다. 일반적으로 아이들의 수면 시간은 9시간 이상이 적합하다.

4. 아이가 피로하지 않게 한다

만약 몇 시간 동안 계속 공부한다면 학습효율이 떨어질 수밖에 없다. 아이가 효과적으로 집중력을 발휘하도록 하려면 지나친 피로를 느끼지 않도록 도와야 한다. 아이의 학습내용이 단일화되지 않도록 시간마다 활동 내용을 바꾸고, 사이사이에 적절히 휴식을 취할 기회를 줘야 한다.

5. 방해 요소를 제거한다

좋은 학습 환경은 아이가 책상에 앉아 공부하는 습관을 기르고 스스로 집중력을 발휘하는 데 도움이 된다. 주변에 소음이 있어선 안 되고 직사광선이 아이의 눈을 자극하지 않아야 한다. 이 밖에도 책상을 창문과 떨어뜨려 배치해야 창밖의 경관이 아이의 집중력을 흐트러뜨리지 않는다.

아이가 하교하고 집에 돌아오면 우선 손발을 씻고 간식을 먹으며, 학교에서 있었던 일에 대해 부모와 이야기를 나누는 것도 괜찮다. 이렇게 하면 아이의 흥분한 신경과 심란했던 마음이 안정을 찾을 수 있다.

한 유대인 어머니는 이렇게 말했다.

"주의력은 지식의 세계로 향하는 창이다. 이게 없다면 아무리 많은 지식도 아이의 마음속에 들어갈 수 없다."

제 12 장

세 살에 옳다면, 평생 옳다

유대인의 조기 교육법

아이가 세 살일 때는 어른이 되었을 때를 생각하고, 일곱 살일 때는 노후를 생각해야 한다. 시기와 흐름에 따라 아이를 지도해야 한다. 충분한 인내심과 사랑으로 아이의 '지나친' 행동도 품어줘야 한다. 온화한 방식으로 아이에게 충분한 자유를 주자.

조기 교육을 소홀히 해서는 안 된다

유대인의 조기 교육에는 적어도 다섯 가지 장점이 있다.
책 사랑하기, 스승을 존경하기, 시간을 절약하기, 고생하기,
본분을 잊지 않기가 바로 그것이다.

★ ★ ★

고대 유대인들은 조기 교육을 매우 중시했다. 물론 당시 조기 교육은 실제로는 종교 교육이었다.

고대 유대인 '선지자'인 이사야는 아기가 단유(斷乳)를 할 때부터 교육해야 한다고 말했다. 다른 위대한 선지자 피노 역시 강보에 싸여 있을 때부터 신이 우주의 유일한 신이자 조물주라는 걸 알고 '신의 정신을 느낄 수' 있어야 한다고 주장했다.

유대인들은 일반적으로 아이들이 말을 배우기 시작하면 시

르마(Sirma)를 가르치고 "이스라엘 사람들아, 여호와는 우리의 목자이며 유일한 신이다"라고 알려주며, 기도문과 잠언을 외우게 하고 찬송가를 가르친다.

초기에는 히브리 교육도 다른 원시 민족의 교육처럼 태동하는 단계였고, 당시 정식 학교나 교사가 없었기에 가정이 아이들의 교육 장소였다.

초기 히브리인들은 가정에서 교육할 때 품성 교육을 중시했다. 특히 아이들이 신을 경외하도록 관심을 기울였고, 겸손·절제·인애·성실한 품성을 길러주려 노력했다.

교육의 직접적인 목적은 아이가 신에 대한 경외심과 더불어, 유대인으로서 지녀야 할 사명감과 우월감을 길러 정의와 신념에 헌신하는 정신을 깨우쳐주는 것이다.

당시의 가정교육은 원시적인 데다 폭이 넓지 않아 완벽한 교육체계와는 거리가 멀었다. 그럼에도 불구하고 유대민족의 발전사와 세계 교육사에서 어느 정도 지위를 차지하고 있다.

한 유명한 학자는 "종교적인 분위기가 농후한 가정교육은 유대인 가정에 깨지지 않는 든든한 보호막이 되어주었다. 유대인들은 각지에 흩어져 떠돌면서도 진심을 다해 신을 섬기고, 신의 자식으로 삼는 교육의 힘으로 생존하고 발전하며 그들만의 전통과 종교를 유지할 수 있었다"라고 말했다.

기원전 75년 예루살렘 유대교회당에서 유대인 공동체(Yishuv)는 공공교육을 지원하여 열여섯 살부터 열일곱 살의 청소년에게 정식 교육을 시켜야 하며, 교사는 예루살렘에서

임명해야 한다는 법령을 발표했다. 그로부터 한 세기가 흐른 뒤 두 번째 성전의 마지막 성직자가 앞선 법령을 재차 발표하고, 모든 유대인 공동체는 학교를 설립하고 여섯 살부터 열 살까지 아이들을 입학시켜 교사의 감독 아래 학습하게 하고 각지에서 교사를 임명하도록 규정했다. 이 법령은 유대교의 기초 교육체계가 완성되었음을 의미한다. 이전까지 아이들은 아버지에게 배웠기에 아버지를 잃은 아이들은 교육을 받을 수 없었다.

오늘날 율법에서는 모든 공동체가 반드시 출자하여 교사를 초빙하고 모든 아이가 교육을 받도록 보장해야 한다고 규정하고 있다. 이러한 전통은 유대인들에게 계속 계승되었고 세계의 다른 민족들도 점차 이를 수용하면서 현대 의무 교육체계의 시발점이 되었다.

유대인들은 책이 낡을 때까지 읽고 나면 구덩이를 판 후 정중히 그 책을 '매장'했다. 어른들은 이 모습을 아이들에게 보여줌으로써 아이가 책에 대해 '경외심'을 갖도록 했다. 어른들은 또 아이가 어릴 때부터 책을 달콤한 것으로 여겨 좋아하도록 경전에 꿀을 바르고 여기에 입을 맞추게 했다.

유대인들은 특히 시간 절약을 중시한다. 예를 들어 아이가 지금이 몇 시인지 물어보면 어른은 몇 시, 몇 분, 몇 초라고 정확하게 답해 주지, "몇 시쯤이야"라고 모호하게 말하지 않는다. 이 때문에 유대인들은 어려서부터 시간관념을 철저히 체득한다.

양력의 하루는 한밤중에 시작된다. 이는 세계 다수 민족의 시간 습관이다. 하지만 유대인의 하루는 태양이 지고 나서부터 시작된다. 아이가 그 이유를 물으면 어른은 이렇게 답한다.

"깜깜한 밤에 시작해야 마지막에 태양이 비춘단다."

이로써 아이는 고생을 먼저 하고 즐기는 것은 그 이후로 미뤄야 한다는 것을 깨닫는다.

유대인 소년 힐렐은 아주 가난했다. 힐렐은 필사적으로 일해서 번 돈의 절반을 학교 경비원에게 가져다주며 학교에 들어가서 수업을 듣게 해달라고 부탁했다. 시간이 흘러 빵 한 쪽도 먹을 수 없을 만큼 형편이 어려워지자, 경비원은 힐렐이 더 이상 학교에 들어가지 못하게 했다. 그래서 그는 조용히 교실 지붕에 올라가 지붕창에 엎드려 수업을 들었다. 어느 겨울날 날씨가 맑은데도 교실 안이 이상하리만큼 어두웠다. 학생들은 그제야 힐렐이 지붕창에 엎드려 꽁꽁 얼어붙은 모습을 발견했다. 이 이야기는 훗날 "힐렐보다 가난한가? 힐렐보다 시간이 없는가?"라는 말로 진화했다. 이 말은 어른들이 아이들에게 열심히 공부하라고 다독일 때 자주 등장한다.

세상의 많은 민족이 승리하거나 경사스러운 날을 기념일로 삼아 축하한다. 유대인에게 가장 성대한 기념일은 선조들이 이집트에서 노예가 된 날을 기억하는 '유월절'이다. 이날 어른들은 아이들에게 발효하지 않아 맛없는 빵과 쓴 나물을 주면서 이집트에서 치욕스러운 시간을 보내야 했던 선조들의 이야기를 들려준다.

위에서 열거한 내용을 보면 유대인의 조기 교육에는 적어도 다섯 가지 장점이 있다. 첫째, 책을 사랑하고, 둘째, 교사를 존경하며, 셋째, 시간을 절약하고, 넷째, 고생도 마다하지 않으며, 다섯째, 본분을 잊지 않는 것이다. 이 다섯 가지 장점은 유대인들의 몸에 습관으로 배어 대대손손 이어지고 있다. 이것이 바로 유대인 가운데 수많은 별이 탄생하고, 유대민족이 나날이 강대해지는 까닭이다.

매일 책을 읽어주어라

아이가 스스로 책을 읽을 수 있게 되어도 읽어주기를 멈추지 말아야 한다. 부모와 함께 보낸 친밀한 시간 속에서 아이들은 여전히 큰 기쁨을 느낀다.

★ ★ ★

유대인들은 학문과 지혜와 교육을 중시한다. 이런 문화적 전통 속에서 '책의 민족'으로 불리는 유대인들은 독서에 대해 특별한 애정을 갖고 있다.

옛날부터 유대인의 공원묘지에는 늘 책이 놓여 있었다. 깊은 밤 인적이 드문 시간이 되면, 죽은 자가 돌아와 책을 본다고 생각했기 때문이다. 삶이 끝난 뒤에도 지식에 대한 욕구는 끝이 없다. 유대인 가정에서 대대로 전해지는 습관이 바로 책을 침대 머리맡에 두고 자는 것이다. 만약 어떤 사람이 침대 끄트머리에 책을 둔다면 그 사람은 책을 존중하지 않는 것으로 간주되었다. 유대인들은 아이들에게 독서 방법을 알려주면서 세상에서 성공한 인물들의 책 사랑에 관련된 이야기를 들려주곤 했다.

각지에 흩어져 있던 유대인들은 지식을 쌓는 것이야말로 생존을 위한 수단이자 자산이라고 생각했다. 유대인들은 설사 자신들을 공격하는 내용의 책이라 할지라도 읽는 것을 마다하지 않았다. 유대인들의 책사랑 전통은 아주 오랜 역사를 지니고 있으며 사람들의 마음 깊은 곳에 자리 잡고 있다. 오늘날 이스라엘에서는 책을 사랑하는 유대인의 면모가 곳곳에서 드러난다.

유대인들은 아이가 독서의 재미를 찾고 경험을 쌓기 위해선 부모가 아이의 마음에 독서하려는 의욕을 심어줘야 한다고 생각한다. 부모는 아이에게 매일 책을 읽어줌으로써 일정한 시간에 책을 읽는 습관을 들여줘야 한다. 부모는 흥미로운 책을 골라 아이에게 보여줘야 하는데, 아이가 좋아하는 아름다운 그림이 들어간 그림책이 바람직한 예다. 아이들은 인물, 배경, 익숙한 사물의 그림이나 사진을 좋아한다. 마찬가지로 동물 사진도 좋아한다. 동화 이야기는 아이들에게 매우 매력적이며 아이들의 추상적인 사고와 창의적인 사고 능력을 촉진한다. 이런 책들을 아이들에게 많이 읽어줘야 한다.

아이를 위한 그림책을 고를 때 유대인들은 다음과 같은 점에 많은 관심을 기울인다.

우선 두껍지 않은 책을 보여준다. 아이가 집중하는 시간이 그리 길지 않기 때문이다. 이 밖에도 그림이 많고 글밥이 적어야 한다. 아이들은 그런 책을 좋아한다.

아이가 쉽게 이해할 수 있도록 글자가 크고 간단해야 한다. 어려운 글자나 자주 쓰지 않는 단어가 있을 수도 있으니, 부모가 먼저 한 번 훑어보면서 아이가 이해할 만한 내용인지 판단해야 한다.

아이에게 책을 읽어줄 때는 최대한 편안하고 즐거운 분위기를 만들어야만 아이가 더 큰 즐거움을 느낄 수 있다. 낭독할 때 손가락으로 글자의 아랫부분을 짚어가며 읽어주되, 아이에게 그 글자를 읽거나 보라고 강요해선 안 된다.

아이에게 앞으로 어떤 일이 일어날지 추측하게 하고 그림 속 사물에 집중하도록 격려한다. 그리고 아이가 잘 해내면 칭찬을 잊지 않는다. 만약 아이가 원한다면 특정 책을 반복해 읽어주고, 특히 좋아하는 책이 있다면 여러 번 읽어줄 수 있다.

아이가 스스로 책을 읽을 수 있게 되어도 읽어주기를 멈추지 말아야 한다. 부모와 함께 보낸 친밀한 시간 속에서 아이들은 여전히 큰 기쁨을 느낀다. 이 외에도 부모는 아이에게 책을 아끼고 깨끗하게 보관하도록 가르치고, 아이가 보기 쉽게 아이 방의 낮은 책장에 책을 꽂아주어야 한다.

교육이 타고난 재능보다 중요하다

어린아이들에게 가장 중요한 건 교육이지 타고난 재능이 아니다.
아이들의 타고난 재능에는 차이가 있지만 그 차이에는 한계가 있다.
설사 일반적인 재능을 가진 아이도 제대로 가르친다면
비범한 인재로 클 수 있다.

★ ★ ★

어린 아이들에게 가장 중요한 건 교육이지 타고난 재능이 아니다. 아이들의 타고난 재능에는 차이가 있지만 그 차이에는 한계가 있다. 설사 일반적인 재능을 가진 아이더라도 교육이 제대로 이뤄진다면 비범한 인재로 클 수 있다.

위트는 최근 백 년 사이에 독일에서 보기 드문 신기한 인재였다. 여덟 살 때 독일어, 이탈리아어, 라틴어, 프랑스어, 영어, 그리스어 등 7개 국어에 능통했고, 동물학, 식물학, 화학, 물리학을 두루 섭렵했으며 특히 수학에 뛰어난 재능을 보였다. 아홉 살에 피사 대학에 입학했고, 열네 살에 수학 논문 제출을 거부하고 철학박사 학위를 받았다. 열여섯 살에는 다시 법학박사 학위를 받고 베를린 대학의 교수로 임용되었다.

하지만 이 세계 최고 수준의 천재도 영아기에는 정말 우둔하기 짝이 없었다. 어머니와 이웃들은 모두 그를 백치라고 생각했다. 그의 어머니는 "이런 아이는 교육해 봤자 성공하기 글렀다. 헛수고일 뿐이다"라고 말했다. 하지만 아버지는 달랐다. 아이가 지금 아주 불완전한 교육을 받고 있기 때문에 타고난 재능의 반도 발휘할 수 없는 것이라고 생각했다. 만약 타고난 재능을 80~90% 발휘할 수 있도록 교육한다면, 타고난 재능이 50밖에 되지 않는 보통 아이라도 80을 가지고 태어난 아이보다 우수할 수 있다. 그는 자신이 생각한 방법으로 아들을 교육했고, 얼마 지나지 않아 이 '우둔했던' 아이는 동네 전체에, 나아가 독일 전역에 놀라움을 선사했다.

다른 사람 눈에 '바보'로만 비치던 위트는 아버지의 교육 방법 덕분에 세계적으로 드문 인재가 될 수 있었다. 그의 이론과 성공담은 아이의 성공을 바라는 수많은 부모들에게 희망과 자신감을 심어주었다.

유대인 랍비는 부모는 아이가 지닌 사고력의 장점에 따라 아이에게 맞는 공부 방식과 연구 분야를 찾아야 한다고 말한다. 에디슨은 관찰하는 데 관심이 있었기 때문에 발명을 선택했고, 아인슈타인은 직관적으로 사유했기에 물리이론을 선택했다. 자신의 장점을 잘 활용하기만 한다면 자신에게 가장 잘 맞는 배움과 창의 영역을 찾을 수 있다.

아인슈타인은 다음과 같은 말을 남겼다.

"수학은 많은 전문 분야로 갈라져서 분야마다 우리의 짧은 인생을 소모하게 한다. 그래서 나는 내 처지가 어느 건초 다발을 먹을지 결정하지 못하는 브리단의 나귀와 같다고 생각한다."

이탈리아의 유명한 천문학자이자 물리학자인 갈릴레오는 중세의 스타였다.

갈릴레오는 물리학 방면에서 1,700여 년 동안 이어져온 아리스토텔레스에 대한 미신을 깨버렸다. 뉴턴은 "만약 내가 다른 사람보다 멀리 볼 수 있다면 그 이유는 거인의 어깨 위에 서 있기 때문이다"라고 말했는데, 여기서 말한 거인이 바로 갈릴레오다.

하지만 갈릴레오가 젊은 시절에 수도사를 꿈꿨다는 것은 아마 어느 누구도 예상하지 못했을 것이다. 이 과학계의 천재가 하마터면 수도원에서 사라질 뻔했던 것이다. 다행히 갈릴레오의 생각을 바꿔준 것은 다름 아닌 그의 아버지 빈센치오였다.

당시 유럽의 교육과 과학은 신학의 노예라고 해도 과언이 아니었다. 많은 학교가 수도원 부설로 세워졌는데, 갈릴레오에게 대학에 갈 준비를 시키기 위해 빈센치오는 그를 수도원의 학교를 보냈다. 갈릴레오는 학교에서 종교적인 감흥에 휩싸였고 수도사가 되어 평생을 종교에 헌신하겠다고 결심했다.

빈센치오는 수학에 대단한 재능이 있었다. 하지만 당시 사람들은 수학의 용도를 이해하지 못했고, 심지어 대학에도 전문적인 수학 교수가 없었다. 빈센치오는 또 작곡가이자 비파 연주가였다. 하지만 음악만으로는 생계를 꾸려나갈 수가 없었기 때문에 그는 원치 않는 가게를 열어 생계를 이어나가야 했다. 그랬기에 빈센치오 입장에서는 아들이 음악이나 수학을 공부하는 게 달갑지 않았다. 그는 아들이 의사가 되길 바랐다. 갈릴레오의 이름도 바로 그의 선조 중 유명한 의사의 이름을 딴 것이었다.

빈센치오는 갈릴레오의 이 잘못된 결정에 동의하지 않았다.

그는 갈릴레오가 어떤 상황에서도 '왜'라는 질문을 던지는 아이란 걸 알고 있었다. 이런 아이가 오랜 시간 종교 교리의 속박을 견딜 수 없을 뿐만 아니라 수도원의 숨 막힐 듯한 단조로운 생활 역시 견뎌낼 수 없을 것은 불 보듯 뻔했다. 그래서 그는 갈릴레오의 눈 한쪽에 문제가 생겨 당분간 책을 봐선 안 된다는 핑계를 대고 아이를 집으로 데려왔다.

이후 끈질긴 설득 끝에 갈릴레오는 아버지의 권유를 받아들여 수도사가 되겠다는 생각을 접고 피사 대학에 들어갔다. 비록 의사가 되진 못했지만 그는 단조로운 수도사의 운명에서 벗어났다. 또한 피사 대학에 다니면서 일부 수학자들과 인연을 맺고, 물리학 현상을 관찰하고 연구하면서 과학 연구의 길에 들어섰다.

아버지만큼 아들을 잘 아는 사람은 없다. 만약 빈센치오가 과감하게, 또 적시에 올바르게 이끌어주지 않았다면 갈릴레오라는 과학계의 큰 별은 아마도 수도원에 묻히고 말았을 것이다.

위트의 아버지나 빈센치오처럼 유대인들은 아이들의 취미가 심신 건강과 지능 개발에 좋고, 개성 형성이나 인성을 기르는 데 도움이 된다고 믿는다. 아이의 취미를 존중하고 발전시켜야만 비로소 뜻을 이룰 가능성이 생긴다.

모든 아이에게는 음악적 재능이 있다

모든 부모는 아이가 되도록 많은 음악을 접할 수 있게
음악을 배우고 감상할 수 있는 기회를 의식적으로 제공해야 한다.
또한 아이로 하여금 예술 세계에 입문해 예술의 전당에서
개성과 미적 감각을 키우며 자아를 완성하도록 지도해야 한다.

★ ★ ★

다윗 왕은 음악에 천부적인 재능을 갖고 있었다. 그는 꽤 많은 시를 지었을 뿐 아니라 감동적인 곡도 작곡했다. 이 밖에도 다윗 왕은 훌륭한 가수이자 하프 연주자였다. 그가 사울 왕과 그의 세 아들의 희생을 애도하기 위해 쓴 곡은 오랜 시간 민중의 입을 통해 전해지며 많은 이의 가슴을 울렸다. 다윗 왕은 집권 시기에 음악 교사를 대거 등용해 음악 활동을 활성화하고 음악 교육의 보편화를 위해 힘썼다. 또, 어릴 적부터 아이들의 음악적 재능을 키워, 친구를 대할 때나 단체 활동을 할 때 신의 은혜에 감사하고 찬미하게 하여 사람들의 가슴을 울렸으며, 자신의 음악을 통해 음악의 고상한 정서를 전달했다.

음악에 대한 유대인들의 애정은 예로부터 각별했다. 음악은 유대교에서 매우 중요한 위치를 차지하고 있다. 유대인들은 책을 읽는 것을 제외하면 음악 공부를 가장 기본으로 여긴다. 특히 바이올린을 좋아하는 까닭에 유명한 바이올리니스트가 매우 많으며 세계 정상급 연주자만 해도 펄먼, 주크먼, 민츠 등 많이 있다. 바이올린 이외에도 유대민족은 세상에 많은 음악가들을 배출했다. 폴란드의 작가이자 음악가인 블라디슬로

프 스필만, 서양 현대주의 음악의 대표인 아놀드 쇤베르크 등이 모두 유대인이다.

모든 부모는 아이에게 음악을 배우고 감상할 기회를 의식적으로 제공한다. 아이에게 음악회나 TV, 영상, 음악 CD 등 다양한 방법으로 음악을 접할 수 있는 환경을 만들어 준다. 조건이 허락한다면 노래, 춤, 악기 연주를 배워서 직접적으로 음악을 접해볼 수도 있다. 아이가 예술 세계에 발을 들이면 예술의 전당에서 개성과 미적 감각을 키우며 자신을 완성해 갈 수 있다.

어린아이들은 태어날 때부터 저마다 리듬과 선율을 느끼거나 음조를 완벽히 아는 음악적 재능을 갖고 있지만, 사실 음악적 재능은 후천적으로 습득된다. 물론 음악가 집안에서 자란 아이는 그렇지 않은 환경에서 자란 아이보다 더 쉽게 음악적 재능을 기를 수 있다. 아이가 음악을 좋아하게 하려고 부모가 반드시 잘 훈련된 음악가가 될 필요는 없다. 다른 분야에 재능이 있는 아이가 음악을 배우는 경우, 부모가 음악을 좋아하거나 음악을 자주 들을수록 음악 성적이 좋은 것으로 나타났다. 가정에서 악기를 연주하는 것도 아이의 음악적 재능을 키우는 데 도움이 된다.

음악을 듣고, 음악에 대해 얘기하며, 음악을 즐거움이 가득한 놀이로 여기고 악기를 만져보는 것은 음악에 대한 아이의 흥미를 높이는 데 중요한 역할을 한다. 만약 아이에게 베토벤 교향곡을 들려준다면 큰 도움이 될 것이다. 하지만 앞서 말한 것이 아이가 음악을 좋아하게 하는 필수조건은 아니다. 때로는 아이와 함께 음악을 즐기고 음악이 얼마나 재미있는지 이야기할 때 아이가 당신에게 그만 노래를 멈춰달라고 요청할 수도 있다. 그렇더라도 절대 놀라거나 실망해선 안 된다. 때때로 아이는 부모가 참여자가 아닌 청중이 되어 자신을 봐주길 바라기 때문이다.

동요와 가곡은 밀접한 관계가 있다. 어린이 가곡 중에는 좋은 동요를 편곡한 것도 있다. 동요 역시 어린이 가곡이 될 수 있다. 교육적 의의와 아동 정서를 담은 동요는 아이가 성장하면서 아이가 좋아하는 정서적 양식이 된다. 동요는 아이들의 기본적인 음악적 능력을 키우는 데 중요한 의미가 있다. 아이의 음악적 능력이 동요에서부터 시작할 수도 있기 때문이다.

한 유대인 교육자는 부모에게 아이들의 음악 공부에 대해 걱정하지 말고 공부에 영향을 미칠까 봐 두려워하지 말라고 말했다. 아이의 나이가 어릴 때는 숙제의 부담이 크지 않아 아이들이 폭넓게 음악을 접하는 것이 결코 학습에 영향을 미치지 않을뿐더러 오히려 아이의 상상력과 이해력 향상에 도움이 된다.

되도록 빨리
아이의 잠재력을 발굴하라

천재는 신비로운 존재도, 닿을 수 없는 존재도 아닌 타고난 잠재력이다.
누구에게나 있지만 후천적인 교육의 결핍으로 개발되지 않았을 뿐이다.

★ ★ ★

취학 아동이 있는데도 교육하지 않는 가정이라면 분명 빈곤 가정일 것이다.

유년 시절이 평생을 결정한다는 것은 유대인들 사이에서 지극히 당연한 명제다.

천재인지 아닌지를 결정하는 것은 타고난 재능일까, 교육일까? 이는 많은 민족이 여전히 논쟁을 벌이고 있는 화두다. 하지만 유대인들은 이 명제를 두고 더 이상 왈가왈부하지 않는다. 그들은 일반적인 아이도 교육만 잘 받는다면 걸출한 인재로 거듭날 수 있다고 여기기 때문이다.

위대한 과학자인 아인슈타인은 어린 시절에 별로 총명한 아이가 아니었다. 천부적인 재능도 그리 대단하지 않았다. 네 살에 겨우 말을 시작했고, 초등학교 때는 성적이 나쁘다는 이유로 퇴학을 권유받기도 했다. 하지만 아인슈타인은 어머니의 음악적 지도와 삼촌 덕에 수학에 재미를 붙이며 이미지 사고 능력이 뛰어난 아이로 자랐고 결국 위대한 과학자가 되었다.

아이가 잘 자라면 천부적인 재능이 탁월해서이고, 그러지 않으면 부모가 부족해서라고 생각할 뿐 부모의 교육에 문제가 있다고 생각하는 사람은 많지 않다.

성공한 교육 사례들을 살펴보면 아이의 교육은 빨리 시작할수록 좋다. 그런데 일반적으로 아이는 흰색 도화지와 같아서 학습하거나 교육받을 능력이 없고, 출생한 지 얼마 되지 않은 아기는 동물의 새끼처럼 배불리 먹고 무럭무럭 자랄 뿐 학습을 하진 않는다고 생각한다. 이것이 바로 일반적인 편견이다. 하지만 실제로는 아이가 태어나서 세 살이 될 때까지가 가장 중요한 학습 시기이자, 아이들의 대뇌가 받아들이는 속도가 가장 빠르고 가장 직접적으로 받아들이는 시기다.

한 유대인 교육 전문가는 다음과 같이 말했다.

"사람이 막 태어났을 때는 별다른 차이가 없다. 하지만 환경, 특히 유아기에 환경이 달라지면서 누구는 영재나 천재가 되고, 누구는 평범하거나 우둔해진다. 평범한 아이도 제대로 가르치면 비범한 아이가 될 수 있다."

다수의 유대인 교육자들은 태어나서부터 세 살이 되기 전까지 학습하는 방식과 성장 후의 방식이 다르며, 전자는 패턴 학습으로 불리는 무의식적 학습이고 후자는 능동 학습으로 불리는 의식적인 학습이라고 본다.

그러면 어떻게 천재를 만들고 발굴해야 할까? 가장 중요한 것은 생활 속에서 아이의 잠재력을 최대한 빨리 발굴하는 것이다.

생활 속 천재는 신기하다. 일에서 천재는 더 신기하다. 천재는 신비하지도, 닿을 수 없는 존재도 아닌 그저 타고난 잠재력일 뿐이다. 누구에게나 있지만 후천적으로 잘못 길러져 드러나지 않았을 뿐이다.

생물학·생리학·심리학 연구 결과에 따르면 사람은 선천적으로 특별한 힘을 갖고 있는데, 몸속에 숨겨져 있어 겉으로 드러나지 않는다. 이것이 바로 잠재력이다. 모든 사람에게는 잠재력이 있다. 그러나 이 잠재력은 영원불변하지 않고 체감의 법칙을 따른다.

많은 유대인 교육자들은 한 사람의 일, 사회적 지위, 결혼, 재산은 특정한 한 가지 요소에 의해 결정되지 않으며, 지능이 높은 사람이 꼭 성공한다는 법도 없고 지능이 높지 않다고 해서 성공하지 못하란 법도 없다고 본다. 하지만 지능지수가 낮은 사람은 불행하고 즐겁지 않은 반면, 지능지수가 높은 사람은 비교적 자유롭고 즐거운 것이 사실이다. 이렇듯 지능지수는 조기 교육과 매우 큰 관계가 있다.

유대인들에게는 아이를 잘 교육하기 위해 늘 교육 방법을 탐구하고 고민하는 좋은 습관이 있다. 유대인 어머니들은 좋은 방법이 있으면 조금도 주저하지 않고 주변에 알려준다. 이들은 아이를 잘 교육하는 것을 모든 유대인 어머니의 책임이자 모든 어머니가 짊어져야 할 민족적 사명으로 생각한다.

되도록 빨리 말을 가르쳐라

아이의 두뇌와 몸을 충분히, 전면적으로 개발하기 위해서는 모든 방법을 동원해야 한다. 언어는 생각하는 도구다. 언어 교육을 게을리한다면 아이의 두뇌는 충분히 발달하지 못한다.

★ ★ ★

유대인 교육자들은 되도록 빨리 말을 가르치는 것이 아이의 두뇌를 유연하게 발달시키는 효과적인 방법이라고 입을 모은다. 그런 까닭에 부모는 일찍부터 아이의 언어 능력을 개발하기 위해 노력한다. 언어 능력은 모든 공부의 기초이자 도구이며, 언어 능력과 지능검사 성적표는 아주 밀접하게 연관되어 있다. 언어 능력이 높을수록 아이는 더 많이, 더 빨리 배울 수 있고, 무엇을 하든지 좀 더 쉽게 성공할 수 있다. 그러므로 부모는 아이와 많은 대화를 통해 아이가 많이 듣고 말하며 많은 외국어를 접하도록 해야 한다. 그와 동시에 이야기책이나 카드를 보여주면서 글자를 가르쳐 미래 성공의 기반을 다져야 한다. 다만 꼭 글자를 쓸 필요는 없다. 많은 전문가들은 아이가 초등학교에 들어가면서 근육을 제어하는 능력이 성숙해질 때를 기다렸다가 글씨 쓰기를 시작하는 것이 합당하다고 본다.

유대인 교육학자인 프라윗은 아이들의 조기 교육에 대한 자신의 생각을 요약하여 다음과 같이 말했다.

"평생 교육에서 유아기만큼 중요한 시기는 없다. 아이의 두뇌와 몸을 충분히, 전면적으로 개발하기 위해서는 모든 방법을 동원해야 한다. 아이들의 두뇌를 개발한다는 것은 최대한 빨리 아이들에게 언어 학습을 시켜야 한다는 뜻이다. 언어는 생각의 도구이기 때문이다. 최대한 빨리 언어를 가르치지 않으면 아이의 두뇌는 충분히 개발될 수 없다. 만약 아이가 여섯 살 이전에 정확한 언어 훈련을 시작한다면 아이의 지능은 훨씬 더 발달할 것이다."

아이는 영아기 때부터 사람의 소리와 사물이 내는 소리에 반응하고, 생후 6주부터 종이 위의 물건에도 관심을 갖는다. 비록 내용을 알지는 못하지만 말을 걸거나 책을 읽어주면 반응한다. 유대인 부모들은 아이들이 영아기 때부터 말을 알아들을 거라고 생각하며 인내심을 갖고 아이들에게 이야기한다.

많은 유대인 교육 연구자들은 설사 아이가 너무 어려서 대답하지 못한다고 해도 아기들과 대화를 나누는 것이 아이의 지능 향상에 도움이 되기 때문에 더욱 총명해질 거라고 생각한다.

예루살렘 히브리어 센터의 화드 박사는 부모가 매일 30분 이상 할애하여 아이와 흥미로운 일들에 대해 대화를 나눠야 한다고 말했다. 아이와 대화를 나눌 때는 주변의 소음을 최대한 없애는 것이 아이가 집중하는 데 도움이 된다.

이와 관련해 유대인 교육 전문가들은 만 두 살 아이들의 지능을 검사하고, 이 아이들이 만 다섯 살이 되었을 때 다시 동일한 지능 검사를 실시해 차이를 비교해 보았다. 아이들의 지능 검사 결과는 분화된 양상으로 나타났다. 따라서 연구자들은 지능의 향상과 저하의 원인을 종합적으로 조사했다. 그 결과 부모의 직업, 소득, 거주 환경 등의 조건이 대체로 비슷할 때 아이들의 지능 발달 속도는 부모와 아이의 대화 횟수 및 언어의 정확도에 따라 결정되었으며, 상대적으로 '수다스러운' 어머니에게서 자란 아이의 지능이 비교적 높은 것으로 나타났다. 즉, 유아기의 풍부한 언어 자극이 아이의 지능 향상에 주효한 수단 가운데 하나임이 증명되었다.

아이들이 최초로 인간관계를 맺는 대상은 대부분 어머니다. 어머니는 아이의 언어 발달 과정에서 중요하고도 없어서는 안 되는 역할을 맡는다.

'수다스러운' 어머니들은 유대인 교육 전문가에게 칭찬을 듣게 될 줄 상상도 못 했을 것이다. 물론 그녀들 중 일부는 의식적으로 그랬을 것이고, 일부는 원래 수다스러운 사람이었을 것이다.

전문가들은 어머니가 어린아이에게 혼잣말로 "내 보물, 얼른 이리 오렴. 태양이 떠올랐네. 얼마나 따뜻한지!" 혹은 "우리 보물, 시간이 늦었네. 어서 가서 자야지!"와 같이 중얼거리는 것이 아이의 언어 발달을 자극하는 중요한 요소가 될 수 있다고 본다.

어머니들은 아이를 안거나 업는 것을 좋아한다. 몸이 어머니의 몸에 붙어 있으면 아이는 안정감을 느낀다. 이때 아이의 시선은 유모차에 있을 때와 달리 어머니와 눈높이가 거의 같아지므로 어머니와 소통할 기회가 더욱 많아진다. 이는 아이의 언어 발달에 긍정적으로 작용한다. 비록 아이의 어휘량이 부족하고 심지어 유치하더라도 부모는 인내심을 갖고 아이와 계속 이야기를 나누고 아이의 옹알이에 귀 기울이며 수시로 고쳐줘야 한다.

우리는 아이들이 대부분 말하기를 좋아하고, 때로는 말을 너무 많이 할 때도 있다는 걸 잘 알고 있다. 아이들은 지식과 소통에 대한 욕구가 매우 강렬하기 때문이다. 이런 욕구는 아이들에게 더 많은 것들을 생각하고 이해할 수 있게 해준다. 부모도 아이에게 많이 배우게 하려는 강렬한 욕구를 가져야 한다. 어떻게 하면 아이들이 빨리 언어를 배우고 유창해질 수 있을까? 이는 초보 부모들이 반드시 공부해야 할 첫 번째 과제다.

성공한 유대인 어머니인 고타만은 다음과 같이 말했다.

"아이에게 언어를 가르칠 때 어법은 특별히 중요하지 않아요. 저는 단어를 반복적으로 들려주고, 아이가 이해하고 흥미를 느끼는 이야기를 엄선한 뒤 단어가 들어간 구를 활용해 짧은 문장을 만들었어요. 이렇게 하면 아이가 기억할 수 있을 뿐만 아니라 알려준 문장을 신이 나서 계속 말한답니다."

태아에게 사랑의 메시지를 전하라

부모는 아이에 대한 강렬한 소망을 "우리는 네가 태어나길
매우 기대하고 있단다" 혹은 "너는 우리의 자랑이 될 거야"와 같은
언어로 바꿔 태아에게 수시로 전달해야 한다.

★ ★ ★

유대인들이 교육을 중시하는 건 세계가 인정한 바다. 유대인들은 조기 교육에서 그치는 게 아니라 그에 앞서 더 훌륭한 교육 시기가 있다고 믿는다. 바로 태교다.

세계 최초의 '태교 대학'은 이스라엘에서 등장했다. 이 '태교 대학'은 1968년 야브네라는 산부인과 전문가가 지었다. 이는 시대 의식을 담은 실험으로 인류의 미래를 바꿔 놓았다.

이 대학에서는 5개월 정도 된 태아에게 태교를 진행하며 여기에는 언어, 음악, 체육 등이 포함된다. 매일 세 차례, 5분씩 진행하며 '학생들'은 태어나기도 전에 학교에서 발급한 졸업 증서를 받을 수 있다.

이 유명 대학을 졸업한 첫 번째 '학생'인 슐라트는 한 노동자의 아들이다. 어린 슐라트는 일반적인 아이들보다 6개월 이상 빠른 생후 4개월에 말을 했다. 네 살이 되었을 때는 영어와 히브리어를 유창하게 구사했고, 자기보다 네 살 이상 많은 아이들과 놀기를 좋아하며 비교적 성숙한 모습을 보였다.

'태교 대학'의 또 다른 '졸업생'들도 남들과 다른 면모를 자랑한다. 이 아이들은 확실히 더 똑똑하고 영리했으며, 더 쉽게 수학과 언어를 이해했다. 또한 더 빨리 부모를 알아봤다. 모두

듣기·말하기와 같은 언어 사용 부분에서 상급 이상의 수준을 보였다.

유대인 교육자들은 태교가 아이의 지능을 기르는 데 매우 유익하다는 결론을 얻었다.

일반적으로 유대민족의 태교는 다음과 같이 세 가지 부분으로 나눠볼 수 있다.

1. 태아에게 긍정적인 정서 메시지 전달하기

유대인 교육 전문가는 임산부의 정서가 아이의 성장 발육에 매우 중요한 작용을 하기 때문에 먼저 임신부의 감정을 조절하고, 그다음으로 임신부가 태아에게 긍정적인 정서를 전달하여 태아의 종합적인 발달을 꾀해야 한다고 본다.

어떤 유대인 부모는 미래의 '보배'에게 미리 좋은 이름을 지어주고, 태아와 소통할 때 배를 어루만지면서 태아의 이름을 가볍게 불러주는데 이런 방식은 매우 탁월한 효과가 있다. 한 어머니는 본래 난산이었는데, 아이를 낳을 때 마음속으로 딸을 불렀더니 딸이 힘을 주었고, 결과적으로 쉽게 낳을 수 있었다면서 지능에도 아무 문제가 없었다고 말했다.

유대인 교육 전문가들은 부모가 태아에게 "우리는 네가 태어나길 매우 기대하고 있단다" 혹은 "너는 우리의 자랑이 될 거야"와 같이 아이에 대한 강렬한 소망을 언어로 바꿔 수시로 전달해야 한다고 말한다.

임신부가 멋지고 아름다운 남자아이나 여자아이의 커다란

사진을 사서 자주 보는 곳에 걸어두고, 머릿속으로 이미지를 그리면서 배 속의 아이를 동화시키는 모습을 상상해 보는 것도 좋다.

마음속으로 생각하면 이루어지듯이, 무언가를 바라면 자연스럽게 녹아들어 우수한 아이로 만들 수 있다.

2. 태아에게 음악 정보 전달하기

임신 말기가 되면 태아의 신경계통은 이미 기본적으로 완성된다. 이 단계에서 만약 부모가 태아에게 음악을 들려주거나 의식적으로 노래를 들려주면 생각지 못한 효과를 볼 수 있다.

이때 클래식 음악이나 동요, 혹은 동화나 자장가 등을 틀어놓으면, 태아 뇌세포의 수상돌기와 축삭돌기의 성장과 증가를 촉진하여 출생 이후에 더욱 민감하게 수용하고 소화하는 능력을 갖추는 데 도움을 준다.

어머니는 노래를 부르면서 스스로 마음을 다스릴 수 있고 좋은 기분을 느낄 수 있다. 다른 한편으로는 어머니가 노래할 때의 즐거운 마음 상태가 태아에게 전달되는데 이는 어떤 형태의 음악으로도 대체할 수 없다.

어머니가 노래를 못한다면 다른 음성 교구로 노래를 들려주면서 같이 흥얼거려도 좋다. 하루에 몇 번씩이면 된다.

3. 태아에게 운동 정보 전달하기

17주가 되면 태아는 자신이 운동하는 걸 이해하기 시작한다. 이 시기에 태아들은 어머니의 배 속에서 몇 가지 동작을 한다. 임신 18주가 되었을 때 어머니는 태동을 느낄 수 있다.

유대인 교육 전문가는 이때부터 태아에게 운동 자극을 준다. 실험 결과에 따르면 자궁에서 운동 훈련을 한 태아는 태어난 후 뒤집기·기어가기·앉기·걷기 등의 동작에서 일반적인 아이들보다 확실히 앞섰다. 또한 나중에 지능도 다른 아이들보다 뚜렷하게 높은 것으로 드러났다. 이처럼 운동 훈련은 아이의 지능과 심신 발달에 직접적이고 종합적으로 영향을 미친다.

태아의 운동 훈련은 임신 3~4개월부터 시작하며, 훈련할 때 임신부는 바르게 누워서 온몸의 긴장을 풀고 복부를 문지른다. 그러고 나서 손가락으로 복부의 여러 부위를 가볍게 누르며 태아의 반응을 관찰한다. 이때 동작은 반드시 가볍고 부드러워야 하며 시간도 짧아야 한다.

몇 주가 지나면 태아는 이 훈련에 적응하고, 발차기 등 적극적으로 반응한다.

임신 6개월에는 태아의 머리와 팔다리를 만질 수 있다. 이 시기부터는 임신부가 가볍게 복부를 문지르면서 태교 음악에 맞춰 두 손으로 가볍게 태아를 밀며 태아의 자궁 내 운동을 도와준다. 이때 운동 시간이 너무 길어선 안 되며 2~5분 정도가 적당하다.

아이에게 맞는 학교를 선택하라

좋든 싫든 아이들은 미래의 삶과 밀접한 관련이 있는 기술을 배워야만 한다. 덧셈과 뺄셈 등 연산과 철자를 익혀야 하고, 어법과 문장부호도 알아야 한다. 이런 것들은 학교에서 가르쳐 주기도 하지만 모든 유대인 가정에서도 가르치는 기술이다.

★ ★ ★

아이가 다섯 살에서 일곱 살 정도 되면 독립적인 경향을 보이며 외부 세계에 눈을 뜨게 된다.

이때 학교는 사회화의 매개체가 되는데, 아이들은 학교에서 자신들의 독립정신을 시험하는 한편으로, 어른의 책임감을 갖추기 위한 정규교육을 받기 시작한다.

예루살렘 대학의 교수 제리 니스보는 일단 아이가 취학 연령이 되면 부모는 아이에게 맞는 학교를 찾아야 한다고 말하고, 다음과 같은 선택 방법과 기준에 대해 설명했다.

- 학교가 특별한 재능을 가진 아이의 교육을 중시하는가? 중시하지 않는다면 그 교육은 실패다.
- 학교가 이런 아이를 위한 정책을 마련해 두었는가?
- 이런 아이를 가르칠 교사를 어떻게 선발했는가? 경력은 어떤가? 이런 아이를 가르칠 교사는 아이의 심리와 욕구, 개성적인 본질을 잘 이해해야 하고 아이의 비범한 행동과 능력을 질투해선 안 된다. 이런 특별한 재능을 가진 아이들에게는 경험이 풍부하고 이런 아이들을 이해하고 공감

해 줄 수 있는 교사가 필요하다.

- 이런 아이들에 대한 수업을 어떻게 구성하고 안배하는가? 특별한 재능을 가진 아이에 대한 교육은 매주 몇 시간씩 이뤄지는가? 연구 결과에 따르면 전일제 교육 프로그램이 가장 만족스럽고 성공적인 것으로 나타났다.
- 특별한 재능을 가진 아이에게 전문적으로 활용할 자료와 도서에는 어떤 것들이 있는가? 이런 아이들의 수업에는 일반 수업보다 더 전문적이고 광범위하게 특별한 재능을 포괄하는 교육 자료가 필요하다.
- 특별한 재능을 가진 아이의 교육 프로그램에 연속성이 있는가? 이런 아이들의 협동심을 기르고 발전시킬 수 있는 전문적인 교육 프로그램은 매우 중요하다.
- 이런 교육 프로그램의 참여 대상을 어떻게 선정하는가? 이것은 기술적인 요구가 매우 높은 절차이며, 교육받은 인력이 전문적인 기술을 갖추고 공평하고 공정하게 진행해야만 아이들이 각각의 상황을 고려하여 교육 프로그램에 참여할 수 있다.

이상의 내용들은 부모가 반드시 알아야 할 사항으로서 아이의 발전과 밀접한 관련이 있다. 부모는 학교와 자주 연락해야 한다.

부모가 아이를 학교에 보내는 목적은 아이가 읽기, 쓰기, 수학의 세 가지 기술을 배우게 하는 것이다. 현재 이스라엘 학교에서는 생활 기술부터 미용, 전기 수리부터 요리, 천체 물리까지 가르치지 않는 분야가 없다. 그들은 특별한 재능을 가진 아이든 우둔한 아이든 일정한 생존 기술을 갖춰야 한다고 생각한다. 그래야만 첨단에 속하는 일에 종사할 수 있으므로 아이들은 되도록 빨리 이런 기술을 익혀야 한다. 특별한 재능을 가진 아이들은 일반적으로 또래보다 몇 개월에서 몇 년 일찍 특정한 기술을 배운다.

좋든 싫든 아이들은 미래의 삶과 밀접한 관련이 있는 기술을 배워야만 한다. 덧셈과 뺄셈 등 연산과 철자를 익혀야 하고, 어법과 문장부호도 알아야 한다. 이런 것들은 학교에서 가르쳐 주기도 하지만 모든 유대인 가정에서도 가르치는 기술이다.

아이가 자신의 분야에서 최고봉에 올라 하고 싶은 대로 하며 살길 바란다면 부모는 아이의 성장 과정에서 많은 것을 제약해야 한다. 그래서 유대인 부모들은 아이가 놀이와 학습 사이에서 균형을 맞추도록 지도한다. 물론 타고난 재능을 가진 아이라면 성공을 추구하는 욕구가 강해 스스로 알아서 하므로 부모나 교사의 관여가 불필요하다.

유대인 학교에서는 대략 오전 9시에서 오후 3시까지 매일 6시간씩 수업을 한다. 아이들은 수업이 끝나면 학년과 학교 위치에 따라 친구들과 어울리거나 놀이하는 데 2시간 이상은 할애하고, 집에 돌아가선 가족과의 식사와 대화, 집안일을 하는 데 많은 시간을 할애한다.

주는 대로 이루어진다

아기는 태어나면서부터 공기를 마시듯 세상의 지식을 흡수한다.

이 시기에는 공기와 지식을 함께 제공해 줘야 한다.

그래야만 아이가 건강하고 완전하게 자라날 수 있다.

★ ★ ★

영아기의 조기 교육은 일종의 추종 교육이다. 유아기는 초기 학습에서 핵심적인 시기로, 이 시기에 적절하게 교육하지 않으면 결코 만회할 수 없는 손실을 보게 된다. 아기가 태어날 때 대뇌 피질의 아래 부분은 성인과 크게 차이가 나지 않는다. 하지만 대뇌 피질은 계속 발달해야 한다.

예루살렘에 에닉스란 아이가 살았다. 에닉스는 태어난 지 몇 개월 만에 큰 병에 걸려 24시간이 넘도록 혼수상태에 빠졌다. 의사는 가여운 에닉스의 뇌가 이미 심각하게 손상되었다고 단언했다. 하지만 에닉스의 부모는 의사의 말에 전혀 동요하지 않고 아이에게 병이 있지만 어떻게 하면 학습할 수 있을지, 또 어떻게 하면 상상력을 키워줄 수 있을지를 고민했다.

아이에게서 지능이 사라지지 않는 한 한 가닥 희망이 있기 때문이었다.

에닉스의 부모는 온갖 노력을 기울이며 결코 아이를 포기하지 않았고, 그 결과 에닉스는 열여섯 살의 나이에 뛰어난 재능과 민감한 반응, 우수한 성적을 지닌 소년으로서 악단의 지휘자가 되었다.

수많은 유대인 교육자들은 다음과 같은 견해를 가지고 있다. 일, 사회적 지위, 결혼과 재산은 특정한 요소 한 가지에 의해 결정되지 않으며, 지능이 높다고 해서 반드시 성공하는 건 아니다. 마찬가지로 지능이 낮다고 해서 반드시 성공할 수 없는 것도 아니다. 하지만 지능이 낮은 사람은 불행하고 즐겁지 않으며, 지능이 높은 사람은 비교적 자유롭고 즐겁다는 건 확실하다. 이처럼 지능지수의 높고 낮음은 조기 교육과 상당한 관계가 있다.

가정은 아이의 학습과 교육의 출발점이다.

영아기의 아이는 흰색 도화지나 도자기와 같아서 어린 시절에 자유롭게 모양을 빚을 수 있다. 유아기를 도자기를 빚는 과정에 비유한다면, 아이라는 점토를 어떤 교육 방식으로 빚느냐에 따라 그 형태가 만들어진다고 할 수 있다.

교육은 아이가 태어나는 순간부터 시작되어야 한다. 아기는 태어나면서부터 공기를 마시듯 지식을 흡수한다. 이 시기에는 지식과 신선한 공기를 함께 공급해 줘야 한다. 그래야만 아이가 건강하고 완전하게 성장할 수 있다.

영아기는 성장 과정에서 특정한 지능이 발달하기에 가장 좋은 시기다. 아이의 미래에 아주 핵심적인 역할을 하는 시기인 만큼 부모라면 절대 이 시기를 놓치지 말아야 한다. 이 기회를 꽉 붙잡는 것이 바로 아이의 성공을 붙잡는 것이다.

기는 단계를 건너뛰어선 안 된다

기는 시기는 아이가 손과 발을 동시에 쓰며 단련하기에
가장 좋은 시기다.

★ ★ ★

기는 시기는 아이가 손과 발을 동시에 쓰며 단련하기에 가장 좋은 시기다. 요즘 아이들은 기는 경우가 많지 않은데 그 이유는 다양하다. 첫째, 많은 부모가 기는 행위를 비문명적이라고 생각해서 아이의 기는 행동을 제한하기 때문이다. 둘째, 아파트의 주택 면적이 좁아서 아이가 기는 연습을 하기에는 장소가 너무 협소하기 때문이다. 그래서 기는 경험을 하는 아이의 수가 점점 줄어들고 있다. 이와 동시에 대여섯 살이 되었는데도 여전히 말을 못 하는 아이도 점점 많아지고 있다.

실제로 아이가 기는 행동과 더딘 언어 능력 그리고 지능 발달은 아주 밀접하게 연관되어 있다.

아이의 성장은 반드시 다음과 같은 단계를 거쳐야 하며, 만약 순서대로 거치지 않고 어느 단계를 뛰어넘으면 아이의 성장에 큰 걸림돌이 될 수 있다.

아이가 태어나서부터 한 살이 되기까지는 다음 단계를 반드시 거쳐야 한다.

아이는 태어난 지 3개월째에는 누운 채로 손과 발만 움직인다. 이 시기는 척수 위쪽의 연수가 발달하는 단계다.

아이는 6개월이 되면 엎어져서 긴다. 이 시기는 그 위쪽의 뇌교가 발달하는 단계다.

생후 10개월이면 팔다리를 이용해 기어다니는데, 이 시기는 위쪽의 중뇌가 발달하는 단계다.

1년이 지나면 손으로 물건을 잡고 걷는다. 이 시기는 가장 위쪽의 대뇌피질이 발달하는 단계다.

앞선 몇 단계와 아이의 신체 발육 단계는 일치한다. 만약 팔다리로 기는 단계를 뛰어넘어 물건을 잡고 바로 걷기 시작하면, 아이는 세 번째 단계에서 발달해야 할 중뇌가 덜 발달한 상태에서 대뇌 피질 발달 단계로 진입한다. 그 결과 중뇌가 충분히 발달하지 않은 상태에서 대여섯 살이 되다 보니 언어 학습에 문제가 발생한다.

이런 아이를 치료하는 방법은 영아기에 놓친 단계를 다시 밟아 3개월간 충분히 기는 훈련을 하는 것이다. 그러면 덜 발달했던 중뇌 부분이 차츰 발달하면서 언어 능력 향상에 큰 도움이 된다.

아이들은 한동안 손발을 함께 활용하는 걸 좋아하는데 이는 아이에게 좋은 활동이다. 그러므로 이것을 원시적인 행동으로 보고 막아서는 안 된다.

태어나서부터 두 살까지 아이가 실컷 반복해서 길 수 있도록 가정에 적합한 장소를 마련해 주는 것이 가장 좋다. 이때 울타리를 쳐서는 안 된다. 운동을 좋아하는 활발한 아이의 경우 발달에 방해가 될 수 있기 때문이다.

두 살 전에는 혼내더라도,
두 살이 넘어서는 안아주어라

강압적인 것보다는 정당한 동기를 부여하는 교육이 훨씬 효과적이다.
부모가 마음으로 아이를 깊이 이해하면
올바르게 교육할 수 있다.

★ ★ ★

유대인 가정에서 '교육'이란 단어는 다소 강제적인 느낌을 준다. 유대인들은 어머니라면 아기가 무엇을 좋아하고 싫어하는지 분명히 알아차려야 하며, 이것이 어머니의 당연한 의무라고 생각한다.

버러는 어머니에게 실망을 안겨준 아이이다. 하지만 버러의 가장 큰 장점은 이야기를 들려주면 꼼짝도 하지 않고 어머니의 다리를 베고 누워 진지하게 듣는 것이었다. 어머니는 버러를 안정감 있는 아이로 키우기 위해 매일 이야기를 들려줬다. 어머니의 이야기를 들으면서 버러는 차츰 알고 싶은 게 많아졌고, 아무도 모르는 사이에 성적이 점차 좋아졌다. 그는 순조롭게 대학에 들어가 우등생으로 이름을 날렸다.

버러는 훗날 자기가 훌륭한 인재가 된 과정을 두고 다음과 같이 말했다.

"어머니의 이야기가 저를 구했습니다!"

아이의 장단점을 관찰하고, 아이가 원하는 자극을 주는 것은 모두 어머니의 책임이다. 그럼에도 불구하고 어머니가 아이가 관심 없어 하는 일을 자꾸 강요하면 부작용이 나타날 수밖에 없다.

생활 속에서 어머니의 말과 마음가짐 그리고 행동은 아이에게 아주 민감하게 전달되어 아이의 능력과 성격을 형성한다. 평상시 어머니의 태도가 아이에게는 몸으로 하는 교육인 셈이다. 하지만 한 가지 유념할 것은 어머니가 아이에게 무언가를 가르치는 것이 교육 수단 가운데 하나가 될 수는 있지만 전부는 아니라는 점이다.

강요에 떠밀려 마지못해 하는 건 가장 현명하지 않은 교육 방법이다. 어린 시절에는 암시 교육의 영향을 특히 더 쉽게 받는다. 이 시기는 부모가 자신의 의지로 아이의 의지를 자극하여 변화를 불러올 수 있는 핵심적인 시기다.

두 살 이전에는 아이의 손을 때려도 두 살이 지나면 아이의 손을 잡아줘야 한다.

동서양의 교육 방식에는 분명한 차이가 있다. 젊은 유대인 어머니는 절대 아이와 타협하지 않는다. 먼저 아이를 꾸짖은 다음, 아이가 울든 소란을 피우든 부부는 더 이상 관여하지 않고 밥을 먹는다. 이는 서양 교육의 큰 특색이다.

만약 동양에서 이런 일이 일어났다면 이 어머니는 냉정하다고 비난받았을 것이다. 하지만 유대인들 눈에 이것은 아주 올바른 교육 방식이다.

아이들이 두 살이 되기 전에는 뇌조직이 성숙하지 않고 정형화되지 않아서 동물적으로 반복해서 교육하는 것에 깊은 의미가 있다. 하지만 이렇게 교육하는 것도 '엄격한 어머니'만 가능하다.

아이를 교육할 때 부모는 자신들이 제시하는 다양한 방식을 아이가 거절할 수도 있다는 것을 알아둬야 한다. 두 살이 지나면 아이도 자신의 의지를 갖게 된다. 그러면 '엄격한 어머니'를 그만둘 때가 됐다고 볼 수 있다. 만약 이 시기가 되어서도 아이의 마음을 무시하고 어머니가 원하는 대로만 한다면, 아이의 반항심을 불러일으켜 그간의 정성이 모두 수포로 돌아갈 수도 있다.

아이에게 자아의식이 형성되고 두 살이 지났다면 엄격한 어머니는 온화하고 인자한 어머니가 되어야 한다. 그래야만 이상적인 어머니라고 할 수 있다. 물론 이후에도 아이의 성장 과정에 맞게 교육 방식도 계속해서 변화해야 한다.

옮긴이 임보미

중앙대학교 국제대학원 한중전문통역번역학과를 석사 졸업하고 동 대학원 중국지역학과 박사 과정을 수료했다. 각종 기업체 번역 및 통역 경험이 풍부하며, 현재 번역에이전시 엔터스코리아에서 전문번역가로 활동하고 있다.
주요 역서로는 『지금 나에게 필요한 긍정심리학』, 『스토리텔링으로 설득의 고수가 되라』, 『열심히 사는데 왜 생각처럼 안 될까』 등이 있다.

유대인 자녀 교육의 비밀

초판 1쇄 펴낸날 2024년 5월 5일

지 은 이 시멍
옮 긴 이 임보미
펴 낸 이 장영재
펴 낸 곳 (주)미르북컴퍼니
자 회 사 더모던
전 화 02)3141-4421
팩 스 0505-333-4428
등 록 2012년 3월 16일(제313-2012-81호)
주 소 서울시 마포구 성미산로32길 12, 2층 (우 03983)
E-mail sanhonjinju@naver.com
카 페 cafe.naver.com/mirbookcompany
인스타그램 www.instagram.com/mirbooks

* (주)미르북컴퍼니는 독자 여러분의 의견에 항상 귀 기울이고 있습니다.
* 파본은 책을 구입하신 서점에서 교환해 드립니다.
* 책값은 뒤표지에 있습니다.